浙江海岛
常见野生植物
种质资源

郭永杰　杨湘云　李涟漪　张桥蓉　主编

科学出版社

北　京

内 容 简 介

本书分为总论和各论两个部分。总论简要介绍了浙江海岛地理及野生植物资源概况、浙江海岛野生植物调查和采集概况、中国西南野生生物种质资源库对浙江海岛野生植物种质资源的收集情况。各论部分收录了作者团队2016～2018年在浙江省舟山、宁波、台州、温州48个海岛采集到的235种野生植物种质资源。每个物种记述了采集岛屿、形态特征、种子千粒重、分布、生境、用途、种子储藏特性、种子休眠类型和种子萌发条件，同时配有生境、植株、花、果实和种子照片。本书收录的物种均有对应的种子及相关信息，并已通过中国西南野生生物种质资源库网站（http://www.genobank.org）向社会各界提供分发共享服务。

本书可供林学、园林、园艺、种质资源等领域的科研工作者与高等院校师生参考，也可供从事海岛自然资源管理、生物多样性和环境保护的工作人员和政府管理决策部门，以及自然保护和旅游爱好者参考使用。

图书在版编目（CIP）数据

浙江海岛常见野生植物种质资源 / 郭永杰等主编. —北京：科学出版社，2023.1

ISBN 978-7-03-073727-4

Ⅰ. ①浙…　Ⅱ. ①郭…　Ⅲ. ①岛—野生植物—种质资源—介绍—浙江　Ⅳ. ①Q948.555

中国版本图书馆CIP数据核字（2022）第206121号

责任编辑：王海光　王　好 / 责任校对：郑金红
责任印制：肖　兴 / 设计制作：金舵手世纪

科学出版社 出版
北京东黄城根北街16号
邮政编码：100717
http://www.sciencep.com

北京九天鸿程印刷有限责任公司 印刷
科学出版社发行　各地新华书店经销

*

2023年1月第　一　版　开本：787×1092　1/16
2023年1月第一次印刷　印张：19
字数：451 000

定价：398.00元

（如有印装质量问题，我社负责调换）

编委会

主　编：

郭永杰　杨湘云　李涟漪　张桥蓉

编　委（按姓氏汉语拼音排序）：

蔡　杰　樊　蓉　方云花　郭永杰　何　清　黄　莉　李涟漪
梁萌萌　刘　成　秦少发　谭治刚　魏永杰　杨　娟　杨湘云
张桥蓉　张　挺

摄影者（按姓氏汉语拼音排序）：

蔡　杰　陈凤芹　郭永杰　何德明　姜利琼　金建军　李　兰
李涟漪　刘　成　杨忠兰　张桥蓉　赵　飞

主编单位：

中国科学院昆明植物研究所　西南林业大学

主编简介

郭永杰，中国科学院昆明植物研究所工程师。2008年至今在中国西南野生生物种质资源库种质资源保藏中心从事种质资源收集、保存、采集和植物分类等工作，共采集到各类种质资源10 000余号。2021年，率队在珠穆朗玛峰海拔6212 m采集到须弥扇叶芥等植物种子，创造了全球植物种子采集并有效保藏的最高海拔纪录。发表学术论文20篇，科普文章3篇，授权专利3项，参编专著1部。

杨湘云，中国科学院昆明植物研究所正高级工程师，从事种子生物学研究。国际种子检验协会（ISTA）种子保存委员会委员。曾任国家重大科学工程“中国西南野生生物种质资源库”项目建设总工艺师（2003年8月～2009年11月）、中国科学院重大科技基础设施中国西南野生生物种质资源库种质资源保藏中心主管（2006年11月～2020年6月）。

李涟漪，中国科学院昆明植物研究所实验师，2009年至今在中国西南野生生物种质资源库种质资源保藏中心从事图形图像制作、种子形态研究等工作。拍摄的种子照片被《中国国家地理》、《生命世界》、《人与自然》、*Nature*、*American Scientist*等国内外期刊采用。曾参与编写《种子方舟——中国西南野生生物种质资源库》、《种子故事——珍稀濒危植物种子》等专著4部。

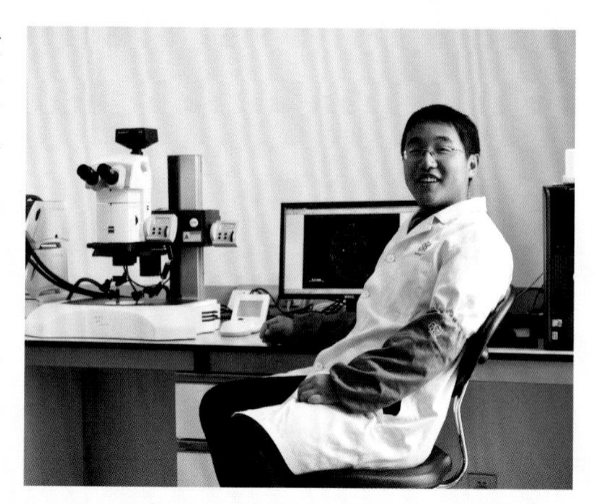

张桥蓉，西南林业大学实验师，2011～2018年在中国西南野生生物种质资源库种质资源保藏中心工作，主要从事实验室管理、植物种质资源收集、森林防火研究等工作。主持国家自然科学基金项目1项，参与国家级、省部级课题5项。发表学术论文10余篇，科普文章2篇，参编专著2部。

前　言

在我国470多万平方千米的海域里，上万个岛屿星罗棋布，仅浙江省就拥有海岛4353个，是我国海岛数目最多的省份。浙江省众多海岛自然风光旖旎，历史文化悠久，是维护国土安全的重要海防据点；同时，浙江海岛拥有丰富的野生植物种质资源，是维系海岛生态平衡的重要物质基础。

自18世纪以来，中外植物学家对浙江海岛开展了多次植物资源科学考察。尤其在新中国成立后，国家对海岛资源和海权十分重视，随着《浙江植物志》和《中国植物志》等典籍的编纂，至20世纪末，基本摸清了浙江海岛的植物家底。进入21世纪，国内相关机构、学者在不同层级项目的支持下，对浙江海岛全域或部分辖区海域开展了调查研究，采集了大量植物标本和分子生物学实验材料，引种了少部分活体，亦发表了一些新分类群，还发现很多国家或地方级别新记录，相关专著陆续出版，成果丰硕，但对野生植物种质资源缺少系统调查和有效保存。

于2005年开工建设的中国西南野生生物种质资源库（以下简称“种质库”），是我国生物学领域的国家大科学装置，致力于有效收集、保藏中国野生生物种质资源，保障我国的生物战略资源安全。在国家海洋局宁波海洋环境监测中心站“东海海岛植被地面验证与复核研究以及野生植被种质资源采集与保存”（2016年）、“东海海岛植被地面验证与复核研究以及野生植物种质资源采集与保存”（2017～2018年）项目支持下，种质库这艘保护中国生物多样性的“诺亚方舟”驶入东海，对浙江48个海岛开展野生植物种质资源采集、保存工作。

项目组对浙江海岛野生植物种质资源的调查、采集和保存，做了有益探索，共采集到860号各类种质资源，2600余份标本，其中种子单元535个，包括78科177属235种（含种下等级），采集到的各类种质资源得以长期保存。项目组对上述成果进行归纳总结，编撰成本书，书中简要介绍了浙江海岛地理及野生植物资源概况、浙江海岛野生植物调查和采集概况、种质库对浙江海岛野生植物种质资源的收集情况。针对采集到种子的235个物种，从种质库的视角，详细记述了各个物种的采集岛屿、形态特征、种子千粒重、分布、生境、用途，以及种子储藏特性、种子休眠类型和萌发条件等。每个物种配有生境、植株、花、果实和种子照片（从种子的背面、腹面和立面三个维度展示）。

本书编写过程中，我们优先采用调查、实验获得的一手数据，尽可能客观地反映植物在海岛这种特殊生境下的生长情况。例如，在海岛生长的植株，普遍要比生长在陆地的矮小等。种子千粒重、储藏特性和萌发条件等数据多为种质库实验室获得，大多属首次报道。

衷心感谢原国家海洋局政策法制与岛屿权益司司长李晓明对项目的指导。在项目实施过程中，原国家海洋局宁波海洋环境监测中心站站长费岳军、正高级工程师蔡燕红、高级工程师王晓波等鼎力协助，深表谢忱。感谢项目评审专家张方钢、王国明、李修鹏、陆志敏、毋瑾超、倪穗、张兴林、高元森等给予的宝贵意见。

衷心感谢中国科学院昆明植物研究所彭华研究员及其课题组李园园、蒋蕾、陈丽、阳亿、赵越、王英、陈亚萍等同事及研究生风雨同舟、相互协作开展野外调查采集和物种鉴定等工作。感谢同事亚吉东、张凤琼、李培、左政裕、胡枭剑、李拓径、骆洋，以及志愿者杨映虹、李松强、郭婷、孙兴旭、金孟武、胡银芬等参与野外调查、采集，或室内整理、资料搜集等工作。同时，对一起参与调查的船长及船工陆行雪、邵忠祥、吴海边、郑连清、黄朝霞等亦深表谢忱！感谢温州市洞头区谢民利、洞头区风景与旅游发展委员会陈丽丽、玉环市大鹿岛景区卓华北等给予的帮助。

衷心感谢安徽大学洪欣、李政隆、孟德昌，安徽师范大学张思宇，成都市植物园颜小凯，广东海洋大学段婷婷，广西壮族自治区中国科学院广西植物研究所符龙飞、韦毅刚、温放、邹玉春，贵州大学胡国雄，华东师范大学李宏庆，华南农业大学姚纲，江西农业大学李波、唐明，南京林业大学李蒙，陕西师范大学张建强，上海辰山植物园杜诚、葛斌杰、严靖，生态环境部南京环境科学研究所李中林、秦卫华，苏州海关黄戈晗，云南大学王焕冲，云南农业大学朱映安，浙江农林大学金孝锋、廖帅，中国科学院华南植物园陈又生、蒋凯文、童毅华、颜海飞、叶幸儿，中国科学院昆明植物研究所李德铢、吴增源、张宇、赵颖，中国科学院西双版纳热带植物园Sven Landrein，中国科学院植物研究所刘冰、鲁丽敏，中南林业科技大学吴磊，中山大学唐辉，美国史密斯研究院Paul M. Peterson等对相关类群的鉴定、审校，以及提出的宝贵意见。

鉴于编者学识有限，书中不足之处在所难免，恳请广大读者批评指正。

编　者

2022年9月9日

编写说明

1．本书科按APG IV系统排列，科属范围及名称参考了《中国维管植物科属志》（李德铢等，2020）。

2．植物鉴定、拉丁名、中文名和描述主要参考了*Flora of China*（Wu and Peter，1994～2013）；兼顾使用习惯，少部分依据《中国植物志》，如蓝花子*Raphanus sativus* Linnaeus var. *raphanistroides*（Makino）Makino；部分类群采用了最新分类学研究成果，如广东蛇葡萄*Ampelopsis cantoniensis*（Hooker & Arnott）K. Koch改作：牛果藤*Nekemias cantoniensis*（Hooker & Arnott）J. Wen & Z. L. Nie。

3．各论部分的英文简写GBOWS指中国西南野生生物种质资源库（The Germplasm Bank of Wild Species，GBOWS），意为相关数据来自该库实验室。库编号指种质资源的库藏编号。

4．种子千粒重称量材料和方法。将成熟、已完成清理的种子（或果实）置于15℃、空气相对湿度15%（下文称"双十五标准"）干燥间内进行干燥，待种子（或果实）平衡相对湿度达到15%左右后，从每个物种对应的每份种子中随机抽取5份样品称量，每份样品50粒，根据种子（或果实）大小选用精确度为万分之一克或十万分之一克电子天平在双十五标准干燥间内称量，称量结果精确到小数点后四位数字。同一物种如采集到的种子不少于两份，则选取最小、最大两个端点计算千粒重数据；如采集到的种子仅有一份，则只呈现一个千粒重数据。

5．种子储藏特性。主要考量植物成熟种子对脱水和低温的耐性（宋松泉等，2003）。Roberts（1973）和Ellis等（1990）根据种子的储藏特性，将种子分为以下几种类型。

（1）正常型：种子在母株上经历成熟脱水，种子脱落时含水量较低，通常能被进一步干燥到1%～5%的含水量而不发生伤害；根据贮藏温度和种子含水量能够预测其寿命。

（2）顽拗型：种子不经历成熟脱水，种子脱落时含水量相对较高，在整个发育过程中不耐脱水，通常对低温敏感；在适合正常型种子贮藏的条件下，其贮藏寿命通常只有几天到几个星期（Smith and Berjak，1995）。

（3）中间型：成熟种子在相对低的含水量下能够存活，但不能忍受像正常型种子一样的水分丧失；如果是热带起源，即使在脱水状态下也可能对低温敏感（Ellis et al.，1990）。

6．休眠类型的判定。根据Baskin C C和 Baskin J M（2014）的研究，将种子休眠分为5类。

（1）生理休眠（physiological dormancy，PD）：种子成熟散布时，种皮或果皮可以透水，但因为胚的生理原因导致胚根不能突破种皮。

（2）形态休眠（morphological dormancy，MD）：种子成熟散布时，胚未分化或虽分化但未发育完全，在种子萌发之前，胚需要进一步生长。

（3）形态生理休眠（morphophysiological dormancy，MPD）：同时具有形态与生理双重休眠，即种子成熟散布时，胚未分化或虽分化但未发育完全，且胚内部存在抑制种子萌发的生理因子。

（4）物理休眠（physical dormancy，PY）：由于种皮或果皮不透水而导致种子不能萌发。

（5）复合休眠（combinational dormancy，PY+PD）：同时具有物理与生理双重休眠，即种子散布时，具有不透水的种皮或果皮，且胚内部存在抑制种子萌发的生理因子。

7．文字内容，包括形态特征、分布、生境、用途等，优先采用项目调查所获得的数据，其余主要参考编写说明第2条相关文献。种子形态描述主要参考了“中国植物种子形态学研究方法和术语”（刘长江等，2004）。

8．萌发条件中，来源于GBOWS的数据除特别说明种子状态外，均是经双十五标准干燥后储存于−20℃环境中的种子。开展萌发实验前，先把种子从−20℃冷库中取出，置于双十五标准干燥间回温24 h，然后再将种子转移到室温环境下，进行萌发实验。

9．各论部分物种中文名前有“*”标识的为浙江省重点保护野生植物（2012年版）。

目　录

第一章 总论

1．浙江海岛地理及野生植物资源概况

浙江海岛星罗棋布，分布于北纬27°05.9′～30°51.8′，东经120°27.7′～123°09.4′，范围从北到南约420 km，从西到东约250 km（浙江省海岛资源综合调查领导小组和《浙江海岛资源综合调查与研究》编委会，1995）。浙江辖区内共有4353个海岛，约占全国海岛总数的37%（《中国海岛志》编纂委员会，2014），遥居我国各省份海岛数量第一位，这些海岛分属于舟山市、嘉兴市、宁波市、台州市和温州市。

浙江海岛在浙北海域分布较密集，且面积较大。例如，著名的舟山群岛包含大小岛屿1800余个（葛斌杰，2016），占全省海岛总数的40%以上。其中，舟山岛面积490.9 km^2，是浙江最大的海岛，也是我国第四大岛。浙江中南部海岛面积小且相对分散。海岛总体排布呈东北—西南方向，单岛、列岛或岛群则多以西北—东南、东—西向为主（浙江省海岛资源综合调查领导小组和《浙江海岛资源综合调查与研究》编委会，1995）。

浙江海岛绝大部分位于浙江沿海20 m等深线西侧，整体表现为近岸岛屿数量多、面积大、地势高的特点；地貌以丘陵山地为主，平原少而小；多数海岛海拔50～200 m，少数较大的海岛海拔200～500 m（浙江省海岛资源综合调查领导小组和《浙江海岛资源综合调查与研究》编委会，1995），最高点为桃花岛对峙山的安期峰——海拔544.7 m（《中国海岛志》编纂委员会，2014）。

浙江海岛地处亚热带，属亚热带季风性湿润气候，受季风影响显著，四季分明。冬季受蒙古高压南下的极地大陆气团影响，浙江海岛盛行偏北风，为全年最干冷少雨季节；夏季盛行东南风，天气晴热，雨量减少，相对干燥；春季和秋季则是冬夏季风环流的转换期。浙江海岛年平均气温15.6～17.5℃；最冷月（1月或2月）平均气温5.0～8.0℃，最热月（8月）平均气温26.0～27.5℃；极端最低温2.2～7.5℃，极端最高温33.8～39.1℃（浙江省海岛资源综合调查领导小组和《浙江海岛资源综合调查与研究》编委会，1995）。

浙江海岛几乎全为基岩岛，主要由花岗岩、钾长花岗岩为主的侵入岩石，以及熔结凝灰岩、凝灰岩和凝灰质砂岩为主的火山岩、火山沉积岩等构成（陈征海等，1995）。土壤多表现为成土年龄短、浅薄贫瘠、盐基饱和度高、侵蚀严重等特征。红壤、粗骨土、滨海盐土占海岛土壤面积的80%以上。植被形成历史也相对较短，表现为种类单一、结构简单、矮化畸形、不稳定性大等特征。土壤和植被多呈环状或半环状分布，这种分布特点在大岛尤为明显。大部分海岛以丘陵、山地为中心；粗骨土在丘陵、山地的上部，主要生长有黑松林、野生竹林、野梧桐灌丛、草木灌丛等；红壤占据中下部，主要生长马尾松；潮土和水稻土则主要发育于丘陵四周滨海平原，以栽培作物为主；盐土分布在滨海地带，主要生长盐生、沙生和水生植物（浙江省海岛资源综合调查领导小组和《浙江海岛资源综合调查与研究》编委会，1995）。

浙江海岛分布有2173种维管植物（含种下等级）（陈征海等，1995），约占华东植物维管植物种数的30%（田旗等，2014）。随着近些年对浙江海岛的调查，陆续有新记录或新分类群被发现，丰富了浙江海岛植物区系的内容。例如，李根有等（2010）在浙江普陀山岛发现小果薜荔*Ficus pumila* var. *microcarpa*和普陀杜鹃*Rhododendron simsii* var. *putuoense*；高浩杰等（2015）在舟山群岛发现中国分布新记录日本野木瓜*Stauntonia hexaphylla*，浙江省分布新记录台湾佛甲草*Sedum formosanum*和多苞斑种草*Bothriospermum secundum*；陈秋夏等（2017）在对温州海岛开展植物调查时，发现温州市或浙江省新记录物种20余个。

浙江海岛维管植物在科属组成上具复杂性。其中，禾本科Poaceae、菊科Asteraceae、莎草科Cyperaceae等极大科，以及豆科Fabaceae、蔷薇科Rosaceae、唇形科Lamiaceae、蓼科Polygonaceae、茜草科Rubiaceae、鳞毛蕨科Dryopteridaceae、壳斗科Fagaceae、樟科Lauraceae、冬青科Aquifoliaceae和山茶科Theaceae等中等科，是浙江海岛维管植物区系的重要组成成分，而小科、极小科数目繁多，占浙江海岛维管植物科数的70%以上，表明在科级组成上的复杂性。属的分级统计，具有类似规律，小属和极小属丰富，分别占浙江海岛维管植物属数的30%以上和50%以上。

种子植物是浙江海岛植物区系的主要组成部分，陈征海等（1995）对702个种子植物的属进行了统计，表明在植物区系地理上隶属于15个分布区类型，在区系地理和发生上与世界植物区系有着广泛的联系，地理成分具有一定的多样性。其中，泛热带分布、北温带分布和东亚分布占50%以上，加上世界广布，构成浙江海岛植物区系主体。

地理成分具明显纬向性，热带区系成分由北向南渐增，而温带、亚热带区系成分相反。陆域植被类型以浙北普陀、定海最丰富，潮间带植被以瓯海、三门类型最多。北部海岛以青冈栎林、石栎林、润楠林为主要群系，南部海岛则是以青冈林群系为主的常绿阔叶林。

浙江海岛植物区系与浙江大陆有92.3%的共有属及88%的共有种，区系发生、组成及分布上联系密切。此外，与邻近海岛——日本列岛和中国台湾岛共有属分别为87%、86.3%，共有种分别为49.2%、53.7%。

浙江海岛植物资源表现出鲜明的地域性特点。首先，地域间区系组成差异大。舟山群岛最为丰富，温州、台州、宁波、嘉兴依序次之。其次，岛屿间物种丰富度差异更大，面积约40 km^{2}的桃花岛有维管植物900余种，是浙江维管植物最丰富的海岛。岛屿大小、地形地貌、距陆远近、人为活动等都影响到海岛植物资源的丰富程度（陈征海等，1995）。

另外，海岛特殊的环境孕育了丰富的滨海植物资源（浙江植物志编委会，1993）。陈征海等（2017）编著的《宁波滨海植物》，共收录滨海植物163种（含种下等级）。

2. 浙江海岛野生植物调查和采集概况

对浙江海岛野生植物的调查、采集，至少可追溯到18世纪初。1700年，苏格兰人James Cunningham曾在舟山群岛等地开展野生植物的调查、采集，其中在桃花岛采集到杉木*Cunninghamia lanceolata*标本。1826年，植物学家Robert Brown用他的名字命名了杉木属*Cunninghamia* R. Br. ex A. Rich.，以示纪念。之后，欧美植物学家（或传教士）Robert Fortune于1843～1856年、Joseph Maxime Marie Calléry 于1843年、J. F. Quekett 于19世纪60年代～19世纪末、Francis Blackwell Forbes 于1861～1863年、William Richard Carles 于1883年、Ernst Faber 于1891年等先后到浙江海岛采集过植物标本（章绍尧和丁炳扬，1993）。

新中国成立前，老一辈植物学家，如钟观光、郑万钧等曾到浙江海岛从事过植物采集和研究工作，最有名的莫过于1930年钟观光先生在普陀山岛采集到的94号标本，后经郑万钧先生研究发表为普陀鹅耳枥 *Carpinus putoensis*（Cheng，1932），野外仅存一株，作为浙江海岛特有种，被誉为“地球独子”。

1949年10月后，浙江师范学院（今浙江师范大学）、杭州大学（现并入浙江大学）、杭州植物园、浙江林学院（今浙江农林大学）、浙江医学科学院药物研究所、浙江自然博物馆等在舟山群岛、大陈岛、洞头岛等岛屿采集了大量植物标本（章绍尧和丁炳扬，1993）。

1990～1993年，浙江省林业勘察设计院陈征海等人在国家“八五”攻关项目“全国海岛资源综合调查研究与开发试验”支持下首次全面系统地对浙江海岛植物区系开展调查研究，采集植物标本近1.2万号，整理成《浙江海岛维管植物名录》，发现了一大批中国、浙江及舟山群岛新记录植物（陈征海等，1995）。

2006～2016年，上海辰山植物园葛斌杰等人在上海市绿化和市容管理局资助下对东海近陆63个岛屿（主要是浙江海岛）开展植物资源科学考察，共采集到植物标本9372号，被子植物1700余种，引种栽培滨海特色植物120余种（葛斌杰，2020）。

2010～2016年，在国家海洋局温州海洋环境监测中心站和温州市海洋与渔业局等单位的支持下，浙江省亚热带作物研究所陈秋夏、王金旺等人承担了温州市重点无居民海岛植物资源调查研究和海岛植物植被监测等工作，调查了80多个海岛，共记录海岛植物600种（陈秋夏和王金旺，2017）。

2012年，宁波市林业局组织开展植物调查，包括对辖区相关海岛植物资源进行了调查，陈征海、谢文远、李修鹏等编著了《宁波滨海植物》，已于2017年出版。

除了杉木和普陀鹅耳枥外，采自浙江海岛的模式标本还有舟山新木姜子*Neolitsea sericea*、普陀樟*Cinnamomum japonicum* var. *cheii*、毛轴碎米蕨*Cheilanthes chusana*、中华绣线菊*Spiraea chinensis*、醉鱼草*Buddleja lindleyana*等。

截至2016年，国内尚未对浙江海岛做过系统的野生植物种质资源收集保存，但前人对这个区域的植物调查和标本采集工作，为种质资源的收集保藏奠定了基础。

3．中国西南野生生物种质资源库对浙江海岛野生植物种质资源收集情况概述

中国西南野生生物种质资源库（以下简称“种质库”）是1999年由著名植物学家吴征镒院士提议，并经时任国务院总理朱镕基批示、国家发展和改革委员会批复立项的国家重大科学工程。项目依托中国科学院昆明植物研究所建设和运行，总投资人民币1.48亿元，主要包括种子库、植物离体库、DNA库、微生物种质库、动物种质库、信息中心和植物种质圃库，以及植物基因组学和种子生物学实验研究平台，2009年11月通过国家验收。

截至2022年底，种质库已保存采自全国32个省（自治区、直辖市）野生植物种子11 305种90 738份，占我国种子植物物种数的37.3%；植物离体培养材料2143种24 200份；DNA材料8029种67 631份；微生物菌株2295种22 950份；动物种质资源2228种68 572份。种质库已建成有效保存野生生物种质资源的先进设施和体系；建立了种质资源数据库和信息共享管理系统；建成集功能基因检测、克隆和验证为一体的技术体系和科研平台；具备强大的野生种质资源保藏与研究能力，保藏能力达到国际领先水平，使我国的生物战略资源安全得到可靠保障，为我国生物技术产业的发展和生命科学的研究源源不断地提供种质资源及相关信息，促进我国生物技术产业和社会经济的可持续发展，为我国切实履行国际公约、实现生物多样性的有效保护和实施可持续发展战略奠定物质基础。

2016～2018年，在国家海洋局宁波海洋环境监测中心站“东海海岛植被地面验证与复核研究以及野生植被种质资源采集与保存”（2016年）、“东海海岛植被地面验证与复核研究以及野生植物种质资源采集与保存”（2017～2018年）项目支持下，野生植物种质资源调查与采集小组对浙江海域从北到南共48个海岛（表1）的不同植被类型进行了野生植物种质资源调查和采集。项目组共采集到860号种质资源，包括417个物种，535份种子，隶属于78科177属235种（包含种下等级）。其中浙江省新记录3种，分别为：在舟山市嵊泗县柱住山岛采集到的石碇佛甲草*Sedum sekiteiense*，在舟山市岱山县衢山岛采集到的异马唐*Digitaria bicornis*，以及在宁波市象山县花岙岛采集到的白花玉叶金花*Mussaenda pubescens* var. *alba*。

这48个海岛中，有居民海岛包括西绿华岛、大戢山岛、泗礁山岛、衢山岛、岱山岛、舟山岛、桃花岛、佛渡岛、花岙岛、北渔山岛、上大陈岛、小鹿山岛、洞头岛、北麂岛、南麂岛、北关岛，共16个，占调查海岛总数的1/3。其中，在舟山岛采集到35份种子，是48个调查海岛中，采集到种子最多的海岛。在桃花岛共采集到89份种质资源（含31份种子），是48个调查海岛中，采集到种质资源最多的海岛。

在32个无居民海岛中，面积最大的是宁波市象山县的南韭山岛，4.08 km^2，项目组在该岛共采集到51号种质资源。

在860号野生植物种质资源中，包含两种国家重点保护野生植物（2021年版）：天竺桂（又名普陀樟）*Cinnamomum japonicum*、舟山新木姜子*Neolitsea sericea*；11种浙江省重点保护野生植物：全缘冬青*Ilex integra*、柃木*Eurya japonica*、圆叶小石积*Osteomeles subrotunda*、海滨木槿*Hibiscus hamabo*、蔓九节*Psychotria serpens*等。

表1　种质库在浙江调查和采集野生植物种质资源的海岛概况（从北至南）

序号	海岛名称	行政隶属	海岛面积（km^2）	有无居民
1	西绿华岛	舟山市嵊泗县	1.28	有居民
2	大戢山岛	舟山市嵊泗县	0.09	有居民
3	柱住山岛	舟山市嵊泗县	0.28	无居民
4	北鼎星岛	舟山市嵊泗县	0.85	无居民
5	泗礁山岛	舟山市嵊泗县	22.49	有居民
6	筲箕岛	舟山市嵊泗县	0.28	无居民
7	大白山岛	舟山市嵊泗县	0.30	无居民
8	衢山岛	舟山市岱山县	63.42	有居民
9	小鼠浪山岛	舟山市岱山县	0.41	无居民
10	大竹屿岛	舟山市岱山县	0.22	无居民
11	岱山岛	舟山市岱山县	106.89	有居民
12	东霍山岛	舟山市岱山县	0.17	无居民
13	小峧山岛	舟山市岱山县	0.16	无居民
14	南圆山岛	舟山市岱山县	0.55	无居民
15	小峙中山岛	舟山市定海区	0.05	无居民
16	秀山大牛轭岛	舟山市岱山县	0.21	无居民
17	舟山岛	舟山市定海区	490.90	有居民
18	东闪岛	舟山市普陀区	0.17	无居民
19	小蚂蚁岛	舟山市普陀区	0.10	无居民
20	桃花岛	舟山市普陀区	40.23	有居民
21	佛渡岛	舟山市普陀区	7.31	有居民
22	小蚊虫岛	舟山市普陀区	0.27	无居民
23	大尖苍岛	舟山市普陀区	0.77	无居民
24	南韭山岛	宁波市象山县	4.08	无居民
25	蚊虫山岛	宁波市象山县	0.46	无居民
26	花岙岛	宁波市象山县	16.02	有居民
27	小踏道岛	宁波市象山县	0.29	无居民
28	北渔山岛	宁波市象山县	0.50	有居民

续表

序号	海岛名称	行政隶属	海岛面积（km^2）	有无居民
29	南渔山岛	宁波市象山县	0.83	无居民
30	东矶岛	台州市三门县	1.90	无居民
31	北一江山岛	台州市椒江区	0.88	无居民
32	上大陈岛	台州市椒江区	6.87	有居民
33	西中峙岛	台州市椒江区	0.06	无居民
34	积谷山岛	台州市椒江区	0.44	无居民
35	小鹿山岛	台州市玉环市	0.53	有居民
36	上浪铛岛	台州市玉环市	0.10	无居民
37	北小门岛	温州市洞头区	0.22	无居民
38	洞头岛	温州市洞头区	28.44	有居民
39	北策岛	温州市洞头区	0.74	无居民
40	北先岛	温州市洞头区	0.01	无居民
41	双峰山岛	温州市瑞安市	0.11	无居民
42	冬瓜屿	温州市瑞安市	0.25	无居民
43	大明甫岛	温州市瑞安市	0.49	无居民
44	北麂岛	温州市瑞安市	2.05	有居民
45	南麂岛	温州市平阳县	7.67	有居民
46	柴峙岛	温州市平阳县	0.67	无居民
47	顶草峙岛	温州市苍南县	0.55	无居民
48	北关岛	温州市苍南县	3.60	有居民

第二章 各论

五味子科 Schisandraceae

南五味子 *Kadsura longipedunculata* Finet & Gagnepain

库编号/岛屿 868710337401/东矶岛；868710405726/衢山岛

形态特征 木质藤本。叶长圆状披针形、倒卵状披针形或卵状长圆形，边有疏齿，侧脉每边5～7，上面具淡褐色透明腺点。花单生于叶腋，雌雄异株；雄花花被片8～17，中轮最大1片黄白色，椭圆形；雄蕊群球形，具雄蕊30～70；雌花花被片与雄花相似，雌蕊群椭圆体形或球形，具雌蕊40～60；子房宽卵圆形，花柱具盾状心形的柱头冠。聚合果球形，小浆果倒卵圆形，幼时绿色，熟时红色。种子肾形或肾状椭圆形，黄灰色。花期6～9月；果期9～12月。种子千粒重17.3292 g。

分布 安徽、福建、广东、广西、贵州、海南、湖北、湖南、江苏、江西、四川、云南、浙江。

生境 生于沟谷潮湿处。

用途 药用：整株入药，具有理气活血、活络祛风、止痛消肿的作用；是2002年我国卫生部公布的可用于保健食品的中草药之一。食用：成熟果实可食用。

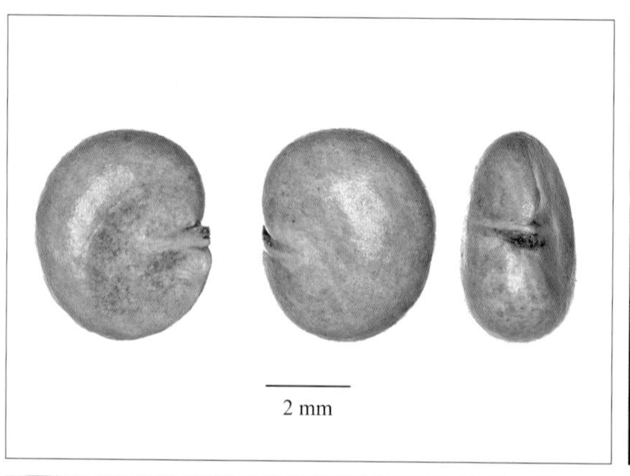

胡椒科 Piperaceae

山蒟 *Piper hancei* Maximowicz

库编号/岛屿　868710348801/柴峙岛

形态特征　草质藤本。茎、枝具细纵纹，节上生根。叶纸质或近革质，卵状披针形或椭圆形，侧脉每边5～7，最上1对互生；叶鞘长约为叶柄之半。花单性，雌雄异株，聚集成与叶对生的穗状花序；总花梗与叶柄等长或略长，花序轴被毛；雄花序的苞片近圆形，近无柄或具短柄，盾状；雌花序于果期延长，苞片与雄花序的相同，但柄略长。浆果球形，幼时绿色，熟时黄色。种子近球形，表面具不明显细网纹；黄褐色。花期3～8月；果期8～11月。种子千粒重8.4424 g。

分布　福建、广东、广西、贵州、湖南、云南、浙江。

生境　攀援于树干或石壁上。

用途　药用：干燥的藤茎民间用于治疗风湿痛、关节痛和气喘等。生物农药：山蒟甲醇提取物对家蝇、致倦库蚊、白纹伊蚊、椰心叶甲、斜纹夜蛾和香蕉花蓟马等具有一定的杀虫活性。

萌发条件　5‰多菌灵消毒，再用清水冲洗干净，15～20℃，细河沙上，12 h光照/12 h黑暗下萌发（刘建强，2010）。

菝葜科 Smilacaceae

菝葜 *Smilax china* Linnaeus

库编号/岛屿 868710337245/南韭山岛；868710337437/东矶岛；868710337545/北一江山岛；868710349266/西中峙岛；868710337644/北策岛；868710337713/冬瓜屿；868710337755/北先岛；868710348855/南麂岛；868710348942/北关岛；868710348972/顶草峙岛；868710337005/小蚂蚁岛；868710337074/大尖苍岛；868710348213/舟山岛；868710348390/佛渡岛

形态特征 木质藤本。根状茎粗厚，坚硬，为不规则的块状。茎上疏生刺。叶薄革质或坚纸质，下面通常淡绿色，较少苍白色；叶鞘占叶柄全长的1/2～2/3；几乎都有卷须，脱落点位于靠近卷须处。伞形花序生于小枝上，常呈球形；花绿黄色，内花被片稍狭。浆果幼时绿色，熟时红色，有粉霜。种子近球形，红褐色。花期2～5月；果期9～11月。种子千粒重20.3144～33.6756 g。

分布 缅甸、菲律宾、越南。安徽、福建、广东、广西、河南、湖北、湖南、江苏、江西、山东、四川、台湾、云南、浙江。

生境 生于林中或岩石山坡上。

用途 药用：根、茎、叶均可入药，其中根茎中主要包含皂苷类、黄酮类等化学成分，具有消肿解毒、祛风除湿、抗炎镇痛、抗肿瘤的作用。淀粉及蛋白质：根状茎可用来提取淀粉或酿酒。

种子储藏特性及萌发条件 正常型（GBOWS）；20℃或25/15℃，1%琼脂培养基，12 h光照/12 h黑暗条件下萌发（GBOWS）。

百合科 Liliaceae

野百合 *Lilium brownii* F. E. Brown ex Miellez var. *brownii*

库编号/岛屿 868710337575/北一江山岛；868710405540/北渔山岛

形态特征 多年生草本，茎高0.3～1.0 m。鳞茎球形；鳞片披针形，无节，白色；有的有紫色条纹，有的下部有小乳头状突起。叶散生，通常自下向上渐小，披针形、窄披针形至条形，具5～7脉，全缘，两面无毛。花单生或数花排成近伞形；苞片披针形；花喇叭形，有香气，乳白色，外面稍带紫色，无斑点，向外张开或先端外弯而不卷，蜜腺两边具小乳头状突起。蒴果矩圆形，有棱，具种子多数。种子半圆形、圆三角形或卵圆形，扁平；种皮向外延展成膜质周翅，表面多皱；种子黄褐色。花期5～6月；果期9～10月。种子千粒重6.0332 g。

分布 安徽、福建、甘肃、广东、广西、贵州、河北、湖北、湖南、江苏、江西、陕西、山西、四川、云南、浙江。

生境 生于路边灌草丛或草坡。

用途 观赏：花朵鲜艳美丽，可供观赏，做鲜切花。药用：鳞茎含丰富淀粉，可食，亦可药用。

种子储藏特性、休眠类型及萌发条件 正常型（GBOWS）；具有形态生理休眠（Baskin C C and Baskin J M，2014）；20℃，1%琼脂培养基，12 h光照/12 h黑暗条件下萌发（GBOWS）。

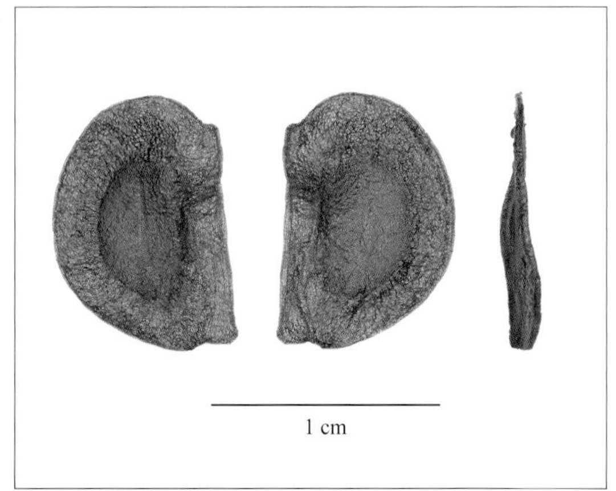

独尾草科 Asphodelaceae

山菅 *Dianella ensifolia* (Linnaeus) Redoute

库编号/岛屿 868710337722/北先岛；868710348852/南麂岛；868710349251/积谷山岛；868710405423/上大陈岛；868710405555/蚊虫山岛

形态特征 多年生草本，高0.3～1 m。根状茎圆柱状。叶狭条状披针形，边缘和背面中脉具锯齿。顶端圆锥花序分枝疏散；花常多数生于侧枝上端；花梗常稍弯曲，苞片小；花被片6，条状披针形，绿白色、淡黄色至青紫色，5脉。浆果幼时绿色，熟时蓝紫色，近球形，有光泽，具种子5～6。种子亮黑色，种皮光滑，近肾形，一面略凹。花果期3～11月。种子千粒重5.3630～6.4828 g。

分布 亚洲亚热带、热带地区至非洲、大洋洲均有。福建、广东、广西、贵州、海南、江西、四川、台湾、云南等。

生境 生于石质山坡或灌草丛中。

用途 观赏：习性强健，叶形美观，果实艳丽，公园、路边、山石旁常栽培观赏。药用：根状茎磨干粉，调醋外敷，可治痈疮脓肿、癣、淋巴结炎等；全株有毒，旧时用其植株熬汁泡米饭来毒杀老鼠。

种子储藏特性及萌发条件 正常型（GBOWS）；25/15℃，1%琼脂培养基，12 h光照/12 h黑暗条件下萌发（GBOWS）。

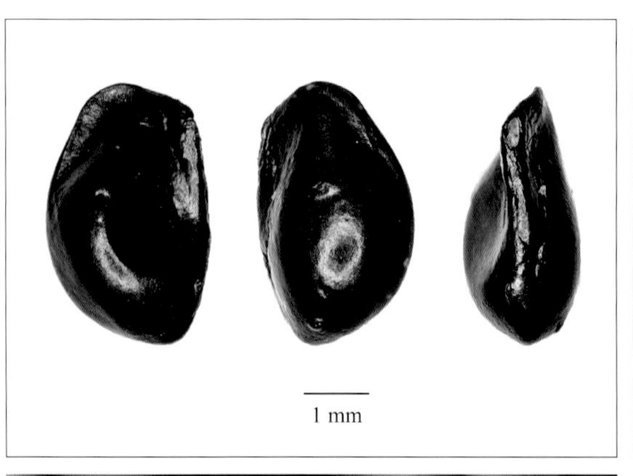

石蒜科 Amaryllidaceae

球序薤 *Allium thunbergii* G. Don

库编号/岛屿 868710349236/积谷山岛

形态特征 多年生草本，高0.2～0.3 m。鳞茎卵状至狭卵状，单生，外皮污黑色或黑褐色，纸质，内皮有时带淡红色，膜质。叶三棱状条形，中空或基部中空，背面具1纵棱，呈龙骨状隆起。花葶中生，圆柱状，中空；伞形花序球状，多花密生；总苞单侧开裂或2裂，宿存；小花梗基部具小苞片；花红色至紫色；花被片椭圆形至卵状椭圆形，外轮舟状，较短；花丝锥形，无齿，仅基部合生并与花被片贴生；子房倒卵状球形，腹缝线基部具有帘的凹陷蜜穴；花柱伸出花被外。蒴果幼时绿色，熟时开裂。种子半圆形，黑色，具鱼鳞状细网纹。花果期8月底至11月。

分布 日本，朝鲜半岛。河北、黑龙江、河南、湖北、江苏、吉林、辽宁、内蒙古、陕西、山东、山西、台湾、浙江。

生境 生于岩缝中。

用途 观赏：花序球形，颜色多样，大而美丽，适做石景点缀、缀花草坪、花境、观花地被的材料。食用：具韭菜的辛辣，但比韭菜轻，稍有黏质，可生食，焯水后凉拌及炒食亦可，口感极佳，为民间优质的食用山野菜。

种子储藏特性及萌发条件 正常型（GBOWS）；15℃或20℃，1%琼脂培养基，12 h光照/12 h黑暗条件下萌发（GBOWS）。

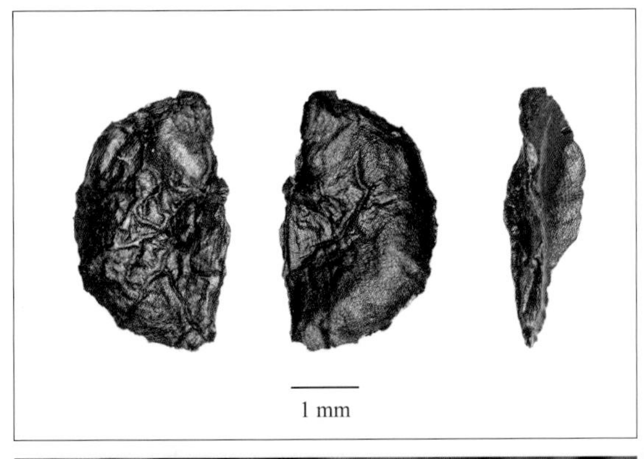

石蒜科 Amaryllidaceae

海滨石蒜 *Lycoris insularis* S. Y. Zhang & J. W. Shao

库编号/岛屿 868710337566/北一江山岛；868710348282/桃花岛；868710349173/双峰山岛

形态特征 多年生草本，高0.2～0.6 m。鳞茎卵形。早春出叶，叶带状，绿色，顶端钝。花茎高0.2～0.6 m；总苞片2；伞形花序有花4～6；花淡紫红色，花被裂片顶端常带蓝色，倒披针形，边缘不皱缩；雄蕊与花被近等长；花柱略伸出于花被外。蒴果具三棱，幼时绿色，熟时室背3裂。种子近球形，黑色。花期8～9月；果期9～10月。种子千粒重67.5308～83.3784 g。

分布 安徽、湖北、江苏、浙江。

生境 生于路边或石质山坡灌草丛中。

用途 观赏：花色绮丽，花期成片盛放，场面壮观，可做园林地被花卉；花茎较长，花葶健壮，可做切花材料。药用：鳞茎入药，捣烂敷在患处或煎水熏洗可治疗皮肤疮疖痈肿、瘰疬；煎汤内服有解毒、祛痰的功效；西医中，鳞茎可提取加兰他敏，用于治疗神经系统疾病。

种子储藏特性、休眠类型及萌发条件 正常型（GBOWS）；正常型（GBOWS）；新鲜种子，先用0.1%的氯化汞溶液对种子进行表面杀菌10 min，再用蒸馏水冲洗5次，25℃，湿润单层滤纸上萌发（刘志高，2011）。

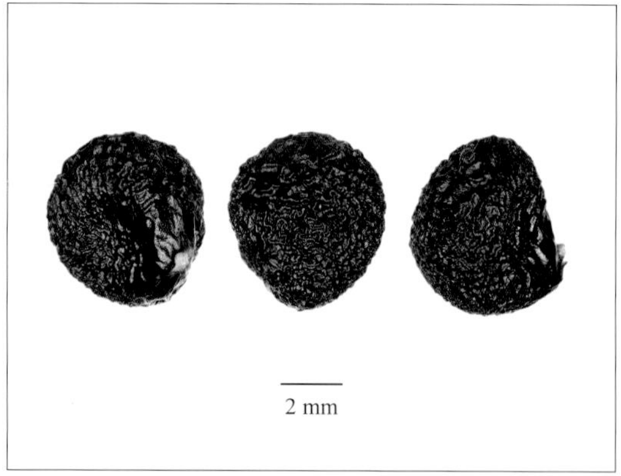

天门冬科 Asparagaceae

绵枣儿 *Barnardia japonica* (Thunberg) Schultes & J. H. Schultes

库编号/岛屿 868710337050/小蚊虫岛；868710337275/南韭山岛；868710337530/北一江山岛；868710337611/大明甫岛；868710337641/北策岛；868710337698/冬瓜屿；868710337731/北先岛；868710349230/积谷山岛

形态特征 多年生草本，高0.1～0.4 m。鳞茎卵形或近球形，鳞茎皮浅黄色至黑褐色。基生叶通常2～5，狭带状。花葶通常比叶长；总状花序具多花；花小，紫红色、粉红色至白色，花被片6，近椭圆形、倒卵形或狭椭圆形，基部稍合生而成盘状，先端钝且增厚；雄蕊生于花被片基部，稍短于花被片；花丝近披针形，边缘和背面常多少具小乳突，基部稍合生，中部以上骤然变窄；子房基部有短柄，3室，每室有1胚珠；花柱长为子房的1/2～2/3。蒴果幼时绿色，熟时黄色，近倒卵形。种子1～3，矩圆状狭倒卵形，黑色。花果期7～11月。种子千粒重1.7496～2.6391 g。

分布 日本、俄罗斯，朝鲜半岛。广东、广西、河北、黑龙江、河南、湖北、湖南、江苏、江西、吉林、辽宁、内蒙古、山西、四川、台湾、云南。

生境 生于林缘、山坡灌草丛中，或岩隙、崖壁上。

用途 鳞茎或全草性甘、苦、寒，可活血解毒、消肿止痛，用于治疗跌打损伤、腰腿疼痛、筋骨痛、牙痛等，外用可治痈疽、乳痈、毒蛇咬伤。

种子储藏特性、休眠类型及萌发条件 正常型（GBOWS）；具有生理休眠（GBOWS）；20℃或25/10℃，含200 mg/L赤霉素的1%琼脂培养基，12 h光照/12 h黑暗条件下萌发（GBOWS）。

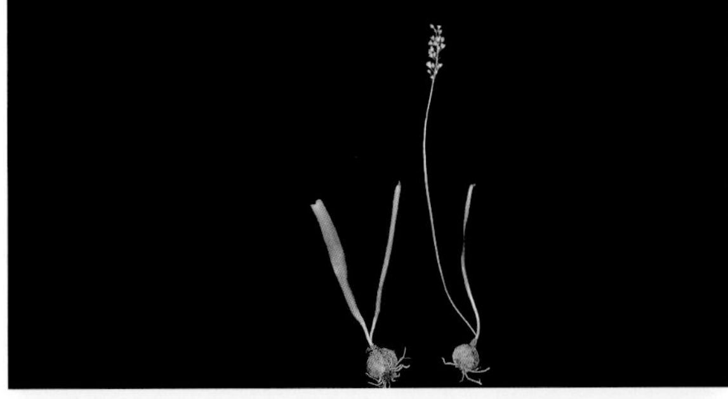

鸭跖草科 Commelinaceae

饭包草 *Commelina benghalensis* Linnaeus

库编号/岛屿 868710348258/舟山岛

形态特征 多年生草本，高0.7 m，全株被柔毛。茎大部分匍匐，节上生根。叶卵形，具柄；叶鞘疏松抱茎。总苞片漏斗状，与叶对生；花序下面一枝具1～3不孕花，伸出佛焰苞，上面一枝有花数朵，结实，不伸出佛焰苞；萼片白色；花瓣蓝色，内面具长爪2，前方较小1，无爪。蒴果椭圆状，3室，腹面2室，每室具2种子，开裂，后面一室仅有1种子或无种子，不裂。种子近肾形，一端钝圆，另一端平截；灰黑色或浅褐色，多皱并具不规则网纹。花果期7～9月。种子千粒重3.0928 g。

分布 亚洲、非洲的热带及亚热带广布。华东、华南、华中和西南。

生境 生于灌草丛中。

用途 观赏：易繁殖，叶翠绿，茎枝匍匐，可作为地被植物绿化公园、花坛等。药用：全草入药，具有清热解毒、消肿利尿之效，可治热淋、痢疾、痔疮、疔疮痈肿、毒蛇咬伤等。

种子储藏特性、休眠类型及萌发条件 正常型（GBOWS）；无休眠（Baskin C C and Baskin J M，2014）；20℃或25/15℃，含200 mg/L赤霉素的1%琼脂培养基，12 h光照/12 h黑暗条件下萌发（GBOWS）。

鸭跖草科 Commelinaceae

鸭跖草 *Commelina communis* Linnaeus

库编号/岛屿 868710349164/上浪铛岛

形态特征 一年生草本，茎上部直立，被短毛，下部匍匐生根，无毛，长0.3～1 m。叶披针形至卵状披针形；叶鞘紧密抱茎。总苞片佛焰苞状，与叶对生，折叠状，展开后为心形；聚伞花序，下面一枝仅有1花，不孕；上面一枝具花3～4，具短梗，几乎不伸出佛焰苞；萼片膜质；花瓣深蓝色；内面具爪2。蒴果椭圆形，2室，2瓣裂，有种子4。种子棕黄色，一端平截，腹面平，有不规则窝孔。花果期7～11月。种子千粒重3.0907 g。

分布 日本、俄罗斯远东地区，东南亚、朝鲜半岛。除青海、新疆、西藏外，全国广布。

生境 生于山坡灌丛中。

用途 药用：全草为凉血利尿、清热解毒之良药，对咽炎、扁桃腺炎、尿路感染、上呼吸道感染等有良好疗效。

种子储藏特性、休眠类型及萌发条件 正常型（GBOWS）；具有生理休眠（GBOWS）；20℃或25/15℃，含200 mg/L赤霉素的1%琼脂培养基，12 h光照/12 h黑暗条件下萌发（GBOWS）。

姜科 Zingiberaceae

艳山姜 *Alpinia zerumbet* (Persoon) B. L. Burtt & R. M. Smith

库编号/岛屿 868710348615/南麂岛；868710348792/柴峙岛；868710348987/顶草峙岛

形态特征 多年生草本，高0.5～2.0 m。叶披针形，顶端渐尖而有一旋卷的小尖头，基部渐狭，边缘具短柔毛，两面均无毛。圆锥花序呈总状式花序，下垂，花序轴紫红色，被绒毛，分枝极短，每分枝上有花1～3；小苞片椭圆形，白色，顶端粉红色，蕾时包裹住花；花萼近钟形，白色，顶粉红色；花冠管较花萼为短，裂片长圆形，乳白色，顶端粉红色；唇瓣匙状宽卵形，顶端皱波状，黄色带紫红色彩纹。蒴果卵圆形，被稀疏的粗毛，具显露的条纹，顶端常冠以宿萼，幼时绿色，熟时朱红色。种子近球形或圆锥状多面形，外被白色膜质假种皮；白色或灰白色。花期4～6月；果期7～11月。种子千粒重28.7528～40.9140 g。

分布 孟加拉国、柬埔寨、印度、印度尼西亚、老挝、马来西亚、缅甸、菲律宾、斯里兰卡、泰国、越南。广东、广西、海南、台湾、云南、浙江。

生境 生于路边灌丛或落叶阔叶混交林中。

用途 药用：根茎和果实健脾暖胃，燥湿散寒，治消化不良、呕吐腹泻。观赏：花型美丽，可做鲜切花，本种花极美丽，常栽培于庭园供观赏。纤维：叶鞘做纤维原料，可造纸。油脂：种子含挥发油0.7%、棕榈酸、桉油精、α-石竹烯及倍半萜烯醇。

种子储藏特性及萌发条件 正常型（GBOWS）；35/20℃，1%琼脂培养基，12 h光照/12 h黑暗条件下萌发（GBOWS）。

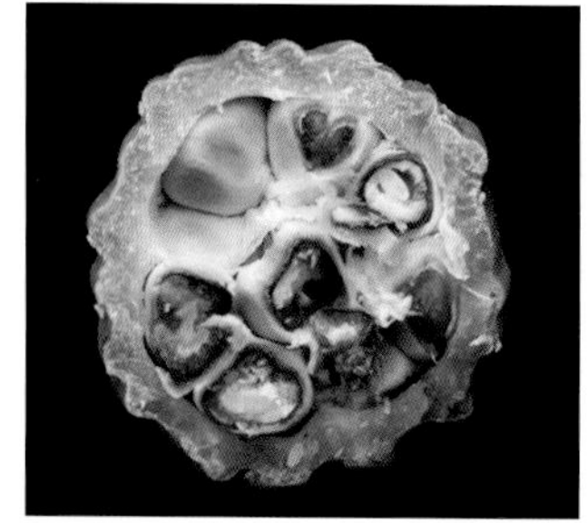

灯心草科 Juncaceae

灯心草 *Juncus effusus* Linnaeus

库编号/岛屿 868710405510/南渔山岛；868710405774/泗礁山岛

形态特征 多年生草本，高0.2～0.4 m。茎丛生，直立，圆柱形，具纵条纹，茎内充满白色的髓心。叶全部为低出叶，呈鞘状或鳞片状，包围在茎的基部，基部红褐至黑褐色；叶退化为刺芒状。聚伞花序假侧生，含多花，排列紧密或疏散；花淡绿色；花被片线状披针形，黄绿色。蒴果长圆形或卵形，顶端钝或微凹，黄褐色，内含种子多数。种子卵状长圆形，表面具细网纹，两端具白色鳍状膜质翅，黄褐色，极小。花期4～7月；果期6～9月。种子千粒重：0.0172～0.0184 g。

分布 广泛分布于温带和热带山区；不丹、印度、印度尼西亚、日本、老挝、马来西亚、尼泊尔、斯里兰卡、泰国、越南，朝鲜半岛。安徽、福建、甘肃、广东、广西、贵州、河北、黑龙江、河南、湖北、湖南、江苏、江西、吉林、辽宁、山东、四川、台湾、西藏、云南、浙江。

生境 生于路边或灌草丛中。

用途 纤维：茎内白色髓心可做灯芯和烛芯，茎皮纤维可做编织和造纸原料。药用：干燥茎髓入药，有理疗、清凉、镇静作用，可治疗心烦少眠、尿少涩痛、口舌生疮、高热口渴等症状。

种子储藏特性、休眠类型及萌发条件 正常型（GBOWS）；具有生理休眠（卜海燕，2007）；25/15℃或35/20℃，1%琼脂培养基，12 h光照/12 h黑暗条件下萌发（GBOWS）。

莎草科 Cyperaceae

褐果薹草 *Carex brunnea* Thunberg

库编号/岛屿 868710337212/南韭山岛

形态特征 多年生草本，高0.3～0.4 m。秆密丛生，细长，锐三棱形。根状茎短。叶下部对折，向上渐成平展，具鞘；鞘短，常在膜质部分开裂。小穗排列稀疏，全部为雄雌顺序。雄花鳞片卵形或狭卵形，顶端急尖，膜质，黄褐色；雌花鳞片卵形，顶端急尖或钝，无短尖，膜质，淡黄褐色。果囊近直立，长于鳞片，扁平凸状，膜质，褐色，两面均被白色短硬毛，基部急缩成短柄，顶端急狭成短喙，喙顶端具二齿。小坚果紧包于果囊内，近圆形，扁双凸状，黄褐色，基部无柄。花果期6～10月。种子千粒重0.6612 g。

分布 印度、日本、尼泊尔、菲律宾、越南、澳大利亚，朝鲜半岛。安徽、福建、甘肃、广东、广西、贵州、湖北、湖南、江苏、江西、陕西、四川、台湾、西藏、云南、浙江。

生境 生于路边。

用途 可涵养水土、净化水源，是海滨优良的固沙植物。

种子储藏特性及萌发条件 正常型（GBOWS）；25℃或25/15℃，1%琼脂培养基，12 h光照/12 h黑暗条件下萌发（GBOWS）。

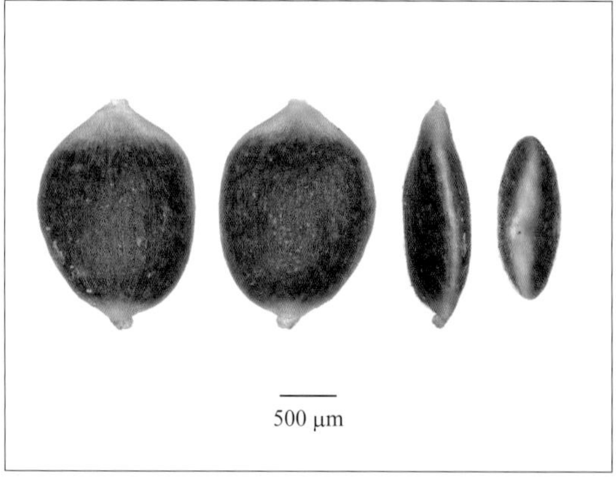

莎草科 Cyperaceae

砖子苗 *Cyperus cyperoides* (Linnaeus) Kuntze

库编号/岛屿 868710405654/小鼠浪山岛

形态特征 多年生草本，高0.2～0.5 m。根状茎短。秆疏丛生，锐三棱形。叶下部常折合，向上渐成平张，边缘不粗糙；叶鞘褐色或红棕色。叶状苞片通常长于花序，斜展；长侧枝聚伞花序简单，具辐射枝，辐射枝长短不等，有时短缩；穗状花序具多数密生的小穗；小穗线状披针形；小穗轴具宽翅，翅披针形，白色透明；鳞片膜质，长圆形，顶端钝，边缘常内卷，淡黄色或绿白色；雄蕊3，花药线形；花柱短，柱头3，细长。小坚果三棱状长椭圆形，棱较明显；表面密布不明显小凸点；基端无短柄。花果期4～10月。种子千粒重：0.3308 g。

分布 不丹、印度、印度尼西亚、日本、老挝、马来西亚、缅甸、尼泊尔、巴基斯坦、巴布亚新几内亚、菲律宾、斯里兰卡、泰国、越南、澳大利亚、马达加斯加，非洲、大西洋岛屿、印度洋岛屿、太平洋群岛、朝鲜半岛、克什米尔。安徽、重庆、福建、甘肃、广东、广西、贵州、海南、河南、湖北、湖南、江苏、江西、陕西、四川、台湾、西藏、云南、浙江，西沙群岛。

生境 生于路边。

用途 药用：全草入药，具有止咳化痰、宣肺解表的功能，主治风寒感冒、咳嗽多痰。牧草饲料：秆和叶是一种优良的牧草饲料。

种子储藏特性及萌发条件 正常型（GBOWS）；35/20℃，1%琼脂培养基，12 h光照/12 h黑暗条件下萌发（GBOWS）。

莎草科 Cyperaceae

两歧飘拂草 *Fimbristylis dichotoma* (Linnaeus) Vahl subsp. *dichotoma*

库编号/岛屿 868710337533/北一江山岛；868710337626/大明甫岛；868710337650/北策岛；868710348543/桃花岛

形态特征 多年生草本，高0.3～0.45 m。秆丛生。叶线形，略短于秆或与秆等长，顶端急尖或钝；鞘革质。苞片叶状；长侧枝聚伞花序复出；小穗单生于辐射枝顶端，卵形、椭圆形或长圆形，具多数花；鳞片卵形、长圆状卵形或长圆形，褐色，有光泽；雄蕊1～2，花丝较短；花柱扁平，长于雄蕊，上部有缘毛，柱头2。小坚果宽倒卵形，双凸状；具7～9显著纵肋，网纹近似横长圆形，无疣状突起，具柄；黄色至黄褐色。花果期7～10月。种子千粒重0.1068～0.1972 g。

分布 阿富汗、不丹、印度、印度尼西亚、日本、吉尔吉斯斯坦、马来西亚、尼泊尔、巴基斯坦、巴布亚新几内亚、菲律宾、斯里兰卡、泰国、乌兹别克斯坦、越南、马达加斯加、澳大利亚，南美洲、印度洋岛屿、太平洋群岛、朝鲜半岛。安徽、重庆、福建、甘肃、广东、广西、贵州、海南、河北、河南、湖北、湖南、江苏、江西、辽宁、内蒙古、陕西、山东、山西、四川、台湾、新疆、西藏、云南、浙江，西沙群岛。

生境 生于草丛中。

用途 药用：全草入药，具有清热利尿、解毒之功效，常用于治疗小便不利，湿热浮肿，淋病，小儿胎毒。生态：对土壤中的重金属有一定的固定作用，可作为植被恢复的先锋植物。

种子储藏特性及萌发条件 正常型（GBOWS）；25/15℃或35/20℃，1%琼脂培养基，12 h光照/12 h黑暗条件下萌发（GBOWS）。

莎草科 Cyperaceae

锈鳞飘拂草 *Fimbristylis sieboldii* Miquel ex Franchet & Savatier var. *sieboldii*

库编号/岛屿 868710348819/柴峙岛

形态特征 多年生草本，高0.15～0.3 m。根状茎短，水平生长。秆丛生，较细弱，扁三棱形。下部的叶仅具叶鞘，而无叶，鞘灰褐色；上部的叶常对折，线形，顶端钝。苞片线形；长侧枝聚伞花序简单，少有近复出；小穗顶端急尖，少有钝的，圆柱状，具多数密生的花；鳞片近膜质，顶端钝，具短尖，灰褐色；雄蕊3，花药线形；花柱长而扁平，基部稍宽，具缘毛，柱头2。小坚果倒卵形或宽倒卵形，扁双凸状，表面近平滑，成熟时棕色或黑棕色，有很短的柄。花果期7～11月。种子千粒重0.2165 g。

分布 日本，朝鲜半岛。安徽、福建、广东、海南、江苏、山东、台湾、浙江，西沙群岛。

生境 生于海边岩缝中。

用途 生态：优良的海滨固沙植物。牧草饲料：优良的牧草饲料。

种子储藏特性及萌发条件 正常型（GBOWS）；35/20℃，含200 mg/L赤霉素1%琼脂培养基，12 h光照/12 h黑暗条件下萌发（GBOWS）。

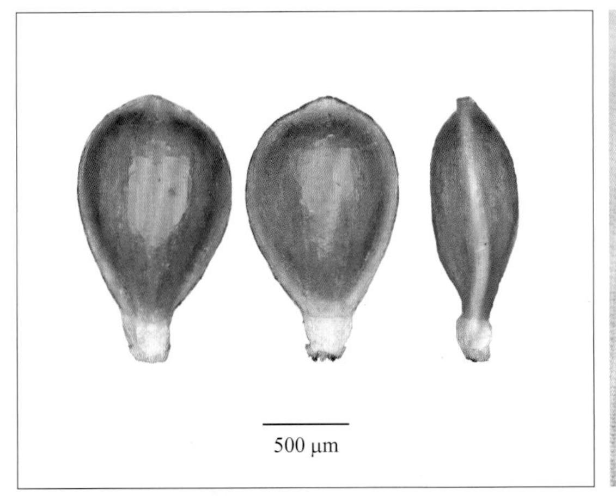

莎草科 Cyperaceae

双穗飘拂草 *Fimbristylis subbispicata* Nees & Meyen

库编号/岛屿 868710348537/桃花岛

形态特征 多年生草本，高0.3～0.45 m。无根状茎。秆丛生，细弱，扁三棱形。叶短于秆，上端边缘具小刺。苞片无或只有1，直立，线形，长于花序；小穗通常1，顶生，罕有2；鳞片螺旋状排列，膜质，顶端钝，具硬短尖，棕色，具锈色短条纹；雄蕊3，花药线形；花柱长而扁平，基部稍膨大，具缘毛，柱头2。小坚果倒卵圆形，扁双凸状，褐色，基部具柄，表面具六角形网纹，稍有光泽。花期6～8月；果期9～10月。种子千粒重0.2716 g。

分布 日本、越南，朝鲜半岛。安徽、福建、广东、广西、贵州、海南、河北、河南、湖南、江苏、辽宁、陕西、山东、山西、台湾、浙江，西沙群岛。

生境 生于草丛中。

用途 牧草饲料：一种优良的牧草饲料。纤维：秆叶可造纸。

种子储藏特性及萌发条件 正常型（GBOWS）；35/20℃，1%琼脂培养基，12 h光照/12 h黑暗条件下萌发（GBOWS）。

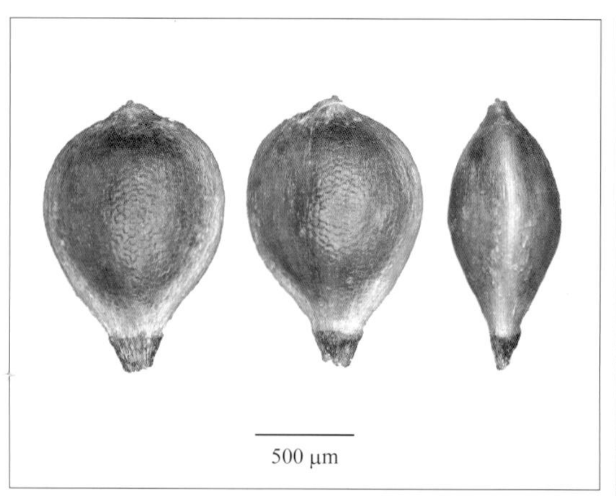

莎草科 Cyperaceae

短叶水蜈蚣 *Kyllinga brevifolia* Rottboll var. *brevifolia*

库编号/岛屿 868710337416/东矶岛；868710405657/大竹屿岛

形态特征 多年生草本，高0.1～0.2 m。根状茎长而匍匐，外被褐色的膜质鳞片。秆成列散生，细弱，扁三棱形。叶柔弱，短于或稍长于秆，平张，上部边缘和背面中肋上具细刺。叶状苞片3，极展开；穗状花序单个，极少2或3，球形或卵球形。小穗长圆状披针形或披针形，压扁；鳞片膜质；花药线形；花柱细长，柱头2。小坚果倒卵状长圆形，扁双凸状，表面具密的细点；红棕色。花果期5～10月。种子千粒重0.1124～0.1452 g。

分布 阿富汗、孟加拉国、不丹、印度、印度尼西亚、日本、老挝、马来西亚、缅甸、尼泊尔、巴基斯坦、巴布亚新几内亚、菲律宾、俄罗斯、斯里兰卡、泰国、越南、澳大利亚、马达加斯加，美洲、大西洋岛屿、印度洋岛屿、太平洋群岛、朝鲜半岛。安徽、重庆、福建、甘肃、广东、广西、贵州、海南、河北、黑龙江、河南、湖北、湖南、江苏、江西、吉林、辽宁、陕西、山东、山西、四川、台湾、西藏、云南、浙江，西沙群岛。

生境 生于草丛或石滩上。

用途 可以作为矿山废弃地植被重建的先锋植物。

种子储藏特性、休眠类型及萌发条件 正常型（GBOWS）；无休眠（Molin et al., 1997）；25/15℃、30/20℃或35/20℃，1%琼脂培养基，12 h光照/12 h黑暗条件下萌发（GBOWS）。

莎草科 Cyperaceae

刺子莞 *Rhynchospora rubra* (Loureiro) Makino

库编号/岛屿 868710337668/北策岛；868710337743/北先岛

形态特征 一年生草本，高0.4～0.7 m。根状茎极短。秆丛生，直立，圆柱状。叶基生，狭长，钻状线形，纸质，向顶端渐狭，顶端稍钝，三棱形，稍粗糙。苞片叶状，不等长；头状花序顶生，球形，棕色，具多数小穗；小穗钻状披针形，有光泽；鳞片卵状披针形至椭圆状卵形；下位刚毛4～6，长短不一；雄蕊2或3；花柱细长，基部膨大，柱头2。小坚果宽或狭倒卵形，双凸状；表面具细点，基部具柄；宿存花柱基部圆锥形，长为小坚果的1/5～1/4，成熟时棕色。花果期5～11月。种子千粒重0.4486～0.5196 g。

分布 印度、印度尼西亚、日本、老挝、马来西亚、尼泊尔、巴布亚新几内亚、菲律宾、斯里兰卡、泰国、越南、澳大利亚、马达加斯加，印度洋岛屿、太平洋群岛、朝鲜半岛。安徽、福建、广东、广西、贵州、海南、湖北、湖南、江苏、江西、台湾、云南、浙江。

生境 生于灌丛中或山坡灌草丛中。

用途 全草入药，清热利湿，主治淋浊。

种子储藏特性及萌发条件 正常型（GBOWS）；5℃层积63天后置于25℃，1%琼脂培养基，12 h光照/12 h黑暗条件下萌发（GBOWS）。

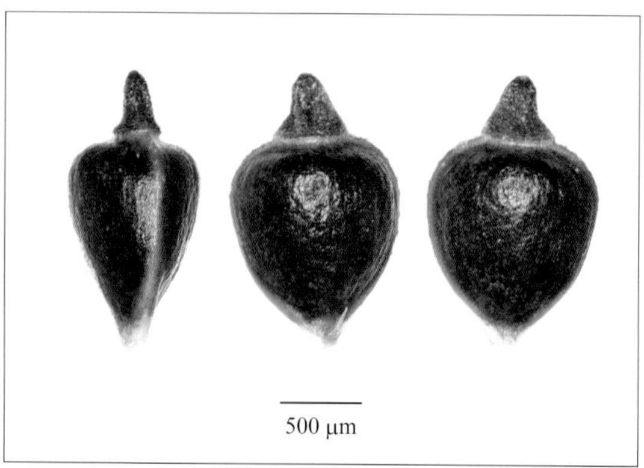

禾本科 Poaceae

短柄草 *Brachypodium sylvaticum* (Hudson) P. Beauvois

库编号/岛屿 868710405642/小鼠浪山岛

形态特征 多年生草本，高0.5 m。秆丛生，直立或膝曲上升。叶鞘大多短于其节间，被倒向柔毛；叶舌厚膜质；叶两面散生柔毛或仅上面脉上有毛。穗形总状花序；小穗长，下垂，圆筒形；颖披针形，顶端尖或具尖状短芒；外稃长圆状披针形，背面上部与基盘贴生短毛；芒细直，微糙涩；内稃短于外稃，顶端截平钝圆，脊具纤毛；花药长约3 mm；子房顶端具毛。颖果披针形，顶端有茸毛，浅棕色。花果期7～9月。种子千粒重4.8976 g。

分布 不丹、印度、印度尼西亚、日本、吉尔吉斯斯坦、尼泊尔、巴基斯坦、菲律宾、俄罗斯、塔吉克斯坦、土库曼斯坦、乌兹别克斯坦、南非，西亚、欧洲。安徽、甘肃、贵州、江苏、辽宁、青海、陕西、四川、台湾、新疆、西藏、云南、浙江。

生境 生于石质山坡上。

用途 本种分布广泛、基因组小、染色体少、DNA重复序列少、植株较矮、生育期短、种子数量多，与小麦族植物一样具有二倍体、四倍体和六倍体，且不需要严格的生长条件和栽培措施，因此是研究小麦等早熟禾谷类理想的模式植物。

种子储藏特性、休眠类型及萌发条件 正常型（GBOWS）；具有生理休眠（Liu et al., 2011）；20℃或25/15℃，1%琼脂培养基，12 h光照/12 h黑暗条件下萌发（GBOWS）。

禾本科 Poaceae

扁穗雀麦 *Bromus catharticus* Vahl

库编号/岛屿　868710405759/泗礁山岛

形态特征　一年生草本，高0.2～0.35 m。秆直立。叶鞘闭合，被柔毛；叶舌具缺刻；叶散生柔毛。圆锥花序开展，分枝粗糙；小穗两侧极压扁；颖窄披针形；外稃沿脉粗糙，顶端具芒尖，基盘钝圆，无毛；内稃窄小，两脊生纤毛；雄蕊3。颖果与内稃贴生，顶端具茸毛，披针形，黄棕色。花期5月；果期7～9月。种子千粒重8.5576 g。

分布　原产南美洲。我国贵州、河北、江苏、内蒙古、台湾、云南、浙江等地引种或逸为野生。

生境　生于路边。

用途　常做短期牧草种植，牧草产量较高。

种子储藏特性、休眠类型及萌发条件　正常型（GBOWS）；具有生理休眠（田宏等，2016）；20℃或25/15℃，1%琼脂培养基，12 h光照/12 h黑暗条件下萌发（GBOWS）。

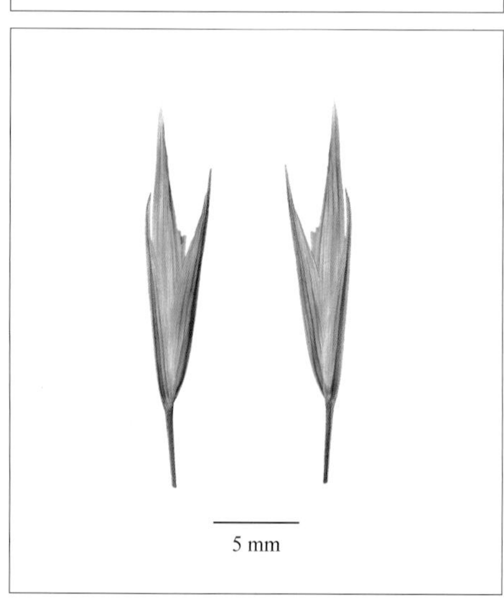

禾本科 Poaceae

疏花雀麦 *Bromus remotiflorus* (Steudel) Ohwi

库编号/岛屿 868710336951/小峧山岛；868710405711/衢山岛

形态特征 多年生草本，高0.1～0.7 m。具短根状茎。秆节生柔毛。叶鞘闭合，密被倒生柔毛；叶面生柔毛。圆锥花序疏松开展；分枝细长孪生，粗糙，着生少数小穗，成熟时下垂；颖窄披针形，顶端渐尖至具小尖头；外稃窄披针形，边缘膜质，顶端渐尖，伸出长5～10 mm的直芒；内稃狭，短于外稃，脊具细纤毛。颖果贴生于稃内，倒披针形，深褐色。花果期6～7月。种子千粒重2.5644～2.9736 g。

分布 日本，朝鲜半岛。安徽、福建、贵州、河南、湖北、湖南、江苏、江西、青海、陕西、四川、西藏、云南、浙江。

生境 生于林下或林缘。

用途 保持水土，净化水源。

种子储藏特性及萌发条件 正常型（GBOWS）；20℃或25/15℃，1%琼脂培养基，12 h光照/12 h黑暗条件下萌发（GBOWS）。

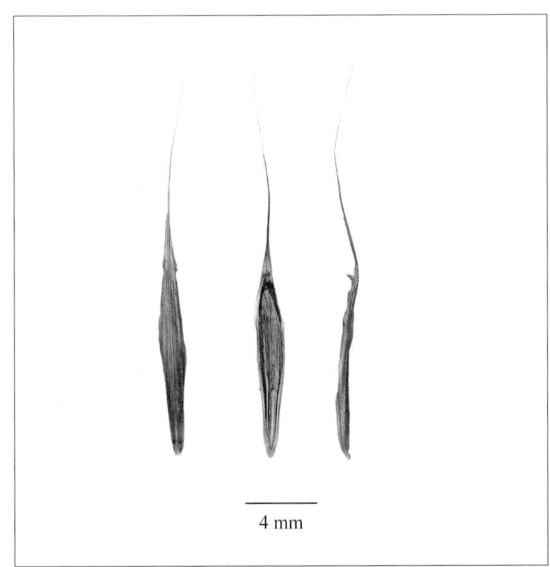

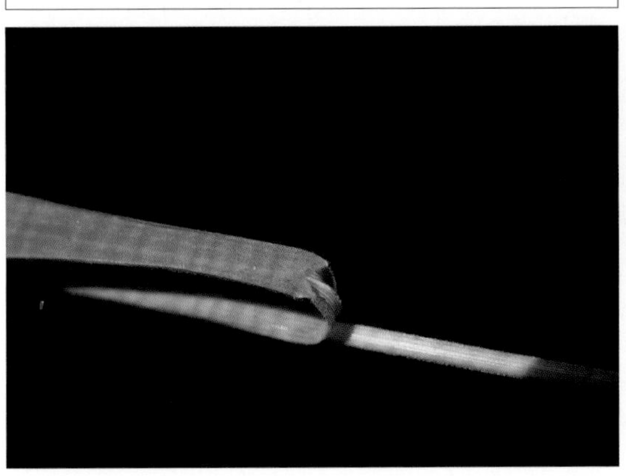

禾本科 Poaceae

疏穗野青茅 *Deyeuxia effusiflora* Rendle

库编号/岛屿 868710337344/南韭山岛

形态特征 多年生草本，高0.4～0.7 m。疏丛生，秆直立。叶鞘脉间贴生倒向微毛；叶舌厚，干膜质；叶扁平或稍卷折，上面密生微毛，下面粗糙。圆锥花序开展，主轴节间粗糙，分枝簇生，稍糙涩，开展；小穗灰绿色基部带紫色；两颖近等长，披针形，顶端钝或稍尖，第二颖主脉中部、上部稍粗糙；外稃稍短于颖，基盘两侧的柔毛长约为稃体的1/3，芒自稃体基部1/5处伸出，长4～5 mm，细直或微弯，下部稍扭转；内稃近等长于外稃，顶端具细齿。颖果近三棱形，黄色。花果期7～10月。种子千粒重0.2216 g。

分布 甘肃、贵州、河南、宁夏、陕西、四川、云南、浙江。

生境 生于路边林中。

用途 优良的海滨固沙植物。

种子储藏特性及萌发条件 正常型（GBOWS）；20℃或25/15℃，1%琼脂培养基，12 h光照/12 h黑暗条件下萌发（GBOWS）。

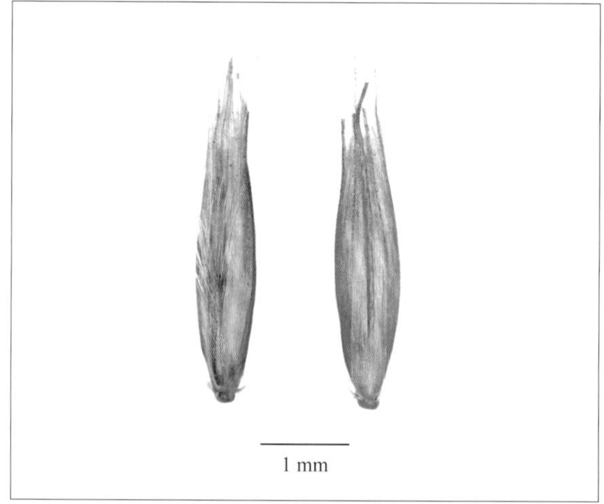

禾本科 Poaceae

异马唐 *Digitaria bicornis* (Lamarck) Roemer & Schultes

库编号/岛屿 868710405738/衢山岛

形态特征 一年生草本，高0.1～0.25 m。秆下部匍匐，节上生根。叶鞘短于节间；叶舌截平；叶线状披针形，基部生疣基柔毛。总状花序轮生于主轴上呈伞房状；穗轴具翼，边缘粗糙。小穗异型，短柄小穗近无毛；第一颖微小，第二颖脉间及边缘生柔毛；第一外稃上部稍粗糙，脉间近等长；长柄小穗第一颖微小，第二颖边缘及脉间具柔毛；第一外稃等长于小穗，中脉两侧的脉间较宽而无毛，侧脉及边缘具长柔毛及混有刚毛。颖果长圆状椭圆形，浅棕色。花果期5～9月。种子千粒重0.5256 g。

分布 印度、印度尼西亚、马来西亚、缅甸、斯里兰卡、泰国、澳大利亚，非洲、新几内亚岛。福建、海南、云南、浙江。

生境 生于路边草丛中。

用途 优良的海滩固沙植物。

种子储藏特性及萌发条件 正常型（GBOWS）；20℃或25/15℃，1%琼脂培养基，12 h光照/12 h黑暗条件下萌发（GBOWS）。

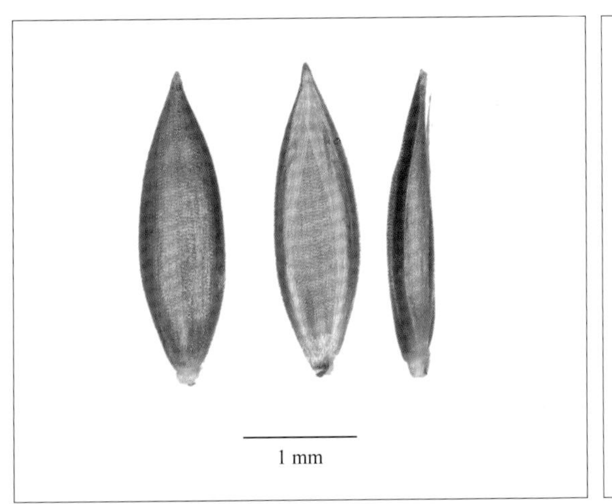

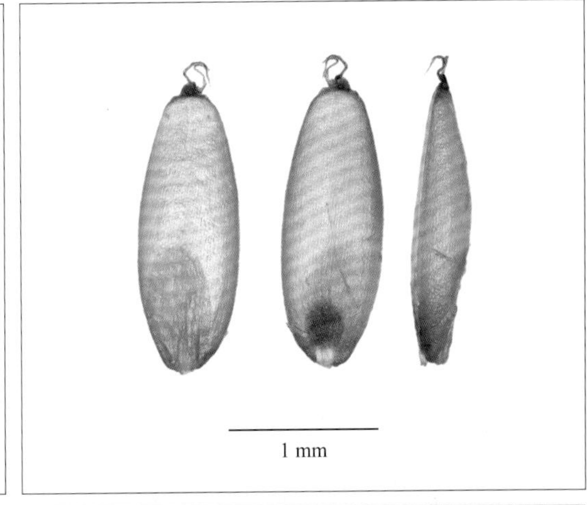

禾本科 Poaceae

纤毛马唐 *Digitaria ciliaris* (Retzius) Koeler var. *ciliaris*

库编号/岛屿 868710337296/南韭山岛

形态特征 一年生草本，高0.3 m。秆基部横卧地面，节处生根和分枝。叶鞘常短于节间，多少具柔毛；叶线形或披针形，上面散生柔毛，边缘稍厚，微粗糙。总状花序呈指状排列于茎顶；小穗披针形，孪生于穗轴之一侧；第一颖小，三角形；第二颖披针形，脉间及边缘生柔毛；第一外稃等长于小穗，脉平滑，中脉两侧的脉间较宽而无毛，其他脉间贴生柔毛，边缘具长柔毛。颖果长圆状椭圆形，黄棕色。花果期5～10月。种子千粒重0.4188 g。

分布 广泛分布于世界热带、亚热带地区。安徽、福建、甘肃、广东、广西、贵州、海南、河北、黑龙江、河南、湖北、湖南、江苏、江西、吉林、辽宁、内蒙古、宁夏、陕西、山东、山西、四川、台湾、新疆、西藏、云南、浙江。

生境 生于路边灌丛中。

用途 优良牧草。

种子储藏特性、休眠类型及萌发条件 正常型（GBOWS）；有生理休眠（刘志民等，2004）；25℃或25/15℃，1%琼脂培养基，12 h光照/12 h黑暗条件下萌发（GBOWS）。

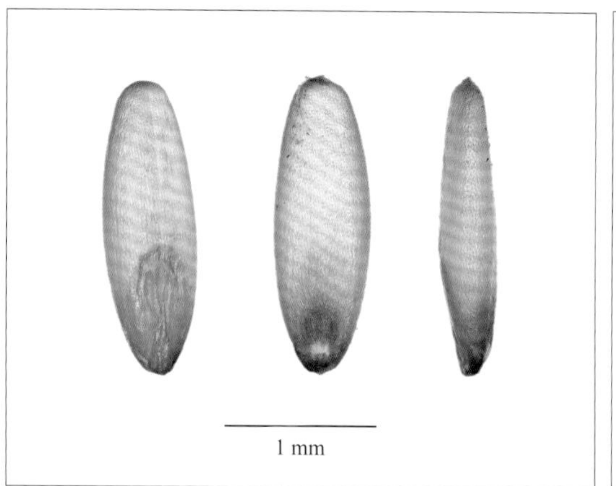

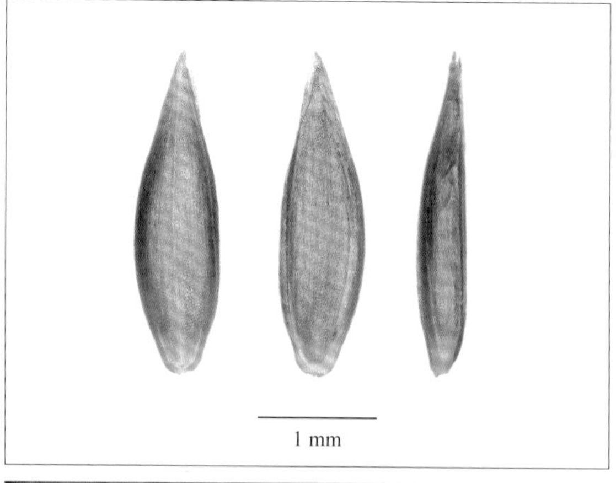

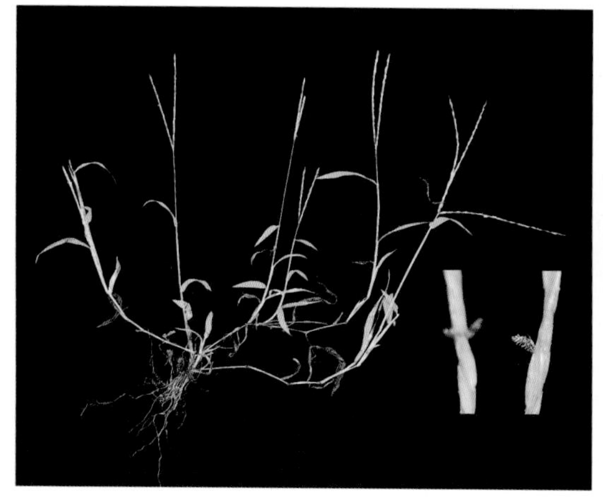

禾本科 Poaceae

光头稗 *Echinochloa colona* (Linnaeus) Link

库编号/岛屿　868710405618/大戢山岛

形态特征　一年生草本，高0.3～0.5 m。秆直立。叶鞘压扁而背具脊，无毛；叶舌缺；叶扁平，线形，无毛，边缘稍粗糙。圆锥花序狭窄；花序分枝排列稀疏；小穗卵圆形，具小硬毛，无芒，较规则的成4行排列于穗轴的一侧；第一颖三角形；第二颖与第一外稃等长而同形，顶端具小尖头；第一小花常中性，其外稃具脉7，内稃膜质，稍短于外稃，脊上被短纤毛；鳞被2，膜质。颖果倒卵形，棕色。花果期夏秋季。种子千粒重1.3404 g。

分布　世界温暖地区。安徽、福建、广东、广西、贵州、海南、河北、河南、湖北、湖南、江苏、江西、陕西、四川、台湾、新疆、西藏、云南、浙江。

生境　生于岩石坡上。

用途　牧草饲料：可做饲料。药用：根可入药，有利水消肿、止血的功效。

种子储藏特性、休眠类型及萌发条件　正常型（GBOWS）；具有生理休眠（Chauhan and Johnson，2009）；20℃或25/15℃，1%琼脂培养基，12 h光照/12 h黑暗条件下萌发（GBOWS）。

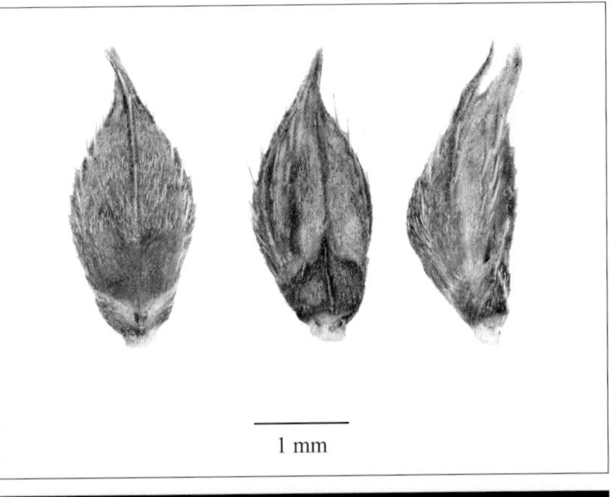

禾本科 Poaceae

牛筋草 *Eleusine indica* (Linnaeus) Gaertner

库编号/岛屿 868710337323/南韭山岛

形态特征 一年生草本，高0.07～0.15 m。根系极发达。秆丛生，基部倾斜。叶鞘两侧压扁而具脊，松弛；叶平展，线形。穗状花序指状着生于秆顶；小穗含3～6小花；颖披针形，具脊，脊粗糙；第一外稃卵形，膜质，具脊，脊上有狭翼，内稃短于外稃，具脊2，脊上具狭翼。囊果近椭圆形，基部下凹，具明显的波状皱纹；鳞被2，折叠。花果期6～10月。种子千粒重0.2316 g。

分布 世界热带和亚热带地区都有分布。安徽、北京、福建、广东、贵州、海南、黑龙江、河南、湖北、湖南、江西、陕西、山东、上海、四川、台湾、天津、西藏、云南、浙江。

生境 生于路边。

用途 生态：本种根系极发达，秆叶强韧，为优良保土植物。牧草饲料：全株可做饲料。药用：全草入药，煎水服，可防治乙型脑炎。

种子储藏特性、休眠类型及萌发条件 正常型（GBOWS）；具有生理休眠（Chauhan and Johnson，2008）；25℃、30/10℃ 或30/20℃，1%琼脂培养基，12 h光照/12 h黑暗条件下萌发（GBOWS）。

禾本科 Poaceae

双药画眉草 *Eragrostis elongata* (Willdenow) J. Jacquin

库编号/岛屿 868710337629/大明甫岛

形态特征 多年生草本，高0.1～0.25 m。秆直立，丛生。叶鞘通常短于节间，光滑无毛；叶内卷或平展，正面粗糙，有时下面被毛。圆锥花序穗状倒狭卵形，分枝贴附主轴与主轴夹角较小，基部有小穗；小穗绿色或浅棕色，小穗柄极短或无柄；颖线状披针形，具脉1；外稃披针形；内稃短于外稃；雄蕊2。颖果卵形或卵状椭圆形，黄棕色；表面具不明显的网纹。花果期夏秋季。种子千粒重0.0528 g。

分布 东南亚、大洋洲。福建、广东、海南、江西、浙江。

生境 生于礁石上。

用途 一种优良的海滨固沙植物。

种子储藏特性、休眠类型及萌发条件 正常型（GBOWS）；具有生理休眠（Read and Bellairs，1999）；35/20℃，1%琼脂培养基，12 h光照/12 h黑暗条件下萌发（GBOWS）。

禾本科 Poaceae

知风草 *Eragrostis ferruginea* (Thunberg) P. Beauvois

库编号/岛屿 868710337320/南韭山岛

形态特征 多年生草本，高0.4～0.6 m。秆粗壮。叶鞘两侧极压扁，基部相互跨覆，鞘口与两侧密生柔毛；叶舌退化为一圈短毛；叶平展或折叠，上部叶超出花序之上。圆锥花序大而开展，分枝节密，每节生枝1～3，向上，枝腋间无毛；小穗柄中部或中部偏上有一腺体，在小枝中部也常存在；小穗长圆形，多带黑紫色，有时也出现黄绿色；颖开展，第一颖披针形，先端渐尖；第二颖长披针形，先端渐尖；外稃卵状披针形，先端稍钝；内稃短于外稃，脊上具有小纤毛，宿存。颖果矩圆形，棕红色。花果期8～12月。种子千粒重0.2440 g。

分布 不丹、印度、日本、老挝、尼泊尔、越南，朝鲜半岛。安徽、北京、福建、贵州、河南、湖北、陕西、山东、台湾、西藏、云南、浙江。

生境 生于林缘草丛中。

用途 牧草饲料：本种为优良饲料。生态：根系发达，固土力强，可保土固堤。药用：全草入药，可舒筋散瘀。

种子储藏特性及萌发条件 正常型（GBOWS）；20℃或25/15℃，1%琼脂培养基，12 h光照/12 h黑暗条件下萌发（GBOWS）。

禾本科 Poaceae

多秆画眉草 *Eragrostis multicaulis* Steudel

库编号/岛屿 868710405744/衢山岛

形态特征 一年生草本，高0.07～0.15 m。秆丛生，直立或基部膝曲，光滑。叶鞘松裹茎，长于或短于节间，扁压，鞘缘近膜质，鞘口通常无毛；叶舌为一圈纤毛；叶线形扁平或卷缩，无毛。圆锥花序开展或紧缩，分枝单生，簇生或轮生，腋间无毛；小穗具柄；颖膜质，披针形，先端渐尖；第一外稃广卵形，先端尖；内稃稍弓形弯曲，脊上有纤毛；雄蕊3。颖果长圆形，浅褐色或褐色。花果期7～11月。种子千粒重0.0412 g。

分布 印度、日本，东南亚。台湾、云南、浙江。

生境 生于路边草丛中。

用途 优良牧草。

种子储藏特性及萌发条件 正常型（GBOWS）；20℃或25/15℃，含200 mg/L赤霉素的1%琼脂培养基，12 h光照/12 h黑暗条件下萌发（GBOWS）。

禾本科 Poaceae

野黍 *Eriochloa villosa* (Thunberg) Kunth

库编号/岛屿 868710405651/小鼠浪山岛

形态特征 一年生草本，高0.15～0.3 m。秆直立，基部分枝，稍倾斜。叶鞘松弛包茎；叶舌具纤毛；叶扁平，表面具微毛，背面光滑，边缘粗糙。圆锥花序狭长，由4～8总状花序组成；总状花序密生柔毛，常排列于主轴之一侧；小穗卵状椭圆形；小穗柄极短，密生长柔毛；第一颖微小，第二外稃革质；第二颖与第一外稃皆为膜质，等长于小穗，均被细毛；鳞被2，折叠；雄蕊3；花柱分离。颖果卵圆形，黄绿色。花果期7～10月。种子千粒重6.6444 g。

分布 日本、俄罗斯、越南，朝鲜半岛。安徽、福建、广东、贵州、黑龙江、河南、湖北、江西、江苏、吉林、内蒙古、陕西、山东、四川、台湾、天津、云南、浙江。

生境 生于路边。

用途 牧草饲料：秆和叶可做饲料。淀粉及蛋白质：谷粒含淀粉，可食用。

种子储藏特性、休眠类型及萌发条件 正常型（GBOWS）；具有生理休眠（贾金蓉等，2017）；20℃或25/10℃，1%琼脂培养基，12 h光照/12 h黑暗条件下萌发（GBOWS）。

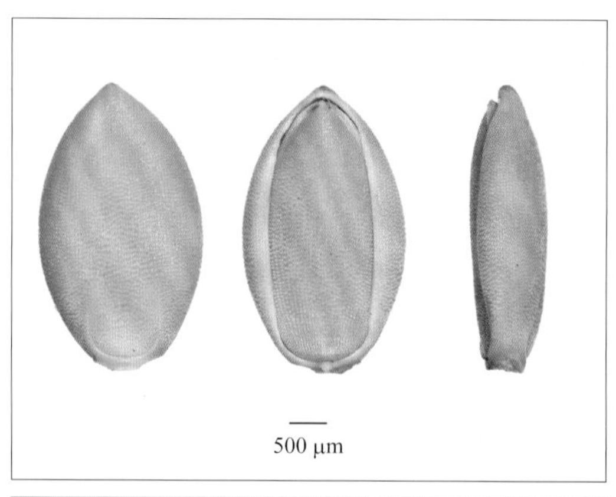

禾本科 Poaceae

鸭嘴草 *Ischaemum aristatum* Linnaeus var. *glaucum* (Honda) T. Koyama

库编号/岛屿　868710337581/大明甫岛；868710348816/柴峙岛

形态特征　多年生草本，高0.1～0.3 m。叶鞘疏生疣基毛；叶线状披针形，先端渐尖，基部楔形，边缘粗糙。总状花序互相紧贴成圆柱形。无柄小穗披针形；第一颖先端渐狭而具2微齿，边缘内折；第二颖等长于第一颖，舟形，先端渐尖，背部具脊，边缘有纤毛；第一小花雄性，稍短于颖；外稃纸质，先端尖；内稃膜质，具脊2；第二小花两性，外稃先端2浅裂；齿间伸出短而直的芒或较裂齿短的小尖头；雄蕊3，紫色；花柱分离。有柄小穗雄性或退化为中性。颖果长圆形，黄褐色。花果期夏秋季。种子千粒重0.7444～0.9944 g。

分布　日本、越南，朝鲜半岛。安徽、河北、江苏、辽宁、山东、浙江。

生境　生于岩石山坡。

用途　生态：根系发达，耐盐碱，是良好的海滨山坡、堤岸水土保持、岸滩绿化的先锋植物。观赏：可做观赏植物。

种子储藏特性、休眠类型及萌发条件　正常型（GBOWS）；具有生理休眠（Nishihiro et al., 2004a）；20℃或25/15℃，1%琼脂培养基，12 h光照/12 h黑暗条件下萌发（GBOWS）。

禾本科 Poaceae

硬直黑麦草 *Lolium rigidum* Gaudin

库编号/岛屿 868710405768/泗礁山岛

形态特征 一年生草本，高0.3～0.5 m。秆较粗壮，平滑无毛。叶面与边缘微粗糙，背面平滑，基部具长达3 mm的叶耳。穗形总状花序硬直；穗轴质硬，较细至粗厚；小穗含小花5～10；颖片长约为小穗之半，先端钝；外稃长圆形至长圆状披针形，无毛或微粗糙，顶端钝尖或齿蚀状，成熟时不肿胀，具芒。颖果紧贴于稃内，长是宽的三倍多，窄椭圆形，褐色。花果期5～7月。种子千粒重2.9516 g。

分布 阿富汗、巴基斯坦、土库曼斯坦，北非、西亚、欧洲。甘肃、河南。

生境 生于路边。

用途 净化水源。

种子储藏特性、休眠类型及萌发条件 正常型（GBOWS）；具有生理休眠（Goggin et al., 2015）；20℃或25/10℃，1%琼脂培养基，12 h光照/12 h黑暗条件下萌发（GBOWS）。

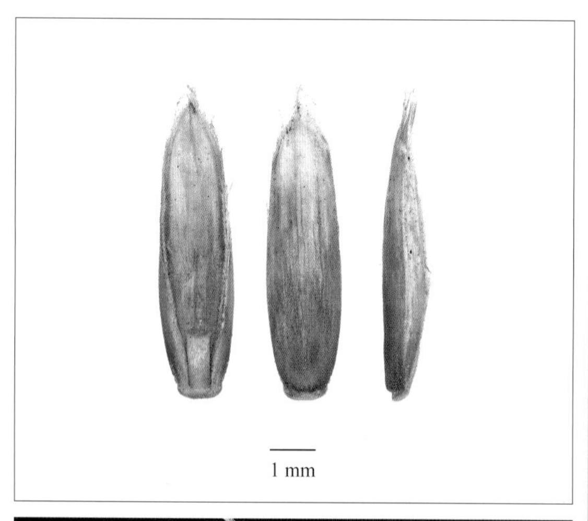

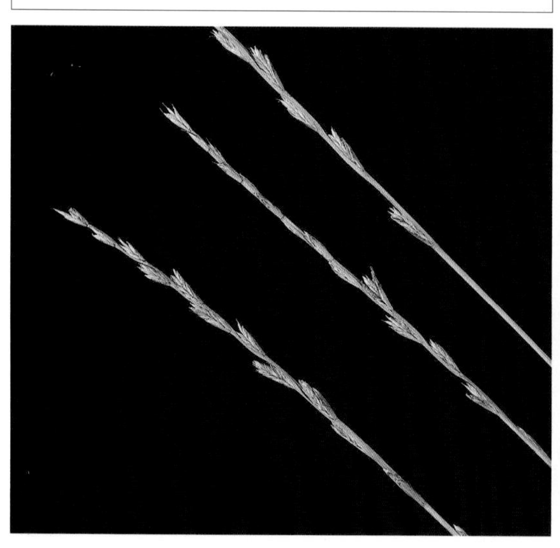

禾本科 Poaceae

竹叶草 *Oplismenus compositus* (Linnaeus) P. Beauvois var. *compositus*

库编号/岛屿　868710348969/顶草峙岛

形态特征　多年生草本，高0.4 m。秆较纤细，基部平卧地面，节着地生根。叶鞘短于或上部者长于节间；叶披针形至卵状披针形，基部多少抱茎而不对称，具横脉。圆锥花序分枝互生而疏离；小穗孪生稀上部者单生；颖草质，近等长，边缘常被纤毛；第一小花中性，外稃革质，与小穗等长，先端具芒尖，内稃膜质，狭小或缺；鳞片2，薄膜质，折叠；花柱基部分离。颖果黄褐色，长椭圆形。花果期9～11月。种子千粒重0.9404 g。

分布　东半球热带地区都有分布。广东、贵州、江西、四川、台湾、云南。

生境　生于常绿、落叶阔叶混交林下。

用途　民间做草药用，有清热利湿功效。

种子储藏特性及萌发条件　正常型（GBOWS）；20℃或25/15℃，1%琼脂培养基，12 h光照/12 h黑暗条件下萌发（GBOWS）。

禾本科 Poaceae

圆果雀稗 *Paspalum scrobiculatum* Linnaeus var. *orbiculare* (G. Forster) Hackel

库编号/岛屿 868710337758/北先岛

形态特征 多年生草本，高0.8 m。秆直立丛生。叶鞘长于其节间，无毛，鞘口有少数长柔毛，基部者生有白色柔毛；叶长披针形至线形，大多无毛。总状花序2～10相互间距排列于主轴上，分枝腋间有长柔毛；穗轴边缘微粗糙；小穗椭圆形或倒卵形，单生于穗轴一侧，覆瓦状排列成二行；小穗柄微粗糙；第二颖与第一外稃等长，顶端稍尖；第二外稃等长于小穗，成熟后褐色，革质，有光泽，具细点状粗糙。颖果近圆形，黄褐色。花果期6～11月。种子千粒重0.8368 g。

分布 澳大利亚，东南亚、太平洋群岛。福建、广东、广西、贵州、湖北、江苏、江西、四川、台湾、云南、浙江。

生境 生于山坡灌草丛中。

用途 全草入药，有清热利尿的功效。

种子储藏特性及萌发条件 正常型（GBOWS）；20℃或25/15℃，1%琼脂培养基，12 h光照/12 h黑暗条件下萌发（GBOWS）。

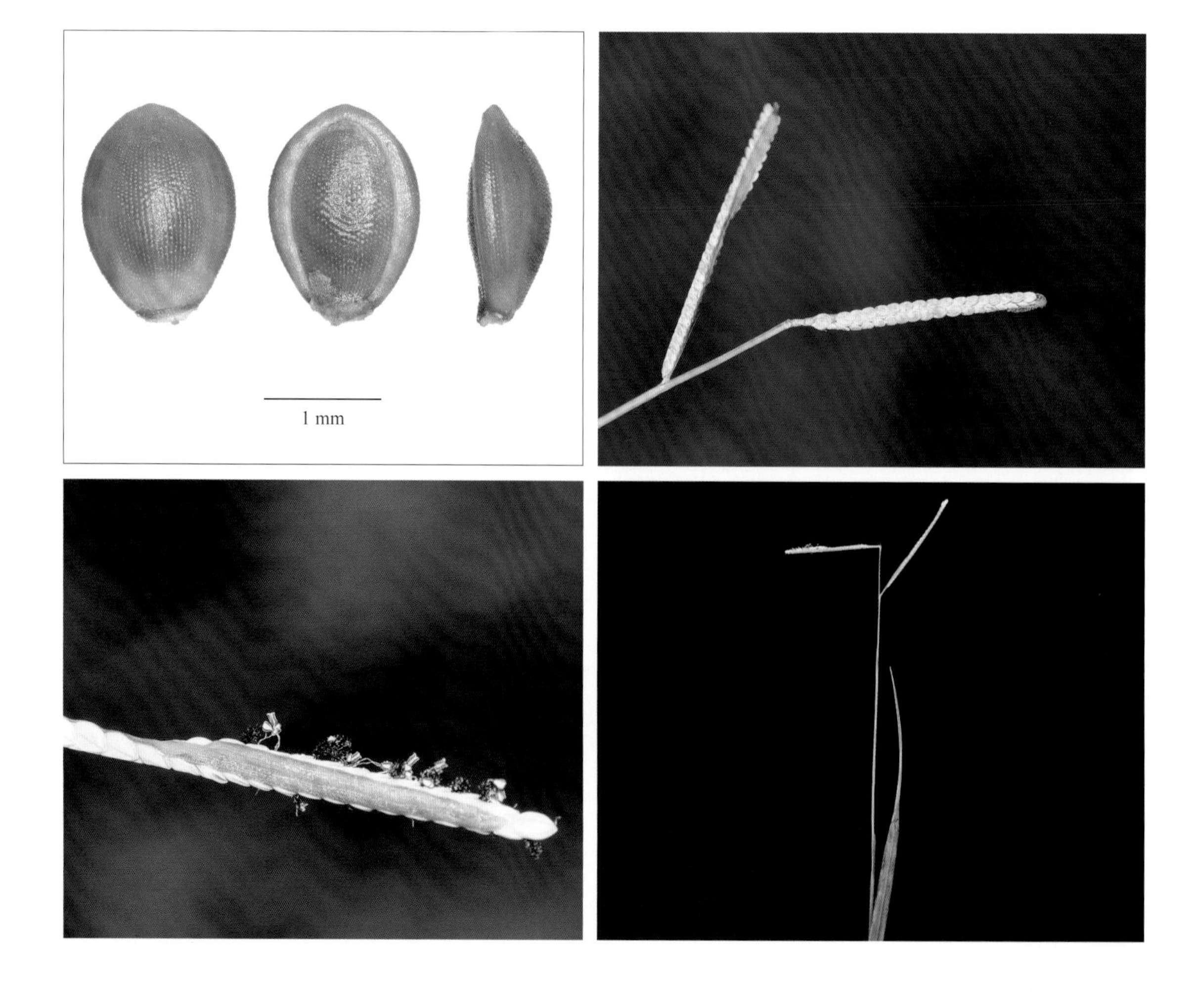

禾本科 Poaceae

雀稗 *Paspalum thunbergii* Kunth ex Steudel

库编号/岛屿　868710337290/南韭山岛

形态特征　多年生草本，高0.3 m。秆直立，丛生，节被长柔毛。叶鞘具脊，长于节间，被柔毛；叶舌膜质；叶线形，两面被柔毛。总状花序互生于主轴上，形成总状圆锥花序，分枝腋间具长柔毛；小穗椭圆状倒卵形，散生微柔毛，顶端圆或微凸，成熟时黄色；第二颖与第一外稃相等，膜质，边缘有明显微柔毛；第二外稃等长于小穗，革质，具光泽。颖果近圆形，灰棕色。花果期5～10月。种子千粒重1.9704 g。

分布　不丹、印度、日本，朝鲜半岛。安徽、福建、广东、广西、贵州、河南、湖北、湖南、江苏、江西、陕西、山东、四川、台湾、云南、浙江。

生境　生于路边灌丛中。

用途　牧草饲料：地上部分是一种优良的牧草饲料。生态：本种对铜离子有一定的耐受性，可作为铜污染修复的物种。

种子储藏特性及萌发条件　正常型（GBOWS）；20℃或25/15℃，1%琼脂培养基，12 h光照/12 h黑暗条件下萌发（GBOWS）。

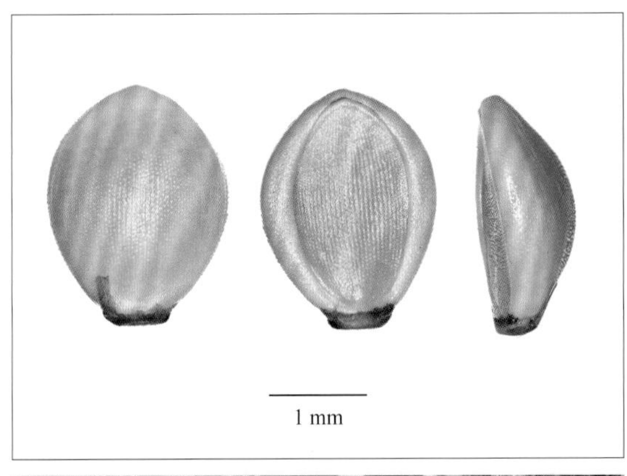

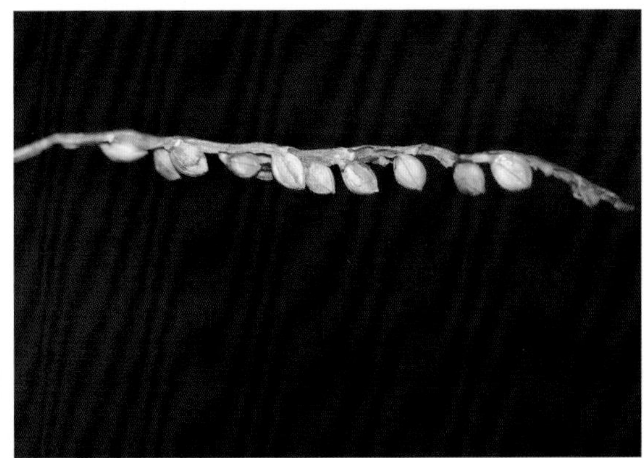

禾本科 Poaceae

狼尾草 *Pennisetum alopecuroides* (Linnaeus) Sprengel

库编号/岛屿 868710337410/东矶岛；868710337488/北一江山岛；868710348783/柴峙岛；868710349143/小鹿山岛

形态特征 多年生草本，高0.3～0.5 m。须根较粗壮。秆直立，丛生。叶鞘光滑；叶舌具纤毛；叶线形，先端长渐尖，基部生疣毛。圆锥花序直立；主轴密生柔毛；刚毛粗糙，淡绿色或紫色；小穗通常单生，偶有双生，线状披针形；第一颖微小或缺，膜质，先端钝；第二颖卵状披针形，先端短尖；第一小花中性，第一外稃与小穗等长；鳞被2，楔形；雄蕊3；花柱基部联合。颖果倒卵形至长圆形，褐色。花果期夏秋季。种子千粒重2.0720～3.4440 g。

分布 印度、印度尼西亚、日本、马来西亚、缅甸、菲律宾、澳大利亚，太平洋群岛、朝鲜半岛。安徽、北京、福建、甘肃、广东、广西、贵州、海南、黑龙江、河南、湖北、江苏、江西、陕西、山东、四川、台湾、天津、西藏、云南、浙江。

生境 生于沟谷、路边、林下或岩石坡上。

用途 牧草饲料：全草可做饲料。纤维：编织或造纸的原料。生态：可做固堤防沙植物。还常作为土法榨油的油杷子。

种子储藏特性、休眠类型及萌发条件 正常型（GBOWS）；具有生理休眠（Washitani and Masuda，1990）；20℃或25/15℃，1%琼脂培养基，12 h光照/12 h黑暗条件下萌发（GBOWS）。

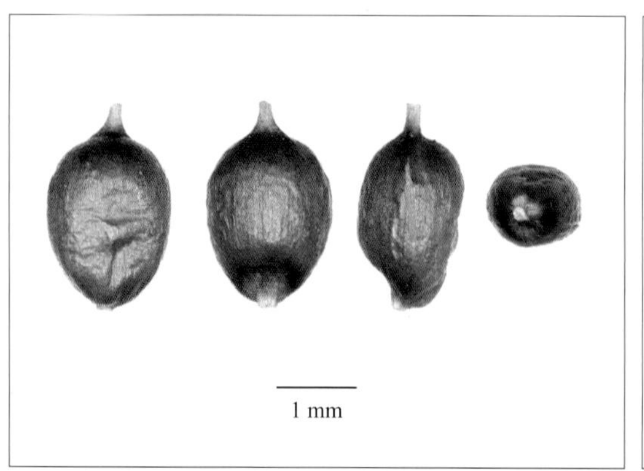

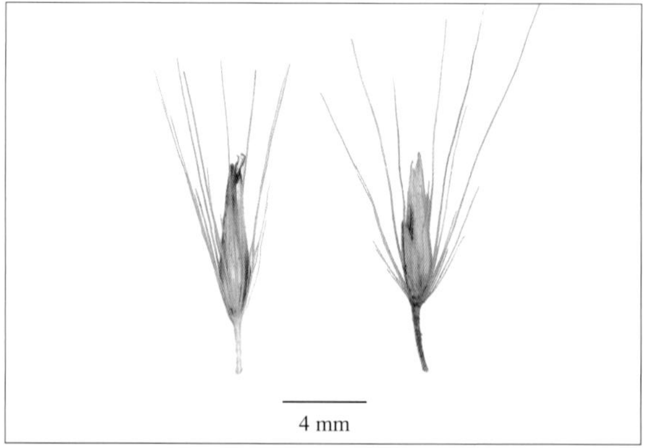

禾本科 Poaceae

束尾草 *Phacelurus latifolius* (Steudel) Ohwi

库编号/岛屿 868710336930/小峧山岛

形态特征 多年生草本，高1～1.2 m。根茎粗壮发达，具纸质鳞片。秆直立，节上常有白粉。叶鞘无毛；叶舌厚膜质，两侧有纤毛；叶线状披针形，质稍硬，无毛。总状花序指状排列于秆顶。无柄小穗披针形，嵌生于总状花序轴节间与小穗柄之间；第一颖革质，背部扁或稍下凹，边缘内折，两脊上缘疏生细刺；第二颖舟形，脊上部亦有细刺，各小花之内外稃均为膜质，稍短于颖；第一小花雄性，雄蕊3；第二小花两性。有柄小穗稍短于无柄小穗，两侧压扁。颖果披针形，无腹沟，黄褐色。花果期夏秋季。种子千粒重5.3652 g。

分布 日本，朝鲜半岛。安徽、福建、河北、江苏、辽宁、山东、浙江。

生境 生于林缘。

用途 秆叶可盖草屋、做燃料。生态：根系发达，是优良的固堤护岸植物。纤维：是一种很好的纤维植物。观赏：可做野生观赏植物。

种子储藏特性及萌发条件 正常型（GBOWS）；25/15℃，1%琼脂培养基，12 h光照/12 h黑暗条件下萌发（GBOWS）。

禾本科 Poaceae

显子草 *Phaenosperma globosa* Munro ex Bentham

库编号/岛屿 868710336927/南圆山岛；868710336948/小峧山岛；868710336993/小蚂蚁岛；868710348498/舟山岛；868710348687/桃花岛；868710405639/小鼠浪山岛；868710405789/泗礁山岛

形态特征 多年生草本，高0.3～2 m。根较稀疏而硬。秆单生或少数丛生。叶鞘光滑，通常短于节间；叶舌质硬，两侧下延；叶宽线形，常翻转而使上面向下呈灰绿色，下面向上呈深绿色，基部窄狭，先端渐尖细。圆锥花序分枝在下部者多轮生，幼时向上斜升，成熟时极开展；小穗背腹压扁；两颖不等长，第二颖具脉3；外稃具脉3～5，两边脉几不明显。颖果倒卵球形，黑褐色，表面具皱纹，成熟后露出稃外。花果期5～9月。种子千粒重4.3516～5.8960 g。

分布 印度、日本，朝鲜半岛。安徽、甘肃、广西、湖北、江苏、江西、陕西、四川、台湾、西藏、云南、浙江。

生境 生于林中、石质山坡或灌草丛中。

用途 优良水土保持植物。

种子储藏特性及萌发条件 正常型（GBOWS）；20℃或25/15℃，1%琼脂培养基，12 h光照/12 h黑暗条件下萌发（GBOWS）。

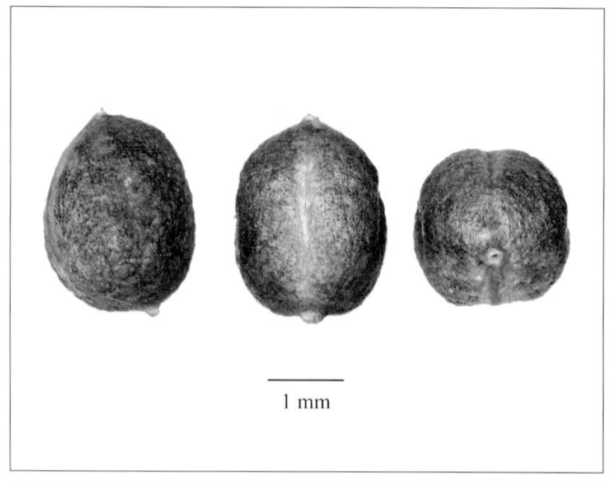

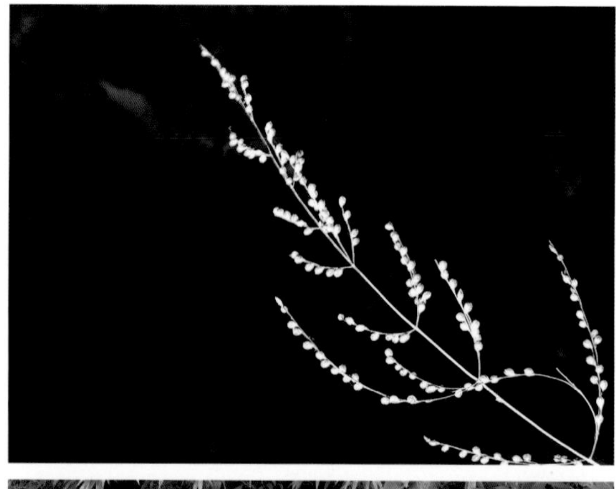

禾本科 Poaceae

金色狗尾草 *Setaria pumila* (Poiret) Roemer & Schultes

库编号/岛屿 868710337293/南韭山岛；868710337419/东矶岛

形态特征 一年生草本，高0.2～0.4 m。秆单生或丛生，光滑无毛。叶鞘下部扁压具脊，上部圆形，光滑无毛；叶舌具一圈纤毛；叶线状披针形或狭披针形，先端长渐尖，基部钝圆。圆锥花序直立，主轴具短细柔毛，刚毛金黄色或稍带褐色，粗糙，先端尖；第一颖宽卵形或卵形，先端尖；第二颖宽卵形，先端稍钝；第一小花雄性或中性，第一外稃与小穗等长或微短，其内稃膜质；第二小花两性，外稃革质；鳞被楔形；花柱基部联合。颖果椭圆形，灰绿色。花果期6～10月。种子千粒重1.4056～1.4388 g。

分布 澳大利亚，美洲，欧亚大陆的温暖地带。安徽、北京、福建、广东、贵州、海南、黑龙江、河南、湖北、湖南、江西、宁夏、陕西、山东、上海、四川、台湾、新疆、西藏、云南、浙江。

生境 生于路边灌草丛中。

用途 秆、叶可做牲畜饲料。

种子储藏特性及萌发条件 正常型（GBOWS）；20℃或25/15℃，1%琼脂培养基，12 h光照/12 h黑暗条件下萌发（GBOWS）。

禾本科 Poaceae

狗尾草 *Setaria viridis* (Linnaeus) P. Beauvois subsp. *viridis*

库编号/岛屿 868710336990/小蚂蚁岛；868710337269/南韭山岛

形态特征 一年生草本，高0.2～0.3 m。根为须状。叶鞘松弛；叶舌极短，缘有纤毛；叶扁平，先端长渐尖或渐尖，基部钝圆形。圆锥花序直立或稍弯垂，主轴被较长柔毛，刚毛粗糙或微粗糙，直或稍扭曲；小穗椭圆形，先端钝，铅绿色；第一颖卵形、宽卵形，先端钝或稍尖；第二颖几与小穗等长，椭圆形；第一外稃与小穗等长，先端钝，其内稃短小狭窄；鳞被楔形，顶端微凹；花柱基分离。颖果卵形，灰绿色至棕色。花果期5～10月。种子千粒重0.6757～1.9168 g。

分布 广布世界温带和亚热带地区。全国广布。

生境 生于路边山坡或路边灌丛中。

用途 牧草饲料：秆、叶可做饲料。药用：秆和叶可入药，治痈瘀、面癣。生物农药：全草加水煮沸20 min后，滤出液可喷杀菜虫。

种子储藏特性、休眠类型及萌发条件 正常型（GBOWS）；具有生理休眠（卜海燕，2007）；20℃或25/15℃，1%琼脂培养基，12 h光照/12 h黑暗条件下萌发（GBOWS）。

禾本科 Poaceae

光高粱 *Sorghum nitidum* (Vahl) Persoon

库编号/岛屿 868710337572/北一江山岛

形态特征 多年生草本，高0.5～0.7 m。须根较细而坚韧。秆直立，基部具芽鳞。叶鞘紧密抱茎；叶舌较硬，具毛；叶线形，边缘具向上的小刺毛。圆锥花序松散，长圆形；分枝近轮生，纤细。无柄小穗卵状披针形；颖革质，成熟后变黑褐色，第一颖背部略扁平，先端渐尖而钝，第二颖略呈舟形；第一外稃膜质，稍短于颖，上部具细短毛，边缘内折；鳞被2，有毛；雌蕊花柱分离，柱头棕褐色，帚状。有柄小穗为雄性，通常为长椭圆形；颖革质，黑棕色。颖果长卵形，棕褐色。花果期夏秋季。种子千粒重2.0056 g。

分布 不丹、印度、印度尼西亚、日本、缅甸、菲律宾、斯里兰卡、泰国、澳大利亚，太平洋群岛、新几内亚岛、朝鲜半岛。安徽、福建、广东、广西、贵州、海南、湖北、湖南、江苏、江西、山东、四川、台湾、云南、浙江。

生境 生于路边草丛中。

用途 牧草饲料：全株可做牧草。淀粉及蛋白质：种子含淀粉，可食用。

种子储藏特性及萌发条件 正常型（GBOWS）；20℃或25/15℃，1%琼脂培养基，12 h光照/12 h黑暗条件下萌发（GBOWS）。

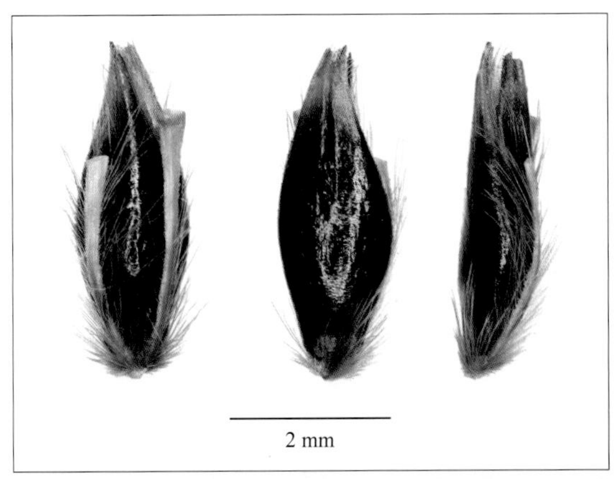

禾本科 Poaceae

大油芒 *Spodiopogon sibiricus* Trinius var. *sibiricus*

库编号/岛屿 868710337542/北一江山岛

形态特征 多年生草本，高0.8 m。长根状茎密被鳞状苞片。秆直立，通常单一。叶鞘大多长于节间，无毛或上部生柔毛，鞘口具长柔毛；叶舌干膜质，截平；叶线状披针形，顶端长渐尖，基部渐狭，中脉粗壮隆起。圆锥花序主轴无毛，腋间生柔毛；分枝近轮生；总状花序具2～4节，节具髯毛；小穗宽披针形；第一颖草质，顶端尖或具2微齿；第二颖与第一颖近等长；第一外稃透明膜质，卵状披针形。颖果长圆状披针形，棕栗色。花果期7～10月。种子千粒重2.2208 g。

分布 日本、蒙古、俄罗斯，朝鲜半岛。安徽、甘肃、广东、贵州、海南、河北、黑龙江、河南、湖北、湖南、江苏、江西、吉林、辽宁、内蒙古、宁夏、陕西、山东、山西、四川、浙江。

生境 生于路边草丛中。

用途 具观赏价值，气候适应性强，冬季可无防护越冬，返青后景观性可持续。

种子储藏特性、休眠类型及萌发条件 正常型（GBOWS）；无休眠（刘志民等，2003）；20℃或25/15℃，1%琼脂培养基，12 h光照/12 h黑暗条件下萌发（GBOWS）。

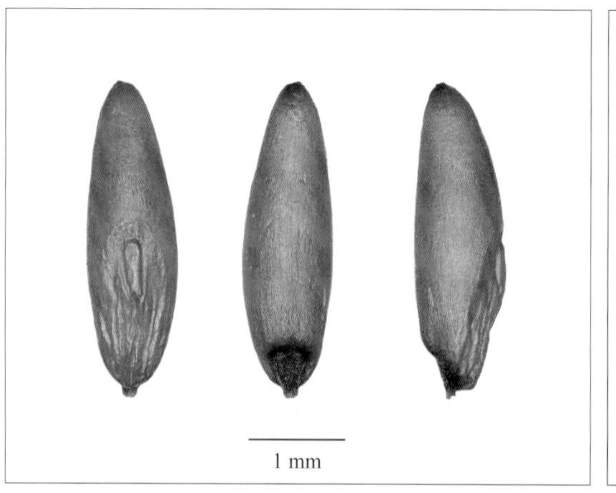

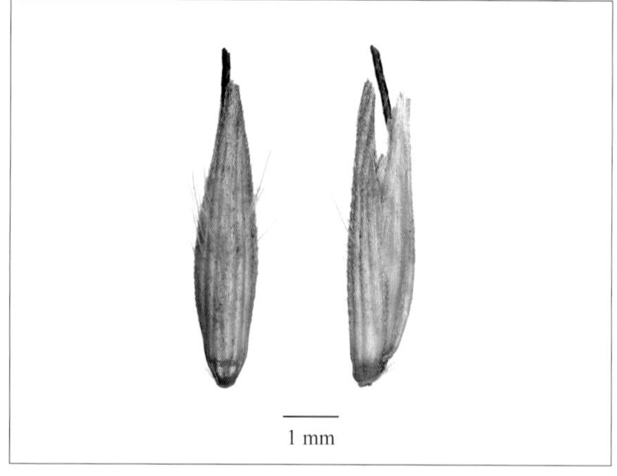

禾本科 Poaceae

鼠尾粟 *Sporobolus fertilis* (Steudel) Clayton

库编号/岛屿 868710337218/南韭山岛；868710337317/南韭山岛；868710337557/北一江山岛

形态特征 多年生草本，高0.3～0.7 m。须根较粗壮且较长。秆直立，丛生。叶鞘疏松裹茎；叶舌极短，纤毛状；叶质较硬，通常内卷，少数扁平，先端长渐尖。圆锥花序较紧缩呈线形，常间断或稠密近穗形，分枝稍坚硬，直立，与主轴贴生或倾斜；小穗灰绿色且略带紫色；颖膜质，第一颖小；外稃等长于小穗，先端稍尖；雄蕊3，花药黄色。囊果长圆状倒卵形或倒卵状椭圆形，红褐色，顶端截平。花果期3～12月。种子千粒重0.1764～0.2348 g。

分布 不丹、印度、印度尼西亚、日本、马来西亚、缅甸、尼泊尔、菲律宾、斯里兰卡、泰国、越南。安徽、福建、甘肃、广东、贵州、海南、河南、湖北、湖南、江苏、江西、陕西、山东、四川、台湾、西藏、云南、浙江。

生境 生于路边或草丛中。

用途 生态：可做内陆盐碱土的指示植物。药用：全草或根入药，具有清热凉血、解毒利尿之功效。牧草饲料：秆和叶可做动物粗饲料。

种子储藏特性及萌发条件 正常型（GBOWS）；20℃或25/15℃，1%琼脂培养基，12 h光照/12 h黑暗条件下萌发（GBOWS）。

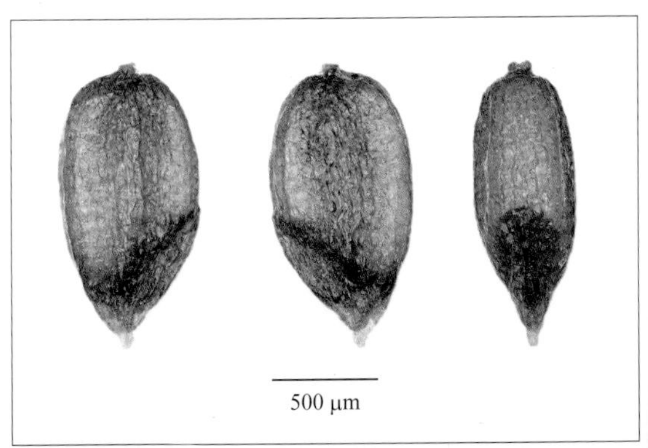

罂粟科 Papaveraceae

异果黄堇 *Corydalis heterocarpa* Siebold & Zuccarini

库编号/岛屿 868710405624/大戢山岛；868710405777/泗礁山岛

形态特征 多年生草本，高0.1～0.4 m。具主根。茎粗壮，具叶，分枝，枝条常腋生。茎生叶具长柄；叶卵圆状三角形，二回羽状全裂，一回羽片约5对，具短柄，二回羽片3～5，近无柄，三深裂至羽状分裂。总状花序生茎和枝顶端，疏具多花和较长的花序轴；花黄色，背部带淡棕色；萼片卵圆形，具短尖，近全缘；外花瓣顶端圆钝，具短尖，无鸡冠状突起；上花瓣的距约占花瓣全长的1/3，末端圆钝，稍下弯；内花瓣的瓣片基部具明显耳状突起，爪约与瓣片等长。蒴果长圆形，不规则弯曲，果瓣较厚。种子双凸镜状，表面具规则排列的刺状突起；黑色，光亮；种脐黄棕色，椭圆形。花果期7月。种子千粒重1.6054～1.7752 g。

分布 日本。浙江。

生境 生于路边或石缝中。

用途 药用：块茎可入药，用于清热解毒、除湿止痛，治疗感冒发热、疮疡痈肿、溃烂等症；藏医用于治疗感冒发烧、肝炎、水肿、胃炎、胆囊炎、高血压等多种疾病。观赏：本种花型小巧可爱似鸟雀，可开发观赏。

种子储藏特性、休眠类型及萌发条件 正常型（GBOWS）；具有生理休眠（GBOWS）；25/15℃，切破种皮，含200 mg/L赤霉素的1%琼脂培养基，12 h光照/12 h黑暗条件下萌发（GBOWS）。

木通科 Lardizabalaceae

木通 *Akebia quinata* (Houttuyn) Decaisne

库编号/岛屿　868710348189/舟山；868710348366/佛渡岛

形态特征　木质藤本。茎纤细，缠绕，茎皮灰褐色，有圆形且小而凸起的皮孔。掌状复叶互生或在短枝上簇生，通常小叶5；小叶纸质，倒卵形或倒卵状椭圆形，先端圆或凹入，具小凸尖，上面深绿色，下面青白色。伞房花序式的总状花序腋生，疏花，基部有雌花1～2，以上有雄花4～10；花略芳香；雄花萼片通常3有时4或5，淡紫色；雌花萼片暗紫色。果孪生或单生，成熟时黄白色，腹缝开裂。种子多数，卵状长圆形，略扁平，着生于白色多汁的果肉中；种皮褐色或黑色，有光泽。花期4～5月；果期6～9月。种子千粒重19.6288～29.2752 g。

分布　日本，朝鲜半岛。安徽、福建、河南、湖北、湖南、江苏、江西、山东、四川、浙江。

生境　生于林中。

用途　药用：茎、根和果实药用，利尿、通乳、消炎，治风湿关节炎和腰痛。果蔬饮料：果味甜可食，且富含糖、维生素C和多种氨基酸等，为上乘野果。油脂：种子榨油，可制肥皂。

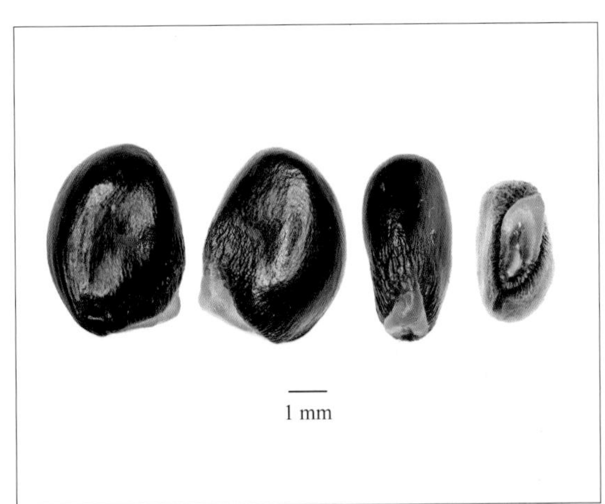

防己科 Menispermaceae

木防己 *Cocculus orbiculatus* (Linnaeus) Candolle var. *orbiculatus*

库编号/岛屿 868710336912/南圆山岛；868710336984/小蚂蚁岛；868710337260/南韭山岛；868710337389/东矶岛；868710337470/北一江山岛；868710348237/舟山岛；868710348393/佛渡岛；868710348639/桃花岛；868710348798/柴峙岛；868710348834/南麂岛；868710349083/洞头岛；868710349233/积谷山岛

形态特征 木质藤本。单叶互生；叶纸质至近革质，形状变化极大，线状披针形至阔卵状近圆形，有时卵状心形，掌状脉3。聚伞花序少花腋生，或排成多花狭聚伞圆锥花序；花3基数，白色。核果近球形，幼时绿色，熟时紫黑色，被白粉；果核近圆形，稍扁，黄绿色或黄棕色，骨质，背部有小横肋状雕纹。种子千粒重14.9247～31.4272 g。

分布 印度、印度尼西亚、日本、老挝、马来西亚、尼泊尔、菲律宾。安徽、福建、广东、广西、贵州、海南、河南、湖北、湖南、江苏、江西、陕西、山东、四川、台湾、云南、浙江。

生境 生于山坡灌草丛中、林中或岩石缝中。

用途 与石膏、桂枝、人参组成木防己汤，治疗水饮停聚，气血失和，荣卫失调。

种子储藏特性及萌发条件 正常型（GBOWS）；5℃层积91天后置于25/15℃，1%琼脂培养基，12 h光照/12 h黑暗条件下萌发（GBOWS）。

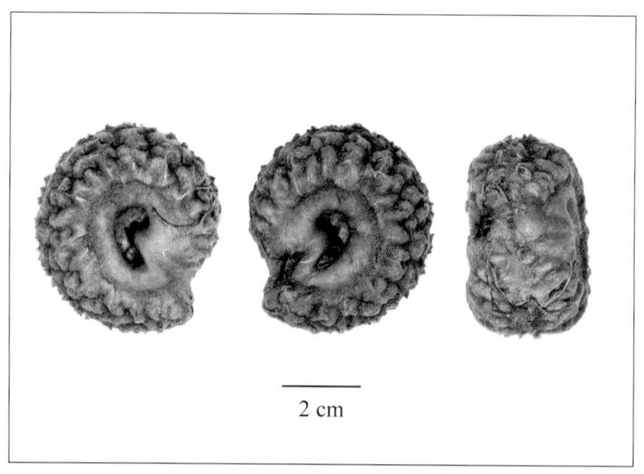

防己科 Menispermaceae

千斤藤 *Stephania japonica* (Thunberg) Miers var. *japonica*

库编号/岛屿 868710337065/小蚊虫岛；868710337227/南韭山岛；868710337347/东矶岛；868710337494/北一江山岛；868710348447/舟山岛

形态特征 草质藤本，全株无毛。根条状，褐黄色。小枝纤细，有直线纹。叶纸质或坚纸质，通常三角状近圆形或三角状阔卵形，顶端有小凸尖，下面粉白；掌状脉10～11；叶柄盾状着生。复伞形聚伞花序腋生，小聚伞花序近无柄，密集呈头状，花近无梗；雄花萼片6或8，膜质，花瓣3或4，黄色，稍肉质；雌花萼片和花瓣各3～4，形状和大小与雄花的近似或较小。核果倒卵形至近圆形，幼时绿色，熟时黄、橙红至红色；果核倒卵形，背部有2行小横肋状雕纹，每行8～10条，小横肋常断裂，胎座迹不穿孔或偶有1小孔，棕灰色，内含种子1。种子马蹄形，背部具不明显的小横肋状雕纹，乳白色；种脐弯月形，位于种子内缘中段，棕褐色。果期9～10月。种子千粒重20.1036～24.0060 g。

分布 孟加拉国、印度、印度尼西亚、日本、老挝、缅甸、尼泊尔、泰国、斯里兰卡、澳大利亚，朝鲜半岛及太平洋群岛。安徽、重庆、福建、广西、贵州、海南、河南、湖北、湖南、江苏、江西、四川、云南、浙江。

生境 生于路边、山坡灌丛或林中。

用途 根入药，味苦性寒，有祛风活络、利尿消肿等功效。因该属植物富含生物碱，多数具有良好的生物活性，其中一些已广泛应用于临床，如具有镇痛作用的左旋四氢巴马汀，具肌松作用的粉防己碱。

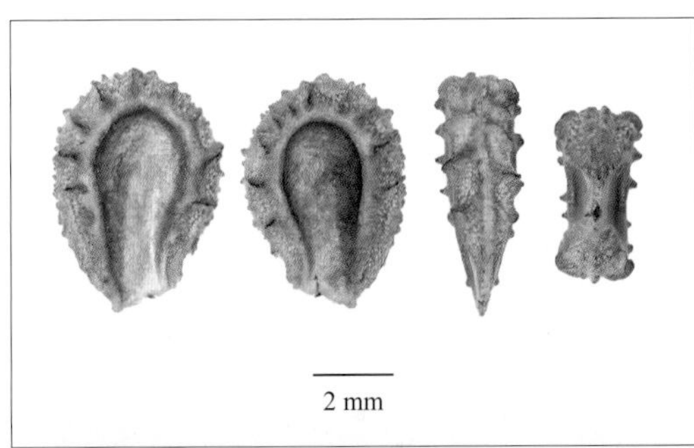

毛茛科 Ranunculaceae

*毛叶铁线莲 *Clematis lanuginosa* Lindley

库编号/岛屿 868710348669/桃花岛

形态特征 攀援藤本。茎圆柱形，有6纵纹，表面棕色或紫红色，幼时被紧贴的淡黄色柔毛，以后逐渐脱落至近无毛，仅节上的毛宿存。常为单叶对生；叶薄纸质，心形或宽卵状披针形，边缘全缘，上面被稀疏淡黄色绒毛，背面被紧贴的淡灰色厚绵毛，常宿存，常5基出脉；叶柄细圆柱形，常扭曲，被黄色柔毛。单花顶生；花梗直而粗壮，密被黄色柔毛；花大，萼片常6，淡紫色，菱状椭圆形或倒卵状椭圆形，顶端锐尖，基部渐狭，内面无毛，外面被黄色曲柔毛，边缘近无毛；雄蕊常外轮较长，内轮略短，花药侧生，线形，花丝无毛，比花药略长或近等长；子房及花柱基部被紧贴的长柔毛，花柱纤细，上部毛较稀疏或近无毛。瘦果扁平，菱形或倒卵状三角形，中部具棱状突起，边缘增厚，被紧贴的浅柔毛；宿存花柱纤细，被稀疏黄色柔毛。花期6月；果期7～9月。种子千粒重9.0668 g。

分布 特产浙江。

生境 生于灌丛中。

用途 可做园林观赏植物。

种子储藏特性及萌发条件 正常型（GBOWS）；20℃，1%琼脂培养基，12 h光照/12 h黑暗条件下萌发（GBOWS）。

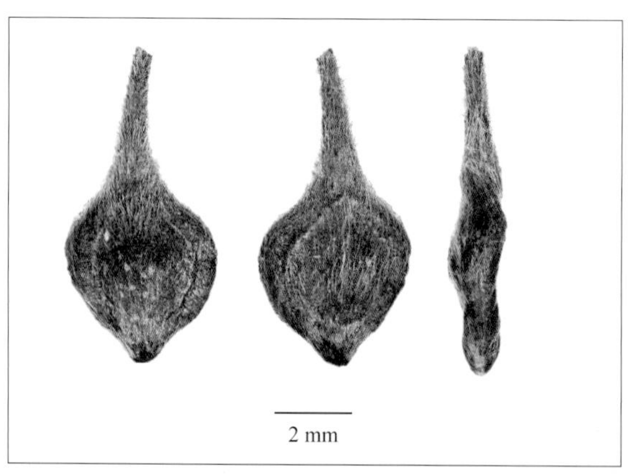

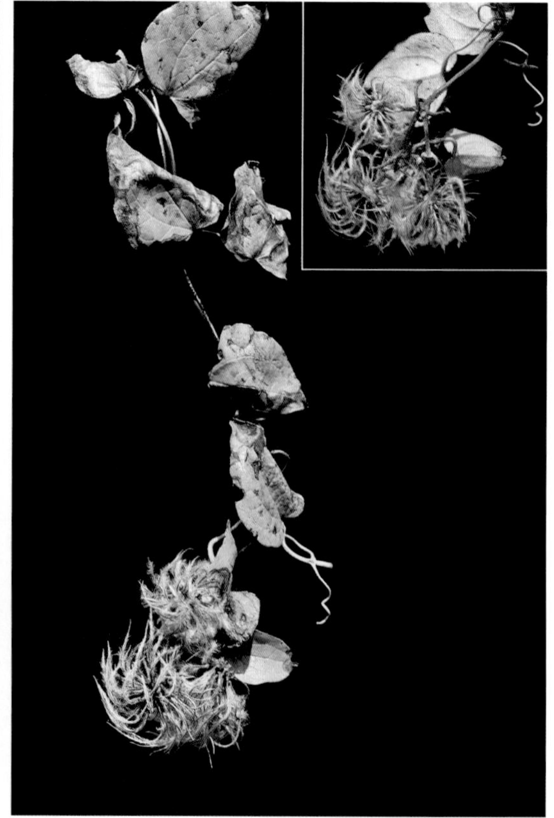

毛茛科 Ranunculaceae

柱果铁线莲 *Clematis uncinata* Champion ex Bentham var. *uncinata*

库编号/岛屿 868710337095/大尖苍岛；868710348588/桃花岛；868710348885/南麂岛

形态特征 木质藤本，干时常带黑色，除花柱有羽状毛及萼片外面边缘有短柔毛外，其余光滑。茎圆柱形，有纵条纹。一回至二回羽状复叶，有小叶5～15，基部二对常2～3小叶，茎基部为单叶或三出叶；小叶纸质或薄革质，宽卵形、卵形、长圆状卵形至卵状披针形，顶端渐尖至锐尖，偶有微凹，基部圆形或宽楔形，有时浅心形或截形，全缘，上面亮绿，下面灰绿色，两面网脉突出。圆锥状聚伞花序腋生或顶生；萼片4，白色，线状披针形至倒披针形；雄蕊无毛。瘦果圆柱状钻形，黑色；花柱宿存。花期6～7月；果期7～11月。种子千粒重3.1488～3.8940 g。

分布 日本、越南。安徽、福建、甘肃、广东、广西、贵州、湖南、江苏、江西、陕西、四川、台湾、云南、浙江。

生境 生于灌丛中。

用途 根入药，祛风除湿、舒筋活络、镇痛，治风湿性关节痛、牙痛、骨鲠喉；叶外用治外伤出血。

种子储藏特性及萌发条件 正常型（GBOWS）；25/15℃，1%琼脂培养基，12 h光照/12 h黑暗条件下萌发（GBOWS）。

金缕梅科 Hamamelidaceae

檵木 *Loropetalum chinense* (R. Brown) Oliver var. *chinense*

库编号/岛屿 868710336873/秀山大牛轭岛；868710337032/东闪岛；868710337665/北策岛；868710348198/舟山岛；868710349188/北小门岛；868710405432/小踏道岛

形态特征 灌木，高0.4～3 m。多分枝，小枝有星毛。叶革质，卵形，先端尖锐，基部钝，不等侧，背面被星毛，侧脉约5对，全缘。花3～8簇生，花梗短，白色；萼筒杯状，被星毛，萼齿卵形，花后脱落；花瓣4，带状，先端圆或钝。蒴果卵圆形，先端圆，被褐色星状绒毛，萼筒长为蒴果的2/3。种子卵圆形，顶端略尖，基部钝圆，黑色，光亮；种脐位于基端，长椭圆形，白色，凹陷。花期3～4月；果期9～11月。种子千粒重16.2516～20.1948 g。

分布 印度、日本。安徽、福建、广东、广西、贵州、湖北、湖南、江苏、江西、四川、云南、浙江。

生境 生于路边、岩石山坡或灌草丛中。

用途 观赏：其多产的花簇和常绿的叶，可用作城市观赏、绿化苗木及盆栽造景。药用：全株可入药，叶用于止血，根及叶用于跌打损伤，有去瘀生新功效。

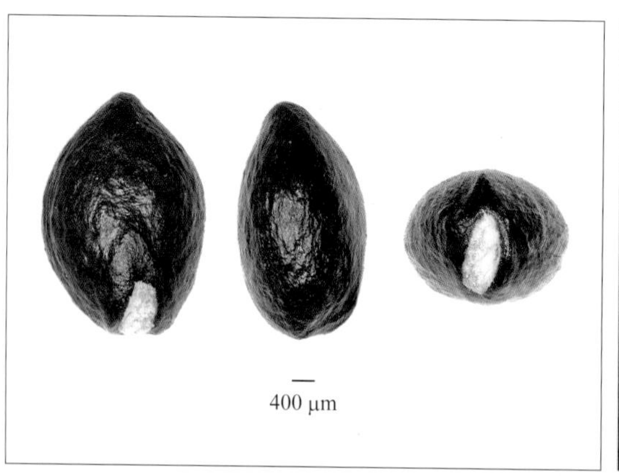

景天科 Crassulaceae

东南景天 *Sedum alfredii* Hance

库编号/岛屿　868710405489/花乔岛

形态特征　多年生草本，高0.1～0.2 m。叶互生，下部叶常脱落，上部叶常聚生，线状楔形、匙形至匙状倒卵形，先端钝，基部狭楔形，有距，全缘。聚伞花序多花；苞片似叶而小；花无梗；萼片5，线状匙形，基部有距；花瓣5，黄色，披针形至披针状长圆形，有短尖，基部稍合生。蓇葖斜叉开，种子多数，近椭圆形，表面具不规则网纹和乳头状突起，褐色。花期4～6月；果期6～8月。种子千粒重0.0298 g。

分布　日本，朝鲜半岛。安徽、福建、广东、广西、贵州、湖北、湖南、江苏、江西、四川、台湾、浙江等。

生境　生于岩壁上。

用途　观赏：茎叶肉质，植株矮小，可栽于盆景、花坛中观赏。生态：习性强健，可生长于岩缝、贫瘠土地，是植物修复与生态绿化的优良植物。药用：全草入药，清热凉血，消肿拔毒，可用于治疗口疮、肝炎、烫伤、毒蛇咬伤。

种子储藏特性及萌发条件　正常型（GBOWS）；25/15℃，含200 mg/L赤霉素的1%琼脂培养基，12 h光照/12 h黑暗条件下萌发（GBOWS）。

景天科 Crassulaceae

台湾佛甲草 *Sedum formosanum* N. E. Brown

库编号/岛屿 868710405588/大白山岛；868710405615/大戢山岛

形态特征 多年生草本，高0.1～0.2 m。茎自基部有2～3分枝，丛生，直立。叶肉质，互生或对生，叶匙形或倒卵形，先端钝圆。聚伞花序伞房状，多花，苞片叶状；花无梗，花瓣5，黄色，窄披针形，先端锐尖；雄蕊10，花药黄色，短于花瓣。蓇葖果直立，种子多数，窄椭圆形，表面具乳头状突起，黄褐色。花果期3～7月。种子千粒重0.0124～0.0168 g。

分布 日本、菲律宾。产我国沿海地区。

生境 生于灌丛或石质山坡上。

用途 植株矮小，肉质叶形状美观，可作为观叶植物栽植于花盆中。

种子储藏特性及萌发条件 正常型（GBOWS）；20℃或25/15℃，1%琼脂培养基，12 h光照/12 h黑暗条件下萌发（GBOWS）。

景天科 Crassulaceae

藓状景天 *Sedum polytrichoides* Hemsley

库编号/岛屿 868710336849/秀山大牛轭岛；868710348294/桃花岛

形态特征 多年生草本，茎丛生，高0.05～0.15 m；有多数不育枝。叶互生，线形至线状披针形，先端急尖，基部有明显的距，全缘。聚伞花序顶生，有2～4分枝，花少数，花梗短；萼片5，卵形，急尖，基部无距；花瓣5，黄色，狭披针形，先端渐尖。蓇葖星芒状叉开，腹面有浅囊状突起，卵状长圆形，喙直立。种子褐色，长圆形，表面具细乳头状突起。花期7～8月；果期8～9月。种子千粒重0.0287 g。

分布 日本，朝鲜半岛。安徽、黑龙江、河南、江西、吉林、辽宁、陕西、山东、浙江。

生境 生于岩缝中。

用途 茎叶肉质，可作为多肉植物栽培观赏。

种子储藏特性、休眠类型及萌发条件 正常型（GBOWS）；具有生理休眠（GBOWS）；25/15℃，含200 mg/L赤霉素的1%琼脂培养基，12 h光照/12 h黑暗条件下萌发（GBOWS）。

景天科 Crassulaceae

石碇佛甲草 *Sedum sekiteiense* Yamamoto

库编号/岛屿　868710337173/柱住山岛

形态特征　多年生草本，高约0.1 m。茎光滑，枝顶二歧分枝。叶互生，长匙形，先端钝或稍钝，基部渐狭，入于假柄，无毛，全缘。聚伞花序；花无梗；萼片5，稀4，匙形或线状倒披针形，不等长；花瓣4～5，不等长，线状披针形，中央有1脉，无毛。成熟心皮4～5，星芒状开展，种子多数。种子长圆形，表面具微乳头状突起，深褐色。花果期6～11月。种子千粒重0.0127 g。

分布　台湾、浙江。

生境　生于岩缝中。

用途　观赏：植株肉质，叶形美观，可作为多肉植物栽培观赏。生态：能生长于岩缝、贫瘠土地，可用于修复植被和生态。

葡萄科 Vitaceae

乌蔹莓 *Causonis japonica* (Thunberg) Rafinesque var. *japonica*

库编号/岛屿 868710348066/佛渡岛；868710349125/北麂岛

形态特征 草质藤本。小枝圆柱形，有纵棱纹，无毛或微被疏柔毛。卷须2～3叉分枝，相隔2节间断与叶对生。叶为鸟足状5小叶，中央小叶长椭圆形或椭圆披针形，侧生小叶椭圆形或长椭圆形有锯齿，上面绿色，无毛，下面浅绿色，无毛或微被毛；侧脉5～9对。花序腋生，复二歧聚伞花序；萼碟形，边缘全缘或波状浅裂；花瓣4，三角状卵圆形，外面被乳突状毛；雄蕊4，花药卵圆形，长宽近相等；花盘发达，4浅裂；子房下部与花盘合生，花柱短，柱头微扩大。浆果近球形，幼时绿色，熟时黑色，种子2～4。种子三角状倒卵形，顶端微凹，基部有短喙；种脐在种子背面近中部呈带状椭圆形；上部种脊突出，表面有突出肋纹；腹部中棱脊突出，两侧洼穴呈半月形，从近基部向上达种子近顶端；种子黄棕色或灰棕色，肋纹为黑色或黑色不明显。花期3～8月；果期8～11月。种子千粒重11.3172～16.4890 g。

分布 不丹、印度、印度尼西亚、日本、老挝、马来西亚、缅甸、菲律宾、泰国、越南、澳大利亚，朝鲜半岛。安徽、福建、广东、广西、贵州、海南、河北、湖南、江苏、陕西、山东、四川、台湾、云南、浙江。

生境 生于路边草丛中。

用途 全草入药，在临床上应用广泛，如治疗腰椎间盘突出，抗菌抗病毒等，还含有抗肿瘤的活性成分。

种子储藏特性及萌发条件 正常型（GBOWS）；5℃层积56天后置于25/15℃，1%琼脂培养基，12 h光照/12 h黑暗条件下萌发（GBOWS）。

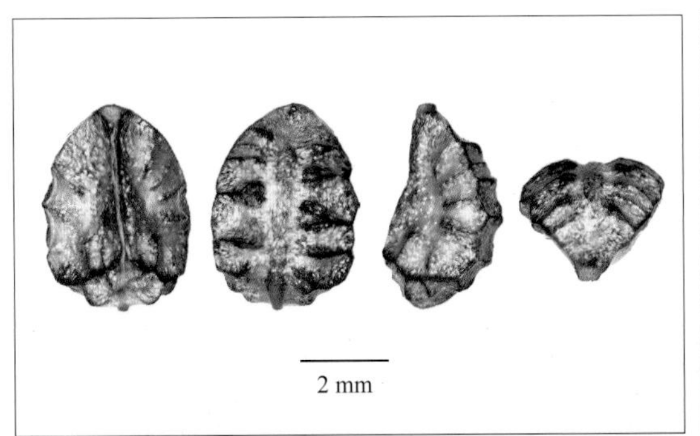

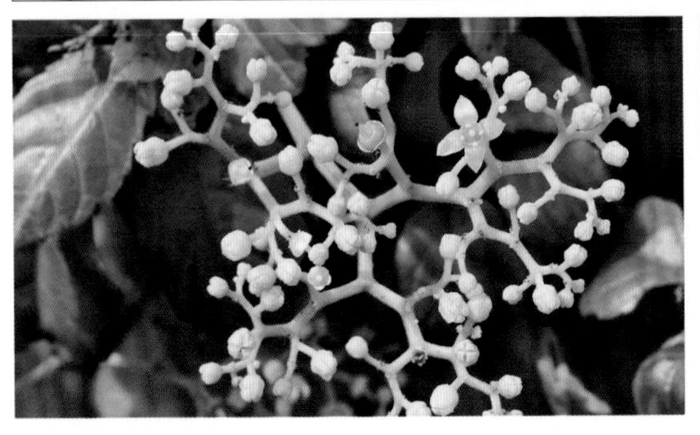

葡萄科 Vitaceae

牛果藤 *Nekemias cantoniensis* (Hooker & Arnott) J. Wen & Z. L. Nie

库编号/岛屿 868710348582/桃花岛；868710348696/桃花岛

形态特征 木质藤本。小枝圆柱形，有纵棱纹，嫩枝或多或少被短柔毛。卷须2叉分枝。叶为二回羽状复叶或小枝上部着生有一回羽状复叶，二回羽状复叶者基部一对小叶常为3小叶；侧生和顶生小叶通常卵形、卵椭圆形或长椭圆形，上面深绿色，下面浅黄褐绿色，常在脉基部疏生短柔毛，以后脱落几无毛；侧脉4～7对。花序为伞房状多歧聚伞花序，顶生或与叶对生；花轴被短柔毛；花瓣5，卵状椭圆形，无毛；雄蕊5，花药卵状椭圆形，长略甚于宽；花盘发达，边缘浅裂；子房下部与花盘合生，花柱明显，柱头扩大不明显。浆果近球形，幼时绿色，熟时紫黑色，种子2～4。种子倒卵圆形，顶端圆形，基部喙尖锐；种脐在种子背面中部呈椭圆形；背部中棱脊突出，表面有肋纹突起；腹部中棱脊突出，两侧洼穴外观不明显，微下凹，周围有肋纹突出；种子黄棕色，肋纹为黑色或黑色不明显。花期4～7月；果期8～11月。种子千粒重14.2870 g。

分布 日本、马来西亚、泰国、越南。安徽、福建、广东、广西、贵州、海南、湖北、湖南、台湾、西藏、云南、浙江。

生境 生于林中。

用途 江西和两广地区民间常用茎叶作为藤茶的主要饮品饮用，具有清热凉血、消炎解毒等多种功效。

种子储藏特性及萌发条件 正常型（GBOWS）；25/15℃，含200 mg/L赤霉素的1%琼脂培养基，12 h光照/12 h黑暗条件下萌发（GBOWS）。

葡萄科 Vitaceae

绿叶地锦 *Parthenocissus laetevirens* Rehder

库编号/岛屿 868710348528/桃花岛

形态特征 木质藤本。小枝圆柱形或有显著纵棱，嫩时被短柔毛，以后脱落无毛。卷须总状分枝5～10，相隔2节间断与叶对生，卷须顶端嫩时膨大呈块状，后遇附着物扩大成吸盘。叶为掌状5小叶，小叶倒卵长椭圆形或倒卵披针形；上面深绿色，无毛，显著呈泡状隆起，下面浅绿色，在脉上被短柔毛；侧脉4～9对；叶柄被短柔毛，小叶有短柄或几无柄。多歧聚伞花序圆锥状，假顶生，花序中常有退化小叶；萼碟形，边缘全缘，无毛；花瓣5，椭圆形，无毛；雄蕊5，无毛，花药长椭圆形；花盘不明显；子房近球形，花柱明显，基部略粗，柱头不明显扩大。浆果球形，幼时绿色，熟时黑色，被白粉，有种子1～4。种子倒卵形，顶端圆形，基部急尖成短喙；种脐在种子背面中部呈披针形或狭长三角形；种脊呈沟状从近中部达种子上部1/3处；腹部中棱脊突出，两侧洼穴呈沟状，向上斜展达种子顶端；褐色。花期7～8月；果期9～11月。种子千粒重25.3244 g。

分布 安徽、福建、广东、广西、河南、湖北、湖南、江苏、江西、四川、浙江。

生境 攀援于崖壁上。

用途 该属植物耐寒冷、干旱、适应性强，一般土壤皆能生长；蔓茎纵横，密布气根，翠叶遍盖如萍，入秋转绯红色，是垂直绿化中不可多得的好材料。

种子储藏特性及萌发条件 正常型（GBOWS）；20℃，含200 mg/L赤霉素的1%琼脂培养基，12 h光照/12 h黑暗条件下萌发（GBOWS）。

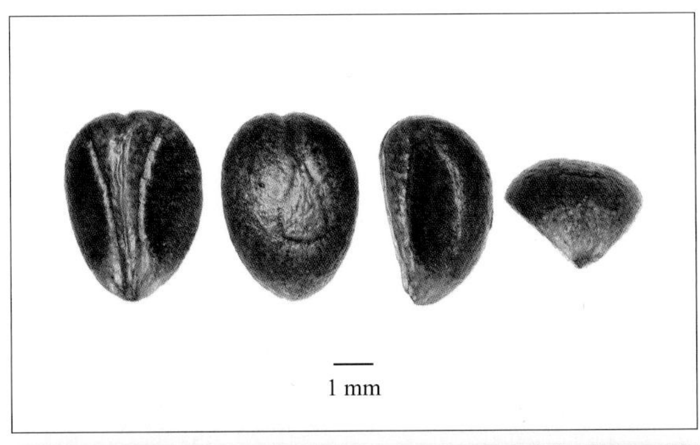

葡萄科 Vitaceae

葛藟葡萄 *Vitis flexuosa* Thunberg

库编号/岛屿 868710405696/岱山岛

形态特征 木质藤本。小枝圆柱形，有纵棱纹；嫩枝疏被蛛丝状绒毛，以后脱落无毛。卷须2叉分枝，每隔2节间断与叶对生。叶卵形、三角状卵形、卵圆形或卵椭圆形，上面绿色，无毛，背面初时疏被蛛丝状绒毛，以后脱落；基生脉5出，中脉有侧脉4～5对；托叶早落。圆锥花序疏散，与叶对生，基部分枝发达或细长而短；花序梗被蛛丝状绒毛或几无毛；花梗无毛；花瓣5，呈帽状黏合脱落；雄蕊5，花药黄色，卵圆形，在雌花内短小，败育；花盘发达，5裂；雌蕊1，在雄花中退化，子房卵圆形，花柱短，柱头微扩大。浆果球形，幼时绿色，熟时紫黑色。种子倒卵状椭圆形，顶端近圆形，基部有短喙；种脐在种子背面中部呈狭长圆形；种脊微突出，表面光滑；腹面中棱脊微突起，两侧洼穴宽沟状，向上达种子1/4处；浅褐色至黑褐色。花期3～5月；果期7～11月。种子千粒重17.1257 g。

分布 印度、日本、老挝、尼泊尔、菲律宾、泰国、越南。安徽、福建、甘肃、广东、广西、贵州、河南、湖南、江苏、江西、陕西、山东、四川、台湾、云南、浙江。

生境 生于林下。

用途 药用：根、茎和果实入药，可治关节酸痛。油脂：种子可榨油。

种子储藏特性及萌发条件 正常型（GBOWS）；5℃层积84天后置于25/15℃，含200 mg/L赤霉素的1%琼脂培养基，12 h光照/12 h黑暗条件下萌发（GBOWS）。

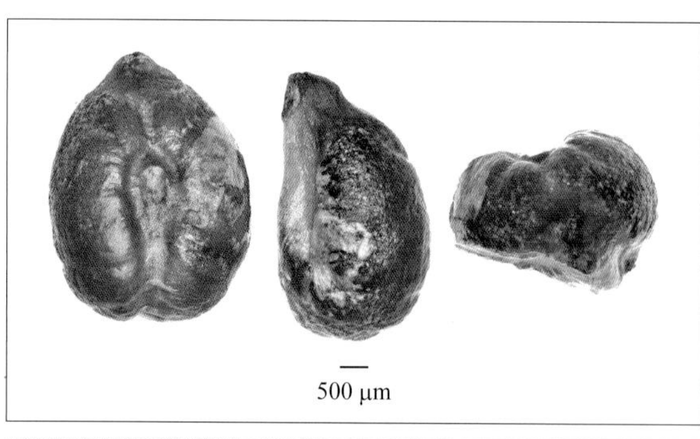

葡萄科 Vitaceae

小叶葡萄 *Vitis sinocinerea* W. T. Wang

库编号/岛屿　868710405798/泗礁山岛；868710405813/西绿华岛

形态特征　木质藤本。小枝圆柱形，有纵棱纹。卷须不分枝或2叉分枝，每隔2节间断与叶对生。叶卵圆形，三浅裂或不明显分裂；上面绿色，密被短柔毛或脱落几无毛，背面密被淡褐色蛛丝状绒毛；基生脉5出，中脉有侧脉3～4对，脉上密被短柔毛和疏生蛛丝状的绒毛；叶柄密被短柔毛；托叶膜质，褐色，卵状披针形，几无毛。圆锥花序小，狭窄，与叶对生，基部分枝不发达；花序梗被短柔毛；萼碟形，边缘几全缘，无毛；花瓣5，呈帽状黏合脱落；雄蕊5，花丝丝状；花药黄色，椭圆形；花盘发达，5裂；雌蕊在雄花内退化。浆果幼时绿色，熟时紫黑色。种子倒卵圆形，顶端微凹，基部有短喙；种脐在种子背面中部呈椭圆形；腹面中棱脊突起，两侧洼穴呈沟状，向上达顶端的1/4～1/3处；种子褐色，表面附着黄绿色膜质物质。花期4～6月；果期7～10月。种子千粒重17.5086～22.4456 g。

分布　福建、湖北、湖南、江苏、江西、台湾、云南、浙江。

生境　生于林中。

用途　本种具有很强的抗逆性和适应性，是十分珍贵的种质资源。

种子储藏特性　正常型（GBOWS）。

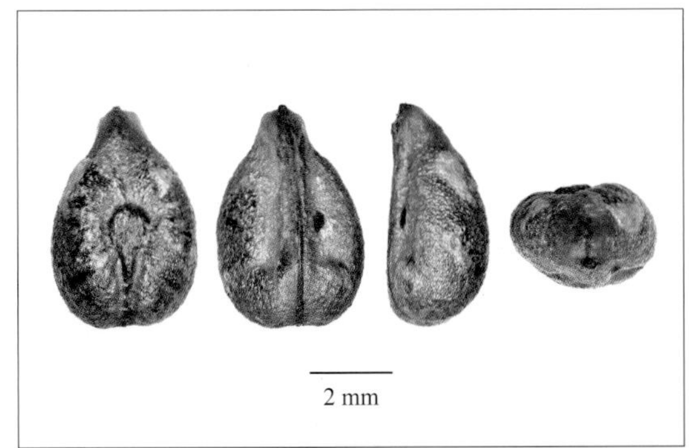

豆科 Fabaceae

合欢 *Albizia julibrissin* Durazzini

库编号/岛屿 868710337152/北鼎星岛

形态特征 乔木，高2.5～3 m。小枝有棱角，嫩枝、花序和叶轴被绒毛或短柔毛。二回羽状复叶，总叶柄近基部及最顶一对羽片着生处各有1腺体；羽片4～12对；小叶10～30对，线形至长圆形，向上偏斜，先端有小尖头。头状花序于枝顶排成圆锥花序；花粉红色；花萼管状；花冠裂片三角形；花萼、花冠外均被短柔毛；花丝较长。荚果带状，扁平，幼时有柔毛，老时无毛，成熟时黄褐色，内含种子8～12。种子长椭圆形，扁平，棕褐色，光滑，表面两侧具马蹄形痕。花期6～7月；果期8～10月。种子千粒重22.6748 g。

分布 非洲、中亚至东亚；北美亦有栽培。安徽、福建、甘肃、贵州、河南、湖北、湖南、江苏、江西、辽宁、陕西、山东、陕西、台湾、云南、浙江等。

生境 生于山坡或路边灌草丛中。

用途 药用：以树皮和花入药，具解郁安神、和血消肿之功效，主治心神不安、抑郁失眠、肺痈、疮肿、筋骨折伤。观赏：树冠繁茂如伞状，粉红色圆头花序簇生，且寓意"言归于好，合家欢乐"，常作为园景树、行道树及风景区造景树。木材：木材红褐色，纹理直，结构细，可制家具、枕木等。

种子储藏特性、休眠类型及萌发条件 正常型（GBOWS）；具有物理休眠（GBOWS）；切破种皮，20℃，1%琼脂培养基，12 h光照/12 h黑暗条件下萌发（GBOWS）。

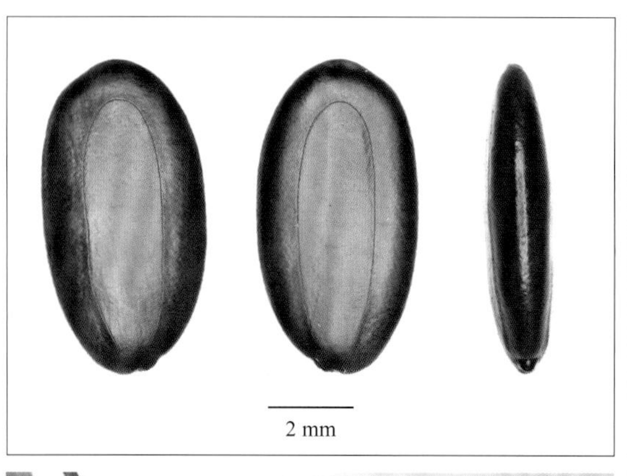

豆科 Fabaceae

杭子梢 *Campylotropis macrocarpa* (Bunge) Rehder var. *macrocarpa*

库编号/岛屿 868710337206/南韭山岛；868710337380/东矶岛；868710337512/北一江山岛

形态特征 灌木，高0.8～1.5 m。羽状复叶具3小叶；托叶狭三角形或披针形；小叶椭圆形或宽椭圆形。总状花序单一，腋生并顶生；花萼钟形，稍浅裂或近中裂；花冠紫红色或近粉红色，旗瓣椭圆形、倒卵形或近长圆形，近基部狭窄。荚果长圆形、近长圆形或椭圆形，先端具短喙尖，无毛，具网脉，边缘生纤毛；内含1种子。种子半圆形或肾形，表面光滑，黄褐色或褐色；种脐圆形，白色，位于腹部中央。花果期5～11月。种子千粒重5.5020～7.5512 g。

分布 朝鲜半岛。安徽、福建、甘肃、广东、广西、贵州、河北、河南、湖北、湖南、江苏、江西、辽宁、内蒙古、陕西、山东、山西、四川、台湾、云南、浙江。

生境 生于山坡、林缘、河谷或林中。

用途 观赏：枝叶繁茂，花序美丽，花期长，可供园林观赏及做水土保持植物。纤维：茎皮纤维可做绳索，枝条可编制筐篓。牧草饲料：嫩叶可做牲畜饲料及绿肥。

种子储藏特性、休眠类型及萌发条件 正常型（GBOWS）；具有物理休眠（GBOWS）；切破种皮，20℃，1%琼脂培养基，12 h光照/12 h黑暗条件下萌发（GBOWS）。

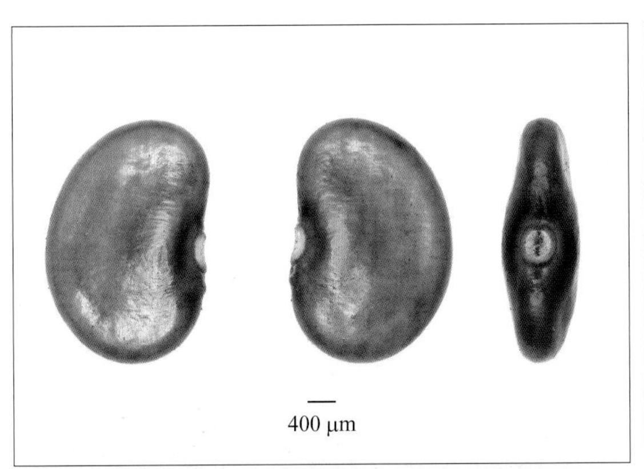

豆科 Fabaceae

鸡眼草 *Kummerowia striata* (Thunberg) Schindler

库编号/岛屿 868710349092/北麂岛；868710337476/北一江山岛

形态特征 一年生草本，高0.1～0.2 m。茎披散或平卧，多分枝，茎和枝上被倒生的白色细毛。叶为三出羽状复叶；托叶大，膜质，卵状长圆形，比叶柄长，具条纹，有缘毛；叶柄极短；小叶纸质，倒卵形、长倒卵形或长圆形，较小，全缘。花单生或2～3簇生于叶腋；花小，萼钟状，带紫色，5裂；花冠粉红色或紫色。荚果圆形或倒卵形，较萼稍长或长达1倍，先端短尖，被小柔毛；内含种子1。种子近圆球形或卵球形，表面光滑，黑褐色或黑色，有些具不规则的黄色斑纹。花期7～9月；果期8～11月。种子千粒重1.1748～1.1972 g。

分布 印度、日本、俄罗斯、越南，朝鲜半岛；美国东南部为栽培种。安徽、福建、广东、广西、贵州、河北、黑龙江、河南、湖北、湖南、江苏、江西、吉林、辽宁、内蒙古、陕西、山东、山西、四川、台湾、云南、浙江。

生境 生于林下草丛中。

用途 牧草饲料：可做饲料和绿肥。药用：全草供药用，具有清热解毒、健脾利湿之功用，还用以治疗感冒发热、暑湿吐泻、疟疾、痢疾、热淋白浊，我国许多地方民间常用于治疗腹泻。

种子储藏特性、休眠类型及萌发条件 正常型（GBOWS）；具有物理休眠（GBOWS）；切破种皮，20℃，1%琼脂培养基，12 h光照/12 h黑暗条件下萌发（GBOWS）。

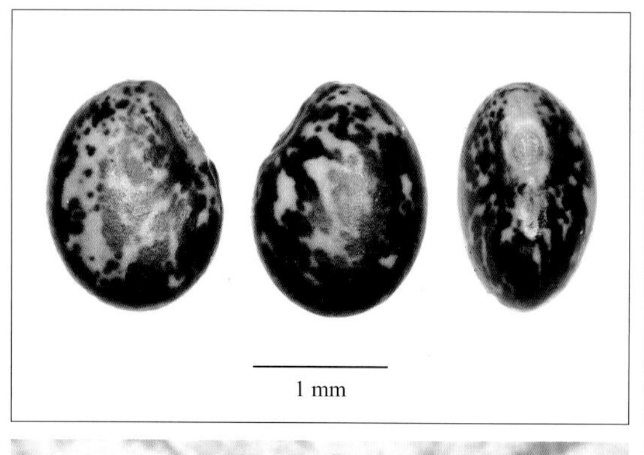

豆科 Fabaceae

截叶铁扫帚 *Lespedeza cuneata* (Dumont de Courset) G. Don

库编号/岛屿 868710337503/北一江山岛；868710349119/北麂岛

形态特征 半灌木或灌木，高0.15～0.40 m。羽状复叶具3小叶，叶密集；叶柄短；小叶楔形或线状楔形，先端截形成近截形，具小刺尖，基部楔形，上面近无毛，下面密被伏毛。总状花序腋生，具花2～4；小苞片卵形或狭卵形；花萼狭钟形，密被伏毛，5深裂，裂片披针形；花冠淡黄色或白色，旗瓣基部有紫斑；闭锁花簇生于叶腋。荚果宽卵形或近球形，被伏毛，内含种子1。种子椭球形或卵球形，黄色或黄棕色，表面具不规则的褐色斑块。花期7～8月；果期9～11月。种子千粒重0.8228～1.0968 g。

分布 阿富汗、不丹、印度、印度尼西亚、日本、老挝、马来西亚、尼泊尔、巴基斯坦、菲律宾、泰国、越南，朝鲜半岛；在北美和澳大利亚为栽培种。福建、甘肃、广东、贵州、海南、河南、湖北、湖南、江苏、陕西、山东、四川、台湾、西藏、云南、浙江。

生境 生于山坡路旁。

用途 观赏：很好的荒山绿化和水土保持植物。绿肥：在开花初期翻入土中可做绿肥。药用：全株可药用，有明目益肝、活血清热、利尿解毒的功效，并可治疗牛痢疾、猪丹毒等疾病。此外在民间还常用来做扫帚，故有“铁扫帚”之称。

种子储藏特性、休眠类型及萌发条件 正常型（GBOWS）；具有物理休眠（GBOWS）；切破种皮，20℃，1%琼脂培养基，12 h光照/12 h黑暗条件下萌发（GBOWS）。

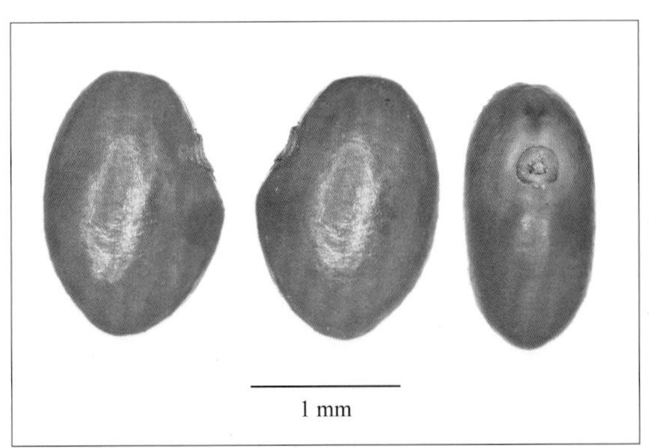

豆科 Fabaceae

鹿藿 *Rhynchosia volubilis* Loureiro

库编号/岛屿 868710337137/北鼎星岛；868710337176/柱住山岛；868710337506/北一江山岛；868710348597/桃花岛；868710348780/南麂岛；868710348789/柴峙岛；868710349107/北麂岛；868710349239/积谷山岛

形态特征 草质藤本。全株各部多少被灰色至淡黄色柔毛。叶为羽状3小叶；小叶纸质，顶生小叶菱形或倒卵状菱形，基出3脉。总状花序1～3，腋生；花萼钟状，裂片披针形，外面被短柔毛及腺点；花冠黄色，旗瓣近圆形，龙骨瓣具喙。荚果长圆形，幼时绿色，熟时红紫色或红褐色，在种子间略收缩，先端有小喙，成熟时开裂；种子通常2。种子卵圆形或近肾形，两面圆拱，黑色，光亮；种脐位于种子腹面的中部，椭圆形，白色，凹陷，有些具残存的条状褐色脐带。花期5～8月；果期9～12月。种子千粒重19.3983～38.1292 g。

分布 日本、越南，朝鲜半岛。广东、海南、台湾、浙江。

生境 生于悬崖边、路边或灌草丛中。

用途 全草入药，具有利尿消肿、解毒杀虫的功效，主治头痛、腰疼腹痛、产褥热、瘰疬、痈肿流注等症。

种子储藏特性、休眠类型及萌发条件 正常型（GBOWS）；具有物理休眠（GBOWS）；切破种皮，20℃，1%琼脂培养基，12 h光照/12 h黑暗条件下萌发（GBOWS）。

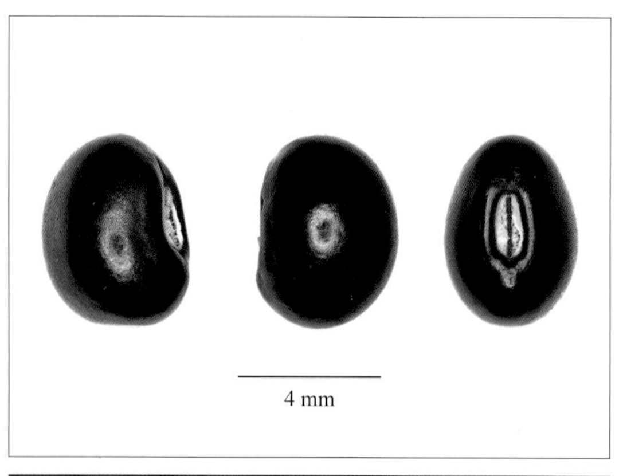

豆科 Fabaceae

蔓茎葫芦茶 *Tadehagi pseudotriquetrum* (Candolle) H. Ohashi

库编号/岛屿 868710349116/北鹿岛

形态特征 灌木，茎蔓生，高0.3～0.6 m。叶仅具单小叶；托叶披针形，有条纹；叶柄两侧有宽翅，与叶同质；小叶卵形，有时为卵圆形，先端急尖，基部心形，上面无毛，下面沿脉疏被短柔毛，每边约8侧脉。总状花序顶生和腋生；花通常2～3簇生于每节上；萼裂片披针形，稍长于萼筒；花冠紫红色，伸出萼外；旗瓣近圆形，先端凹入，翼瓣倒卵形。荚果长条状，扁平，仅背腹缝线密被白色柔毛，果皮无毛，具网脉，腹缝线直，背缝线稍缢缩，有荚节5～8。种子肾形或椭圆形，稍扁，表面光滑，黄色。花期8月；果期10～11月。种子千粒重2.1472 g。

分布 不丹、印度、尼泊尔、菲律宾。福建、广东、广西、贵州、湖南、江西、四川、台湾、云南、浙江。

生境 生于路边。

用途 枝叶为壮族常用草药，具有清热解毒、利水消积的功效，主治中暑烦渴、感冒发热、咽喉肿痛、肺病咳血、肾炎、黄疸、泄泻、痢疾、风湿关节痛、小儿疳积、钩虫病、疥疮等。

种子储藏特性、休眠类型及萌发条件 正常型（GBOWS）；具有物理休眠（GBOWS）；切破种皮，20℃，1%琼脂培养基，12 h光照/12 h黑暗条件下萌发（GBOWS）。

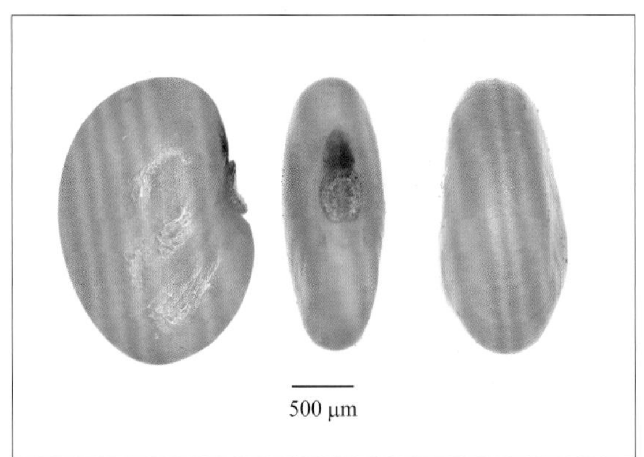

豆科 Fabaceae

赤小豆 *Vigna umbellata* (Thunberg) Ohwi & H. Ohashi

库编号/岛屿 868710337473/北一江山岛

形态特征 草质藤本。茎纤细，长达1 m或过之。羽状复叶具3小叶；托叶盾状着生，披针形或卵状披针形；小叶纸质，卵形或披针形，先端急尖，基部宽楔形或钝，全缘或微3裂。总状花序腋生，花2～3；花梗短，着生处有腺体；花黄色。荚果线状圆柱形，下垂，无毛，先端有钝喙。种子6～10，长椭圆形，通常暗红色，有时为褐色、黑色或草黄色；种脐白色，长条形，凹陷。花期5～8月；果期10月。种子千粒重39.4868 g。

分布 日本、菲律宾，东南亚、朝鲜半岛；广泛栽培于热带地区。广东、广西、海南、台湾、云南、浙江。

生境 生于路边灌草丛中。

用途 淀粉及蛋白质：种子供食用，含蛋白质和脂肪，可用于煮粥或做豆沙馅料。药用：种子入药，具有利水消肿、解毒排脓的功效，主治水肿、脚气、黄疸、痈肿等症。

种子储藏特性、休眠类型及萌发条件 正常型（GBOWS）；具有物理休眠（GBOWS）；切破种皮，20℃，1%琼脂培养基，12 h光照/12 h黑暗条件下萌发（GBOWS）。

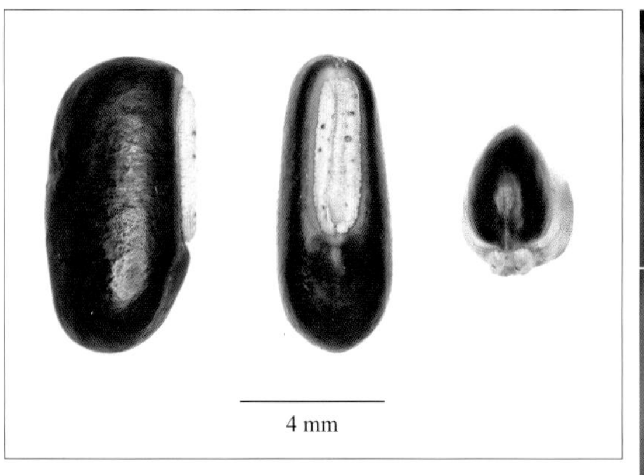

蔷薇科 Rosaceae

湖北山楂 *Crataegus hupehensis* Sargent

库编号/岛屿 868710348522/桃花岛

形态特征 乔木，高6～8 m。枝条开展；小枝圆柱形，无毛，紫褐色，疏生浅褐色皮孔，二年生枝条灰褐色。叶片卵形至卵状长圆形，先端短渐尖，基部宽楔形或近圆形，边缘有圆钝锯齿，上半部具2～4对浅裂片，裂片卵形，先端短渐尖；托叶草质，披针形或镰刀形，边缘具腺齿，早落。伞房花序，具多花；总花梗和花梗均无毛；萼筒钟状，外面无毛；萼片三角卵形，先端尾状渐尖，全缘，稍短于萼筒，内外两面皆无毛；花瓣卵形，白色；雄蕊20，花药紫色，比花瓣稍短；花柱5，基部被白色绒毛，柱头头状。梨果近球形，幼时绿色，熟时红色，具宿存反折萼片，果实具斑点；小核4～5。小核三棱形，背面圆拱，腹面平滑，黄褐色或褐色；内含种子1。花期5～6月；果期9～11月。种子千粒重96.8032 g。

分布 河南、湖北、湖南、江苏、江西、陕西、山西、四川、浙江。

生境 生于山坡灌丛中。

用途 果可食或做山楂糕及酿酒。

种子储藏特性 正常型（GBOWS）。

蔷薇科 Rosaceae

小叶石楠 *Photinia parvifolia* (E. Pritzel) C. K. Schneider var. *parvifolia*

库编号/岛屿　868710348936/北关岛

形态特征　灌木，高0.8 m。枝纤细，小枝红褐色，无毛，有黄色散生皮孔。叶草质，椭圆形、椭圆卵形或菱状卵形，先端渐尖或尾尖，基部宽楔形或近圆形，边缘有具腺尖锐锯齿，侧脉4～6对。伞形花序生于侧枝顶端，有花2～9，无总花梗；花梗细，无毛，有疣点；萼筒杯状，萼片卵形；花瓣白色，圆形，先端钝，有极短爪，内面基部疏生长柔毛；雄蕊20，较花瓣短；花柱2～3，中部以下合生，较雄蕊稍长，子房顶端密生长柔毛。小梨果椭圆形或卵形，幼时绿色，熟时红色、橘红色，微肉质，成熟时不裂开，无毛，有直立宿存萼片，内含种子2～3；果梗密布疣点。种子倒卵形，腹面平，背面圆拱，两端略尖，基部弯曲成喙，表面具纵皱纹，褐色。花期4～5月；果期7～11月。种子千粒重9.3500 g。

分布　安徽、福建、广东、广西、贵州、河南、湖北、湖南、江西、江苏、四川、浙江。

生境　生于石质山坡灌丛中。

用途　根、枝、叶供药用，有行血、止血、止痛功效，用于治疗黄疸、乳痈、牙痛。

种子储藏特性及萌发条件　正常型（GBOWS）；20℃或25/15℃，1%琼脂培养基，12 h光照/12 h黑暗条件下萌发（GBOWS）。

蔷薇科 Rosaceae

石斑木 *Rhaphiolepis indica* (Linnaeus) Lindley var. *indica*

库编号/岛屿 868710349077/洞头岛；868710349191/北小门岛

形态特征 灌木，高0.5～0.6 m。幼枝初被褐色绒毛，以后逐渐脱落近无毛。叶集生于枝顶，卵形、长圆形，稀倒卵形或长圆披针形，边缘具细钝锯齿。顶生圆锥花序或总状花序，总花梗和花梗被锈色绒毛；花瓣5，白色或淡红色，倒卵形或披针形，先端圆钝，基部具柔毛；雄蕊15，与花瓣等长或稍长；花柱2～3，基部合生，近无毛。梨果核果状，球形，幼时绿色，熟时蓝紫色至紫黑色，表面被白粉，顶端有萼片脱落残痕，内含种子1～2；果梗短粗。种子扁圆球形，光滑，黄褐色，表面具易剥离的膜质种皮。花期4月；果期7～11月。

分布 柬埔寨、日本、老挝、泰国、越南。安徽、福建、广东、广西、贵州、海南、湖南、江西、台湾、云南、浙江。

生境 生于山坡或石质灌草丛中。

用途 木材：木材带红色，质重坚韧，可做器物。食用：果实可食。观赏：可做行道树、绿篱、庭院美化、盆栽，春天开花成簇，具观花效果。

种子储藏特性、休眠类型及萌发条件 顽拗型（GBOWS）；具有生理休眠（Baskin C C and Baskin J M，2014）；新鲜种子，在20℃，1%琼脂培养基，12 h光照/12 h黑暗条件下萌发（GBOWS）。

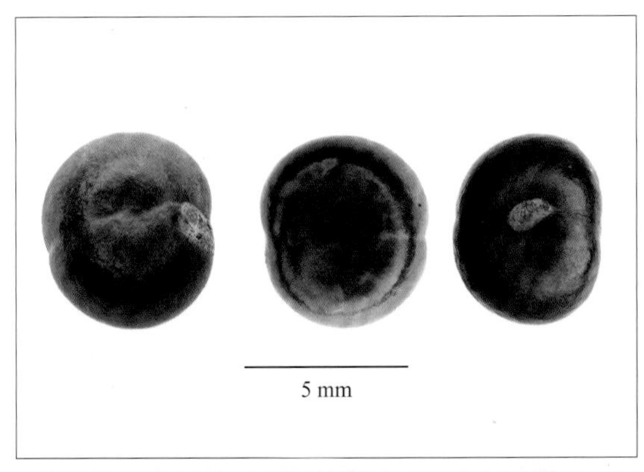

蔷薇科 Rosaceae

厚叶石斑木 *Rhaphiolepis umbellata* (Thunberg) Makino

库编号/岛屿 868710336894/南圆山岛；868710337059/小蚊虫岛；868710337071/大尖苍岛；868710337272/南韭山岛；868710348891/南鹿岛；868710349209/北小门岛；868710405594/笤箕岛

形态特征 灌木或乔木，高0.3～6 m。枝粗壮极叉开，枝和叶在幼时有褐色柔毛，后脱落。叶厚革质，长椭圆形、卵形或倒卵形，全缘或有疏生钝锯齿，边缘稍向下方反卷，网脉明显。圆锥花序顶生，直立，密生褐色柔毛；萼筒倒圆锥状，萼片三角形至窄卵形；花瓣白色，倒卵形；雄蕊20；花柱2，基部合生。梨果核果状，球形，幼时绿色，熟时黑紫色或黑色，表面被白粉，顶端有萼片脱落残痕，内含种子1。种子近圆球形，光亮，褐色，种皮膜质易剥离。花期7月；果期9～11月。

分布 日本。台湾、浙江。

生境 生于路边或岩石灌草丛中。

用途 观赏：花朵美丽，开花成簇，枝叶密生，能形成圆形紧密树冠，可做行道树、绿篱、庭院美化、盆栽，其花、枝叶、果实均为高级花材。木材：木材红色，质重坚韧，可做器物。

种子储藏特性、休眠类型及萌发条件 顽拗型（GBOWS）；无休眠（Baskin C C and Baskin J M，2014）；新鲜种子，在20℃，1%琼脂培养基，12 h光照/12 h黑暗条件下萌发（GBOWS）。

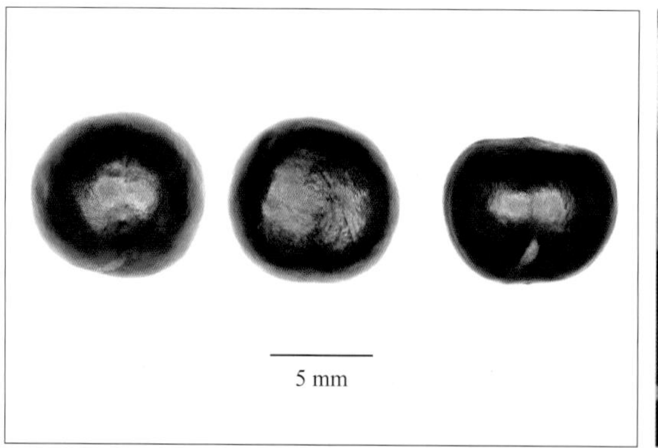

蔷薇科 Rosaceae

硕苞蔷薇 *Rosa bracteata* J. C. Wendland var. *bracteata*

库编号/岛屿　868710336852/秀山大牛轭岛；868710336891/南圆山岛；868710337056/小蚊虫岛；868710337179/柱住山岛；868710348342/佛渡岛；868710348948/北关岛；868710349086/洞头岛；868710349215/北小门岛

形态特征　灌木，高0.4～2 m；有长匍匐枝；小枝密被黄褐色柔毛，混生针刺和腺毛。小叶5～9，革质，椭圆形或倒卵形，先端截形、圆钝或稍急尖；小叶柄和叶轴有稀疏柔毛、腺毛和小皮刺；托叶大部分离生，呈篦齿状深裂。花单生或2～3集生；花瓣白色，倒卵形，先端微凹；雄蕊多数，花药黄色。蔷薇果球形，密被黄褐色柔毛，幼时绿色，熟时橙红色或棕褐色，变软；果梗短，密被柔毛；萼片宿存。瘦果卵形或三棱状卵形，木质，表面光滑，背面及顶端被浅黄棕色长柔毛，腹面具1褐色浅沟，浅黄棕色。花期5～7月；果期7～11月。种子千粒重8.2544～16.0576 g。

分布　日本。福建、贵州、湖南、江苏、江西、台湾、云南、浙江。

生境　生于石质山坡、林缘或灌草丛中。

用途　观赏：栽培做绿篱，常绿并有密刺，可以防畜，满布白花很具观赏性。药用：果实和根可入药，有收敛、补脾、益肾之效；花可润肺止咳，叶外敷收敛解毒。

种子储藏特性　正常型（GBOWS）。

蔷薇科 Rosaceae

金樱子 *Rosa laevigata* Michaux

库编号/岛屿 868710337653/北策岛；868710348930/北关岛；868710349050/洞头岛

形态特征 木质藤本。小枝散生扁弯皮刺。小叶通常3，稀5，椭圆状卵形、倒卵形或披针状卵形，革质；小叶柄和叶轴有皮刺和腺毛；托叶离生或基部与叶柄合生，披针形，边缘有细齿，齿尖有腺体，早落。花单生或2～3花集生于叶腋；花梗密生长柔毛和稀疏腺毛；有数枚大型宽卵形苞片，边缘有不规则缺刻状锯齿，外面密被柔毛，内面近无毛；萼片宽卵形，先端尾状渐尖，和萼筒外面均密被黄褐色柔毛和腺毛，内面有稀疏柔毛，花后反折；花瓣白色，宽倒卵形，先端微凹；花柱密被柔毛，比雄蕊稍短。蔷薇果梨形、倒卵形，稀近球形，黄绿色或红褐色，外面密被刺毛，萼片宿存。瘦果三角状卵形，顶端钝圆，基部略尖，表面具不明显的纵脊，被稀疏的白色长柔毛，淡黄色或黄棕色。花期4～6月；果期7～11月。种子千粒重20.5696～29.6208 g。

分布 越南。安徽、福建、广东、广西、贵州、海南、湖北、湖南、江苏、江西、陕西、四川、台湾、云南、浙江。

生境 生于山坡林中或灌丛中。

用途 鞣质：根皮含鞣质可制栲胶。食用：果实可熬糖及酿酒。药用：以果实入药，具有固精缩尿、固崩止带、涩肠止泻的功效，用于治疗遗精滑精、遗尿尿频、崩漏带下、久泻久痢。

种子储藏特性及萌发条件 正常型（GBOWS）；25/15℃，含200 mg/L赤霉素的1%琼脂培养基，12 h光照/12 h黑暗条件下萌发（GBOWS）。

蔷薇科 Rosaceae

光叶蔷薇 *Rosa luciae* Franchet & Rochebrune var. *luciae*

库编号/岛屿　868710337146/北鼎星岛；868710349059/洞头岛；868710349218/北小门岛；868710349221/积谷山岛；868710405486/花岙岛；868710405513/南渔山岛；868710405720/衢山岛

形态特征　木质藤本。小叶5～7，稀9，椭圆形、卵形或倒卵形，边缘有疏锯齿，两面均无毛；托叶大部贴生于叶柄，边缘有不规则裂齿和腺毛。伞房花序具一至多花；花瓣白色，有香味，倒卵形，先端圆钝，基部楔形。蔷薇果球形或近球形，幼时绿色，熟时橘红色或红褐色，有光泽，被稀疏腺毛，顶端具宿存花柱和褐色花盘；果梗具较密腺毛；萼片最后脱落。瘦果卵形或卵状三棱形，表面凹凸不平，具不明显的纵脊，黄色。花期4～7月；果期9～11月。种子千粒重3.7881～11.4644 g。

分布　日本、菲律宾，朝鲜半岛。福建、广东、广西、台湾、浙江。

生境　生于崖壁、路边、山坡林中或灌草丛中。

用途　观赏：攀援性较强，叶色亮绿，花色洁白，馥郁芬芳，花期较长，是优良的攀援植物，适合做廊架、墙垣垂直绿化、石坡复绿点缀。育种材料：野生种为现代月季的原始亲本之一，被园艺学家视为重要的育种材料。

种子储藏特性及萌发条件　正常型（GBOWS）；5℃层积91天后置于25/15℃，1%琼脂培养基，12 h光照/12 h黑暗条件下萌发（GBOWS）。

蔷薇科 Rosaceae

野蔷薇 *Rosa multiflora* Thunberg var. *multiflora*

库编号/岛屿 868710337302/南韭山岛

形态特征 木质藤本。小枝圆柱形，通常无毛，有短粗稍弯曲皮刺。小叶5～9，近花序的小叶有时3，小叶倒卵形、长圆形或卵形；托叶篦齿状，大部贴生于叶柄。花多数，排成圆锥状花序；花瓣白色，宽倒卵形，先端微凹，基部楔形。蔷薇果球形，顶端具宿存花柱基和褐色花盘；幼时绿色至黄绿色，熟时橙红色、红褐色或紫褐色；无毛，萼片脱落；内含瘦果多数。瘦果三棱形或卵形，背面圆拱，表面具不明显泡状网纹，腹面具一浅沟，黄色。果期10月。种子千粒重7.8128 g。

分布 日本，朝鲜半岛。安徽、福建、甘肃南部、广东、广西、贵州、河北南部、河南、湖南、江苏、江西、陕西南部、山东、台湾、浙江。

生境 生于路边灌丛中。

用途 观赏：叶茂花繁，色香四溢，可栽培做绿篱、护坡及棚架绿化材料。鞣质：根含23%～25%鞣质，可提制栲胶。香料：鲜花含有芳香油可提制香精用于化妆品工业。药用：根、叶、花和种子均入药，有清暑化湿、顺气和胃、止血的功效，常用于治疗暑热胸闷、口渴、呕吐、腹泻、痢疾、吐血及外伤出血等。

种子储藏特性及萌发条件 正常型（GBOWS）；20℃或25/15℃，1%琼脂培养基，12 h光照/12 h黑暗条件下萌发（GBOWS）。

蔷薇科 Rosaceae

黄泡 *Rubus pectinellus* Maximowicz

库编号/岛屿 868710337392/东矶岛

形态特征 半灌木，高0.3～0.5 m。茎匍匐，节处生根，有长柔毛和稀疏微弯针刺。单叶，心状近圆形，顶端圆钝，基部心形，边缘有时波状浅裂或3浅裂，有不整齐细钝锯齿或重锯齿，两面被稀疏长柔毛，下面沿叶脉有针刺；托叶离生，有长柔毛，二回羽状深裂。花单生，顶生，稀2～3；萼筒卵球形；萼片不等大，叶状，卵形至卵状披针形；花瓣狭倒卵形，白色，有爪，稍短于萼片。聚合果球形，红色，具反折萼片；果核半圆形或倒卵圆形，腹面略平，背部具横向整齐排列的凹槽，浅黄色或黄棕色。花期5～7月；果期7～10月。种子千粒重1.8776 g。

分布 日本、菲律宾。福建、贵州、湖北、湖南、江西、四川、台湾、云南、浙江。

生境 生于沟谷潮湿处。

用途 根、叶可入药，清热解毒，可治疗水泻、黄水疮。

种子储藏特性及萌发条件 正常型（GBOWS）；5℃层积56天后置于25/15℃，1%琼脂培养基，12 h光照/12 h黑暗条件下萌发（GBOWS）。

蔷薇科 Rosaceae

中华绣线菊 *Spiraea chinensis* Maximowicz var. *chinensis*

库编号/岛屿　868710348306/桃花岛；868710348570/桃花岛

形态特征　灌木，高1～1.6 m。小枝呈拱形弯曲，红褐色。叶菱状卵形至倒卵形，边缘有缺刻状粗锯齿，或具不显明3裂。伞形花序具花16～25；萼筒钟状；花瓣近圆形，白色，先端微凹或圆钝；雄蕊22～25，短于花瓣或与花瓣等长；花盘波状圆环形或具不整齐的裂片；子房具短柔毛，花柱短于雄蕊。蓇葖果张开，全体被短柔毛，花柱顶生，具直立、稀反折萼片；熟时顶端开裂，内具种子多数。种子线状纺锤形，稍扁，一侧具种皮延展而成的窄膜质翅，表面具细网纹，黄棕色。花期3～6月；果期6～10月。种子千粒重0.1444 g。

分布　安徽、福建、甘肃、广东、广西、贵州、河北、河南、湖北、湖南、江苏、江西、内蒙古、陕西、山东、山西、四川、云南、浙江。

生境　生于山顶灌丛或路边岩石缝中。

用途　能生于土质贫瘠、荒坡、石砾间甚至石缝里，耐寒、耐旱及耐瘠薄，是生长力很强的灌木，可作为开荒或生态修复的先锋树种。

种子储藏特性及萌发条件　正常型（GBOWS）；20℃或25/15℃，1%琼脂培养基，12 h光照/12 h黑暗条件下萌发（GBOWS）。

胡颓子科 Elaeagnaceae

牛奶子 *Elaeagnus umbellata* Thunberg

库编号/岛屿　868710336945/小峧山岛；868710348138/舟山岛；868710405606/筲箕岛；868710405729/衢山岛

形态特征　灌木，高1.5～4 m。植株常具刺；小枝多分枝。叶纸质或膜质，椭圆形至卵状椭圆形或倒卵状披针形，边缘全缘或皱卷至波状，叶背密被银白色和散生少数褐色鳞片，侧脉5～7对；叶柄银白色。花1～7簇生新枝基部，较叶先开放，黄白色，芳香；花被筒漏斗形，上部4裂，裂片卵状三角形。坚果为膨大肉质化的萼管所包围，呈核果状，球形或卵圆形，幼时绿色，被银白色或褐色鳞片，熟时橘红色；果梗直立，粗壮。坚果为膨大肉质化的萼管所包围，呈核果状，长椭球形，顶端略尖，基部收缩呈圆柱状短柄，表面具8隆起的宽纵棱，黄色。花期4～5月；果期7～9月。

分布　阿富汗、不丹、印度、日本、尼泊尔，朝鲜半岛；北美为栽培种。甘肃、湖北、江苏、辽宁、陕西、山东、山西、四川、西藏、云南、浙江。

生境　生于林缘或林下。

用途　食用：果可生食，味道酸甜可口，可制果酒和果酱等。生物农药：叶做土农药可杀棉蚜虫。药用：果实、根、茎、叶均可入药，具有活血行气、止咳、祛风等功效，主治肝炎、肺虚、跌打损伤及泻痢等。观赏：树枝开展，果熟后红色，颜色艳丽，是一种非常好的园林观赏植物。

休眠类型　具有生理休眠（Baskin C C and Baskin J M，2014）。

鼠李科 Rhamnaceae

猫乳 *Rhamnella franguloides* (Maximowicz) Weberbauer

库编号/岛屿 868710348051/佛渡岛

形态特征 灌木，高2 m。幼枝绿色，被短柔毛或密柔毛。叶倒卵状矩圆形、倒卵状椭圆形、矩圆形、长椭圆形，稀倒卵形，顶端尾状渐尖、渐尖或骤然收缩成短渐尖，基部圆形，稀楔形，稍偏斜，边缘具细锯齿，上面绿色，无毛，下面黄绿色，被柔毛或仅沿脉被柔毛；侧脉每边5～13；托叶披针形，基部与茎离生，宿存。腋生聚伞花序有花6～18，总花梗被疏柔毛或无毛，萼片三角状卵形，边缘被疏短毛；花瓣黄绿色，宽倒卵形，顶端微凹。核果圆柱形，幼时绿色，熟时红色或橘红色，干后变黑色或紫黑色；果核圆柱形，基端略膨大且内凹成槽，背腹缝线微凹陷，浅黄色；果疤位于基端凹槽中部，圆形。花期5～7月；果期7～10月。种子千粒重40.9064 g。

分布 安徽、河北、河南、湖北、湖南、江苏、江西、陕西、山西、山东、浙江。

生境 生于山坡林中。

用途 药用：根入药，治疥疮。色素染料：皮含绿色染料。

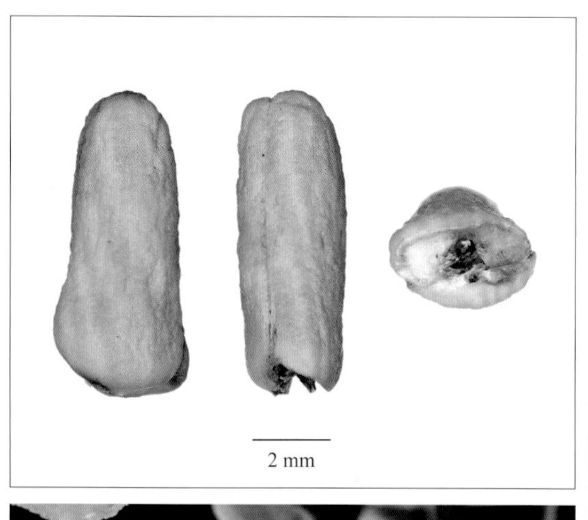

榆科 Ulmaceae

* 榉树 *Zelkova serrata* (Thunberg) Makino

库编号/岛屿　868710349137/小鹿山岛

形态特征　乔木，高10 m；树皮灰白色或褐灰色，呈不规则的片状剥落。当年生枝紫褐色或棕褐色，疏被短柔毛，后渐脱落。叶薄纸质至厚纸质，大小形状差异很大，卵形、椭圆形或卵状披针形，边缘有圆齿状锯齿，具短尖头，叶两面光滑无毛，或在背面沿脉疏生柔毛，在叶面疏生短糙毛；侧脉8～14对；叶柄粗短，被短柔毛；托叶膜质，紫褐色，披针形。雄花具极短的梗，花被6～7，裂至中部，不等大，外面被细毛，退化子房缺；雌花近无梗，花被片4～5，外面被细毛，子房被细毛。核果斜卵状圆锥形，具背腹脊，向腹面凹陷，网肋明显，表面被柔毛，具宿存的花被，成熟时浅绿色或黄棕色；几乎无果梗。花期4月；果期9～11月。种子千粒重11.7100 g。

分布　日本、俄罗斯，朝鲜半岛。安徽、福建、甘肃、广东、贵州、河南、湖北、江苏、江西、辽宁、陕西、山东、四川、台湾、浙江。

生境　生于林中。

用途　观赏：树冠广阔，树形优美，叶色季相变化丰富，病虫害少，是重要的园林风景树种。木材：材质优良，为珍贵用材。药用：树皮和叶可入药。

种子储藏特性、休眠类型及萌发条件　正常型（GBOWS）；具有生理休眠（Baskin C C and Baskin J M，2014）；20℃，含200 mg/L赤霉素的1%琼脂培养基，12 h光照/12 h黑暗条件下萌发（GBOWS）。

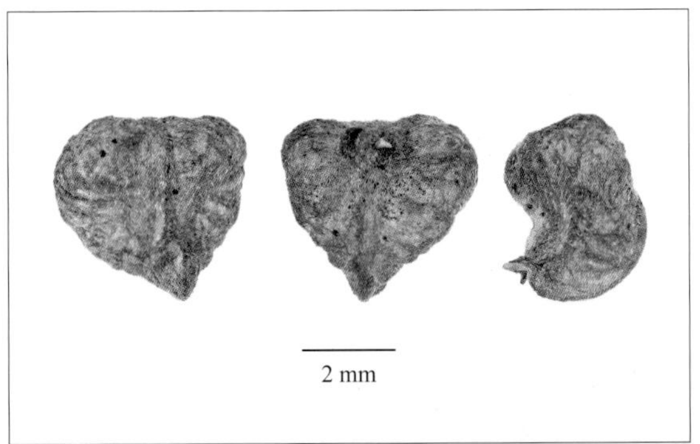

大麻科 Cannabaceae

糙叶树 *Aphananthe aspera* (Thunberg) Planchon var. *aspera*

库编号/岛屿　868710348405/舟山岛

形态特征　落叶乔木，高约7 m。树皮褐色或灰褐色，有灰色斑纹，纵裂，粗糙；当年生枝黄绿色，疏生细伏毛，一年生枝红褐色，毛脱落，老枝灰褐色，皮孔明显，圆形。叶纸质，卵形或卵状椭圆形，边缘锯齿有尾状尖头，基部3出脉，其侧生的一对直伸达叶的中部边缘，侧脉6～10对，近平行地斜直伸达齿尖，叶上面被刚伏毛，粗糙，下面疏生细伏毛；托叶膜质，条形。雄聚伞花序生于新枝下部叶腋，花被裂片倒卵状圆形，内凹陷呈盔状，中央有一簇毛；雌花单生于新枝上部叶腋，花被裂片条状披针形，子房被毛。核果近球形、椭圆形或卵状球形，幼时绿色，熟时紫黑色，被细伏毛，具宿存的花被和柱头；果核倒卵形，背腹面各具一条隆起的脊，表面粗糙，浅黄棕色；果疤凸起呈三角形，位于近基端，偏斜，乳白色。花期3～5月；果期8～10月。种子千粒重101.9640 g。

分布　日本、越南，朝鲜半岛。安徽、福建、广东、广西、贵州、湖北、湖南、江苏、江西、陕西、山东、山西、四川、台湾、云南、浙江。

生境　生于林中。

用途　牧草饲料：嫩叶可作马饲料。纤维：茎皮含纤维量高，可造纸、绳索、人造棉。木材：生长较迅速，纹理直而细密，坚实耐用，可供制家具、农具和建筑用。干叶面粗糙，可擦亮金属器具。

种子储藏特性、休眠类型及萌发条件　正常型（GBOWS）；具有生理休眠（Baskin C C and Baskin J M，2014）；20℃，含200 mg/L赤霉素的1%琼脂培养基，12 h光照/12 h黑暗条件下萌发（GBOWS）。

大麻科 Cannabaceae

紫弹树 *Celtis biondii* Pampanini

库编号/岛屿 868710348339/佛渡岛

形态特征 落叶乔木，高20～35 m。树皮暗灰色；当年生小枝幼时黄褐色，密被短柔毛，后渐脱落，至结果时为褐色，有散生皮孔，毛几可脱净。叶宽卵形、卵形至卵状椭圆形，基部钝至近圆形，稍偏斜，先端渐尖至尾状渐尖，在中部以上疏具浅齿，薄革质，边稍反卷，上面脉多下陷，两面被微糙毛，或叶面无毛，仅叶背脉上有毛，或下面除糙毛外还密被柔毛；托叶条状披针形。果序单生叶腋，通常具2果；果幼时绿色，被疏或密的柔毛，后毛逐渐脱净，熟时黄色至红褐色，近球形；果核两侧稍压扁，顶端具小突尖，侧面观近圆形，具4肋，表面具明显的黄棕色网孔状纹饰，棕色。花期4～5月；果期9～10月。种子千粒重32.6128 g。

分布 日本，朝鲜半岛。安徽、福建、甘肃、广东、广西、贵州、河南、湖北、江苏、江西、陕西、四川、台湾、云南、浙江。

生境 生于林中。

用途 根皮、茎枝及叶均可入药，可治疗疮疖、乳痈、腰背酸痛。

种子储藏特性及萌发条件 正常型（GBOWS）；20℃或25/15℃，1%琼脂培养基，12 h光照/12 h黑暗条件下萌发（GBOWS）。

大麻科 Cannabaceae

朴树 *Celtis sinensis* Persoon

库编号/岛屿 868710336933/小峧山岛；868710337155/北鼎星岛；868710337314/南韭山岛；868710349005/洞头岛

形态特征 乔木，高3～6 m。树皮灰褐色，粗糙而不裂；小枝密被毛。叶宽卵形、卵状椭圆形，先端尖至渐尖，边缘中部以上具疏而浅的锯齿，上面无毛，下面叶脉及脉腋被疏毛，叶脉明显隆起；叶柄被柔毛。核果近球形，单生或2～3并生于叶腋，幼时绿色，熟时红褐色；果梗与叶柄近等长；果核近球形，具4肋，表面具白色或黄棕色网孔状纹饰，白色或棕色。花期3～4月；果期8～12月。种子千粒重36.3604～44.8344 g。

分布 日本。安徽、福建、甘肃、广东、贵州、河南、江苏、江西、山东、四川、台湾、浙江等。

生境 生于林缘或山坡灌草丛中。

用途 木材：质轻而硬，可做家具、砧板、建筑材料。纤维：茎皮纤维可造纸，亦可做为人造棉材料。油脂：果核可榨油，供制皂和机械润滑油。

种子储藏特性、休眠类型及萌发条件 正常型（GBOWS）；无休眠（Baskin C C and Baskin J M，2014）；20℃或25/15℃，1%琼脂培养基，12 h光照/12 h黑暗条件下萌发（GBOWS）。

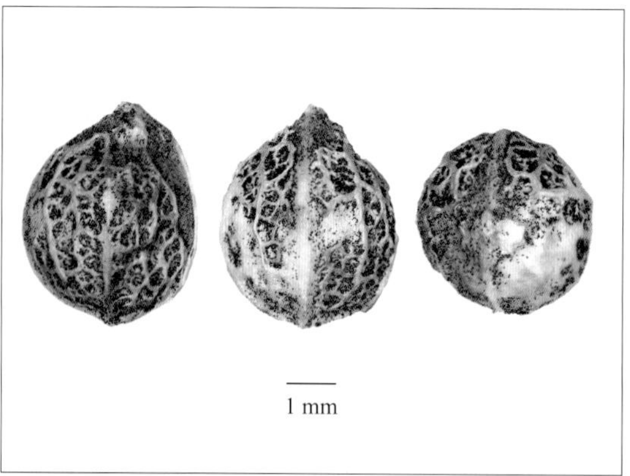

大麻科 Cannabaceae

山油麻 *Trema cannabina* Loureiro var. *dielsiana* (Handel-Mazzetti) C. J. Chen

库编号/岛屿 868710348255/舟山岛

形态特征 灌木，高0.5～3 m。小枝紫红色，后渐变棕色，密被斜伸的粗毛。叶薄纸质，卵形、卵状长圆形或卵状披针形，上面被糙毛，粗糙，下面密被柔毛，脉上被粗毛；叶柄被伸展的粗毛。雄聚伞花序长过叶柄；雄花被片卵形，外面被细糙毛和多少明显的紫色斑点。核果近球形，幼时绿色，熟时橘黄色；果核近圆形或宽卵形，两面圆拱，表面凹凸不平，深棕色。花期3～6月；果期9～10月。种子千粒重4.1452 g。

分布 日本，南亚、东南亚和大洋洲。安徽、福建、广东、广西、贵州、湖北、湖南、江苏、江西、四川、云南、浙江。

生境 生于林下。

用途 纤维：韧皮纤维供制麻绳、纺织和造纸用。油脂：种子可榨油，供制皂和润滑油。

桑科 Moraceae

矮小天仙果 *Ficus erecta* Thunberg

库编号/岛屿 868710336909/南圆山岛；868710337407/东矶岛；868710405537/北渔山岛；868710405600/箬箕岛

形态特征 灌木，高1～3 m。枝粗壮，近无毛，疏分枝。叶倒卵形至狭倒卵形，先端急尖，具短尖头，基部圆形或浅心形，上面无毛，微粗糙，下面近光滑。榕果单生叶腋，幼时绿色，熟时红色，总梗细。瘦果卵形或半圆形，两面圆拱，表面光滑，黄色。果期6～10月。种子千粒重0.5816～1.3283 g。

分布 日本、越南，朝鲜半岛。福建、广东、广西、贵州、湖北、湖南、江苏、江西、台湾、云南、浙江。

生境 生于石质山坡或灌草丛中。

用途 纤维：茎皮纤维可供造纸。食用：同属植物天仙果的根，俗称"牛奶籽根""牛奶浆根"，在福建省武夷地区民间常将天仙果与肉类煲汤食用，是当地居民预防关节炎药膳煲汤首选食材。

种子储藏特性及萌发条件 正常型（GBOWS）；25℃，1%琼脂培养基，12 h光照/12 h黑暗条件下萌发（GBOWS）。

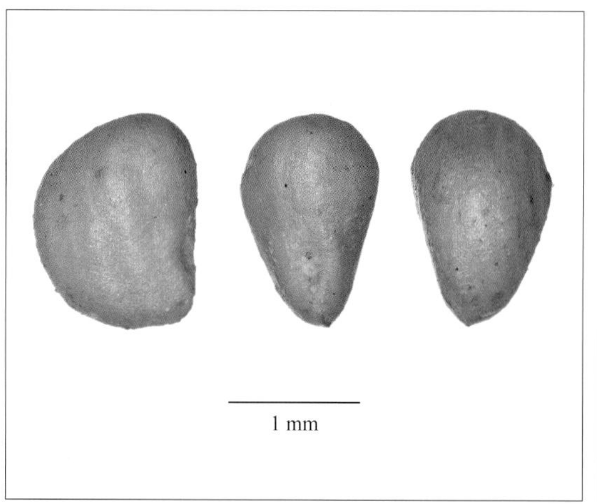

桑科 Moraceae

薜荔 *Ficus pumila* Linnaeus var. *pumila*

库编号/岛屿 868710337224/南韭山岛；868710348219/舟山岛；868710348312/桃花岛；868710348873/南麂岛

形态特征 木质藤本。不结果枝节上生不定根，叶卵状心形；结果枝上无不定根，叶卵状椭圆形，网脉3～4对；托叶2，披针形，被黄褐色丝状毛。榕果单生叶腋，瘿花果梨形，雌花果近球形，顶部截平，略具短钝头或为脐状凸起；榕果幼时绿色，被黄色短柔毛，熟时紫红色，总梗粗短。瘦果梭形，腹面直，背面圆拱，表面光滑，黄白色；果疤位于腹面中央，圆孔状。花果期5～11月。种子千粒重0.8024～1.5168 g。

分布 日本、越南。安徽、福建、广东、广西、河南、湖北、湖南、江苏、江西、陕西、四川、台湾、云南、浙江。

生境 生于石质山坡或岩缝中。

用途 药用：地上部分入药，具有祛湿利尿、固肾填精、活血通络、清热解毒和促进泌乳等功效。果蔬饮料：将种子放入布袋在温水中搓揉，无须添加糖或酸即可自行凝胶，制成凉粉。观赏：结果枝叶大而厚，色泽亮丽，且四季常青，果实大、数量多可做园林观赏植物。

种子储藏特性及萌发条件 正常型（GBOWS）；25℃，1%琼脂培养基，12 h光照/12 h黑暗条件下萌发（GBOWS）。

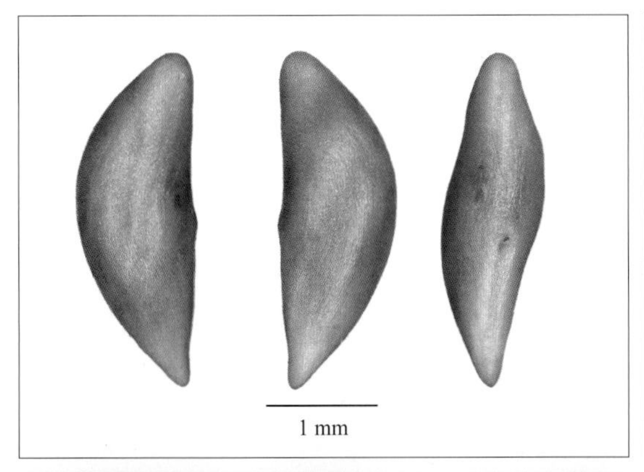

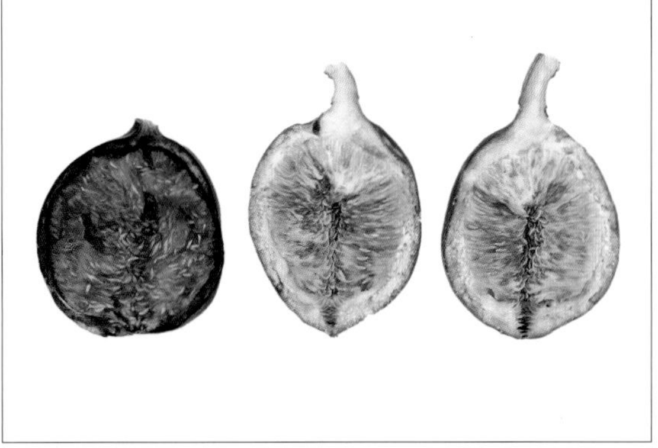

桑科 Moraceae

珍珠莲 *Ficus sarmentosa* Buchanan-Hamilton ex Smith var. *henryi* (King ex Oliver) Corner

库编号/岛屿 868710348309/桃花岛

形态特征 木质藤本。幼枝密被褐色长柔毛。叶革质，卵状椭圆形，先端渐尖，基部圆形至楔形，表面无毛，背面密被褐色柔毛或长柔毛，基生侧脉延长，侧脉5～7对，小脉网结成蜂窝状；叶柄被毛。榕果成对腋生，圆锥形，表面密被褐色长柔毛，成长后脱落，顶生苞片直立，基生苞片卵状披针形，成熟时紫红色；无总梗或具短梗。瘦果长椭圆形，腹面直，背面圆拱，表面光滑，乳白色；果疤位于腹面中下部，圆孔状。果期9月。种子千粒重0.3900 g。

分布 福建、甘肃、广东、广西、贵州、湖北、湖南、江西、陕西、四川、台湾、云南、浙江。

生境 生于岩缝中。

用途 药用：地上部分入药，具有祛风除湿、消肿止痛、解毒杀虫的功效，可用于治疗风湿性关节痛、肠炎、痢疾等。食用：种子水洗可制作冰凉粉。

种子储藏特性及萌发条件 正常型（GBOWS）；25℃，1%琼脂培养基，12 h光照/12 h黑暗条件下萌发（GBOWS）。

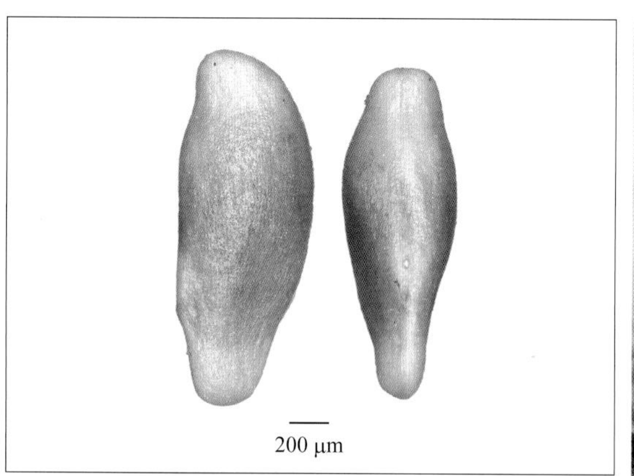

桑科 Moraceae

笔管榕 *Ficus subpisocarpa* Gagnepain

库编号/岛屿 868710348858/南鹿岛

形态特征 灌木，高3 m。树皮黑褐色，小枝淡红色，无毛；有时有气生根。叶互生或簇生，近纸质，无毛，椭圆形至长圆形，边缘全缘或微波状，侧脉7～9对；托叶膜质披针形，早落。榕果单生或成对或簇生于叶腋或生无叶枝上，扁球形，幼时绿色，成熟时紫黑色，顶部微下陷。瘦果半圆形、宽卵形、窄卵形，两面圆拱，表面具不明显的细网纹，红棕色。花果期4～11月。种子千粒重0.2064 g。

分布 日本、老挝、马来西亚、缅甸、泰国、越南。福建、广东、广西、海南、台湾、云南南部、浙江东南部。

生境 生于海边岩石堆中。

用途 木材：木材纹理细致，美观，可供雕刻。油脂：种子可榨油。观赏：生长快，寿命长，树荫浓密，树形美观，树姿雄伟，春秋两季榕果红色，可做观赏植物。生态：榕果大而多，为多种鸟类和昆虫提供食物，对维持生态平衡有积极作用。文化：无柄小叶榕和笔管榕被称为“夫妻树”，因笔管榕榕果大，果量多，农民称为“妻树”或“雌树”，而无柄小叶榕称“雄树”，是温州榕文化的重要内容之一。

种子储藏特性及萌发条件 正常型（GBOWS）；20℃，1%琼脂培养基，12 h光照/12 h黑暗条件下萌发（GBOWS）。

桑科 Moraceae

构棘 *Maclura cochinchinensis* (Loureiro) Corner

库编号/岛屿 868710349242/积谷山岛

形态特征 灌木，具粗壮弯曲无叶的腋生刺，高2 m。叶革质，椭圆状披针形或长圆形，全缘，两面无毛，侧脉7～10对。花雌雄异株；雌雄花序均为具苞片的球形头状花序；雌花序微被毛。聚花果肉质，表面微被毛，幼时绿色，熟时橙红色。核果卵圆形，周缘略凹陷且具1黄褐色的线棱，表面光滑，灰白色或黄白色，具不规则褐色斑点。花期4～5月；果期6～11月。种子千粒重20.1940 g。

分布 缅甸、印度、印度尼西亚、日本、马来西亚、不丹、尼泊尔、菲律宾、斯里兰卡、泰国、越南、澳大利亚，太平洋群岛。安徽、福建、广东、广西、贵州、海南、湖北、湖南、江西、四川、台湾、西藏、云南、浙江。

生境 生于灌草丛中。

用途 药用：根、果、叶入药，根用于治风湿痹痛、跌扑肿痛、肺结核；果用于治肾虚腰痛、耳鸣、遗精；外用鲜叶或根皮捣敷；也可配伍其他药治疗肝脾肿大。染料：木材煮汁可做染料。其他：农村常做绿篱用。

种子储藏特性及萌发条件 正常型（GBOWS）；20℃，1%琼脂培养基，12 h光照/12 h黑暗条件下萌发（GBOWS）。

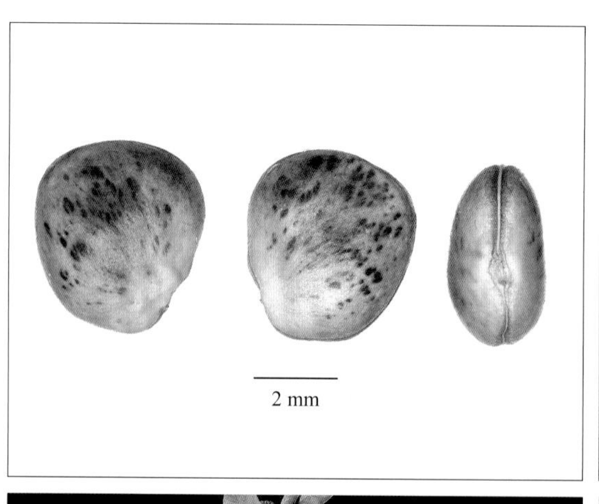

桑科 Moraceae

柘 *Maclura tricuspidata* Carrière

库编号/岛屿 868710337188/泗礁山岛；868710348360/佛渡岛

形态特征 灌木，高2.5～4.0 m。树皮灰褐色，小枝有棘刺；冬芽赤褐色。叶卵形或菱状卵形，偶为3裂，表面深绿色，背面绿白色，侧脉4～6对。雌雄异株；雌雄花序均为球形头状花序，单生或成对腋生，具短总花梗。聚花果近球形，肉质，幼时绿色，熟时橘红色。核果宽椭圆形，两面圆拱，周缘略凹陷且具1黄褐色的线棱，表面光滑，有光泽，浅褐色。花期5～6月；果期6～9月。种子千粒重20.0500～28.3840 g。

分布 朝鲜半岛；日本有栽培种。安徽、福建、甘肃东南部、广东、广西、贵州、河北、河南、湖北、湖南、江苏、江西、陕西、山东、山西、四川、云南、浙江。

生境 生于山坡或山脊灌丛中。

用途 观赏：可用于园林绿化和护坡绿植。木材：质坚硬细致，可用于制作名贵家具、手串等工艺品。纤维：茎皮可用于造纸。药用：根皮、枝叶均可药用。经济昆虫寄主：嫩叶可以养幼蚕，四川农村均以嫩叶养幼蚕。食用：果可生食或酿酒。色素染料：木材心部黄色，可做黄色染料。生态：柘树适应性强，再生能力强，根系发达，是治理石漠化、荒漠化恶劣土地条件，防止水土流失，保护生态环境方面的先锋树种，为良好的绿篱树种。

种子储藏特性及萌发条件 正常型（GBOWS）；20℃，1%琼脂培养基，12 h光照/12 h黑暗条件下萌发（GBOWS）。

桑科 Moraceae

鸡桑 *Morus australis* Poiret

库编号/岛屿　868710337338/南韭山岛；868710349176/双峰山岛

形态特征　灌木，高0.9～5 m。树皮灰褐色；冬芽大，圆锥状卵圆形。叶卵形，边缘具粗锯齿，表面粗糙，密生短刺毛；托叶线状披针形，早落。雄花序穗状，被柔毛，雄花绿色；雌花序球形，密被白色柔毛，雌花花被片长圆形，暗绿色，花柱很长，2裂，内面被柔毛。聚花果短椭圆形，幼时绿色，成熟时红色至暗紫色。核果倒卵状三棱形，表面略粗糙；浅黄棕色；果疤位于近基端，条形，黄白色。花期3～4月；果期4～5月。种子千粒重1.2408～1.2984 g。

分布　不丹、印度、日本、缅甸、尼泊尔，朝鲜半岛。安徽、福建、甘肃、广西、海南、河北、河南、湖北、湖南、江苏、江西、辽宁、陕西、山东、山西、四川、台湾、西藏、云南、浙江。

生境　生于灌草丛或林中。

用途　纤维：韧皮纤维可造纸。果蔬：果成熟时味甜可食。

种子储藏特性及萌发条件　正常型（GBOWS）；25℃或30℃，1%琼脂培养基，12 h光照/12 h黑暗条件下萌发（GBOWS）。

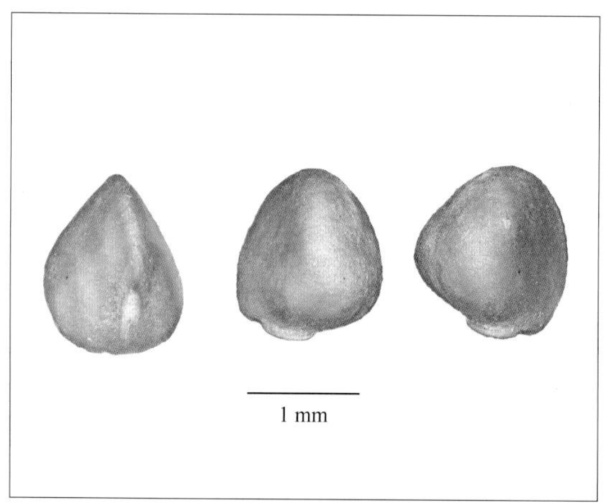

荨麻科 Urticaceae

水苎麻 *Boehmeria macrophylla* Hornemann var. *macrophylla*

库编号/岛屿 868710337161/柱住山岛

形态特征 半灌木，高1.3 m。茎上部有疏或稍密的短伏毛。叶对生或近对生，叶卵形或椭圆状卵形，顶端长骤尖或渐尖，基部圆形或浅心形，稍偏斜，边缘自基部之上有多数小齿；同一对叶的柄不等长。穗状花序单生叶腋，雌雄异株或同株，雌花位于茎上部，下为雄花；雄花花被片4，船状椭圆形，雄蕊4；雌花花被纺锤形或椭圆形，顶端有2小齿。瘦果卵球形，包于宿存花被之中，黄绿色或棕绿色。花果期7～9月。种子千粒重0.2624 g。

分布 不丹、印度、印度尼西亚、老挝、缅甸、尼泊尔、斯里兰卡、泰国、越南。广东、广西、贵州、西藏、云南、浙江。

生境 生于路边。

用途 杀菌：叶挥发性成分对大肠杆菌、金黄色葡萄球菌等食品中常见的污染菌都具有一定的抑制和杀灭作用，具备开发成为天然食品防腐剂的潜质。纤维：茎皮纤维长而细软，拉力强，可做人造棉、纺纱、制绳索、织麻袋等。药用：全草可做兽药，治牛软脚症等。

种子储藏特性、休眠类型及萌发条件 正常型（GBOWS）；具有生理休眠（Baskin C C and Baskin J M，2014）；25/15℃或30/20℃，1%琼脂培养基，12 h光照/12 h黑暗条件下萌发（GBOWS）。

荨麻科 Urticaceae

青叶苎麻 *Boehmeria nivea* var. *tenacissima* (Gaudichaud-Beaupré) Miquel

库编号/岛屿 868710337326/南韭山岛；868710337461/东矶岛；868710337491/北一江山岛

形态特征 半灌木，高0.7～1.0 m。茎上部与叶柄均密被长硬毛和短糙毛。叶互生，草质，通常圆卵形或宽卵形，顶端骤尖，边缘在基部之上有齿；托叶分生，钻状披针形，背面被毛。圆锥花序腋生，或植株上部的为雌性，其下的为雄性，或同一植株的全为雌性；雄团伞花序有少数雄花；雌团伞花序有多数密集的雌花；雄花被片4，狭椭圆形；雌花花被椭圆形。瘦果近球形或宽卵形，两侧稍压扁，两端锐尖，基部突缩成细柄，黄褐色或深绿色，表面有褶皱，外被稀疏的白色微毛。花果期8～10月。种子千粒重0.0456～0.0720 g。

分布 印度尼西亚、日本、老挝、泰国、越南，朝鲜半岛。安徽、福建、广东、广西、贵州、海南、湖北、湖南、江西、四川、台湾、云南、浙江。

生境 生于山坡灌木丛或林缘草丛中。

用途 茎皮纤维细长，强韧，洁白，有光泽，拉力强，耐水湿，富弹力和绝缘性，可织飞机的翼布、橡胶工业的衬布、电线包被、渔网、人造丝、人造棉等，与羊毛、棉花混纺可制高级衣料；短纤维可为高级纸张、火药、人造丝等的原料，又可织地毯、麻袋等。

种子储藏特性及萌发条件 正常型（GBOWS）；20℃或25/15℃，1%琼脂培养基，12 h光照/12 h黑暗条件下萌发（GBOWS）。

荨麻科 Urticaceae

紫麻 *Oreocnide frutescens* (Thunberg) Miquel subsp. *frutescens*

库编号/岛屿　868710348225/舟山岛

形态特征　灌木，高1.0～1.5 m。小枝褐紫色或淡褐色，上部常有粗毛或近贴生的柔毛。叶常生于枝的上部，草质，以后有时变纸质，卵形、狭卵形、稀倒卵形，边缘自下部以上有锯齿或粗齿，上面常疏生糙伏毛，有时近平滑，下面常被灰白色毡毛，以后渐脱落，或只生柔毛或多少短伏毛，三基出脉；托叶条状披针形。花序生于上年生枝和老枝上，几无梗，呈簇生状；雄花花被片3，在下部合生，长圆状卵形，内弯；雌花无梗。瘦果卵球形，两侧稍压扁；表面皱缩，外被稀疏的白色微毛；宿存花被深褐色；肉质花托浅盘状，围以果的基部，熟时常增大呈壳斗状，包围着果的大部分。花期3～5月；果期6～10月。种子千粒重0.3024 g。

分布　不丹、柬埔寨、印度北部、日本、老挝、马来西亚、缅甸、泰国、越南。安徽、福建、甘肃、广东、广西、湖北、湖南、江西、陕西、四川、西藏、云南、浙江。

生境　生于林下。

用途　纤维：茎皮纤维细长坚韧，可供制绳索、麻袋和人造棉；茎皮经提取纤维后，还可提取单宁。药用：根、茎、叶入药行气活血；全株治跌打损伤，诱发麻疹，止血；果实治咽喉炎。

种子储藏特性及萌发条件　正常型（GBOWS）；20℃或25/15℃，1%琼脂培养基，12 h光照/12 h黑暗条件下萌发（GBOWS）。

荨麻科 Urticaceae

苔水花 *Pilea peploides* (Gaudichaud-Beaupre) W. J. Hooker & Arnott

库编号/岛屿 868710336843/秀山大牛轭岛

形态特征 一年生草本，高0.05 m。丛生，无毛，茎肉质，纤细。叶对生，菱状圆形，稀扁圆状菱形或三角状卵形，膜质，在茎顶部的叶密集成近轮生，同对的叶不等大；两面生紫褐色斑点，尤其在下面更明显，钟乳体条形；三基出脉。花单性，雌雄同株，常混生或异株；雄聚伞花序具细梗，常紧缩成头状或近头状。瘦果卵形，稍扁，顶端稍歪斜；熟时黄棕色；表面有不明显的疣状突起；几乎被宿存花被包裹。花期7～9月；果期8～11月。种子千粒重0.0187 g。

分布 不丹、印度、印度尼西亚、日本、缅甸、俄罗斯、泰国、越南，太平洋群岛、朝鲜半岛。安徽、福建、广东、广西、贵州、河北、河南、湖南、江西、辽宁、内蒙古、台湾、浙江。

生境 生于海岛基缘边坡。

用途 全草入药，民间用于清热解毒、祛瘀止痛、毒蛇咬伤和疮疖等。

种子储藏特性、休眠类型及萌发条件 正常型（GBOWS）；具有生理休眠（Baskin C C and Baskin J M，2014）；20℃，含200 mg/L赤霉素的1%琼脂培养基，12 h光照/12 h黑暗条件下萌发（GBOWS）。

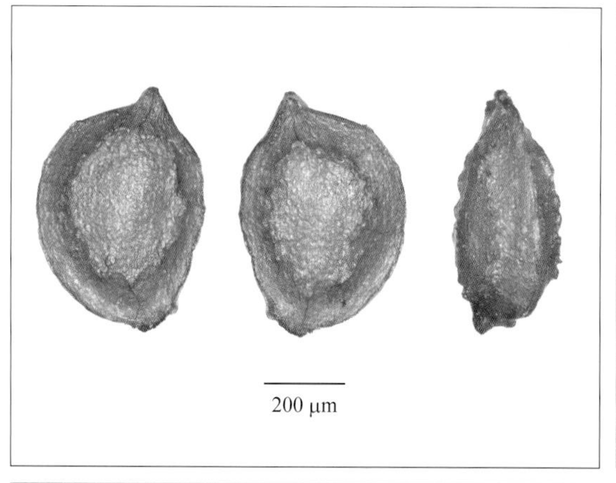

胡桃科 Juglandaceae

化香树 *Platycarya strobilacea* Siebold & Zuccarini

库编号/岛屿 868710337335/南韭山岛；868710337422/东矶岛；868710348465/舟山岛；868710348555/桃花岛

形态特征 灌木至小乔木，高2～7 m。树皮灰色，老时不规则纵裂。奇数羽状复叶，小叶7～23，纸质，侧生小叶无叶柄，卵状披针形至长椭圆状披针形，边缘有细尖重锯齿，顶生小叶具小叶柄。两性花序和雄花序在小枝顶端排列成伞房状花序束，直立。果序球果状、卵状椭圆形至长椭圆状圆柱形，成熟时黄褐色或暗褐色；宿存苞片卵状披针形，木质，密集呈覆瓦状排列。果实小坚果状，近圆形或倒卵形，背腹压扁状，两侧具狭翅；棕褐色；顶端中央凹，凹口处为花柱残基。种子卵形，黄褐色。花期5～6月；果期7～10月。种子千粒重3.1124～6.8992 g。

分布 日本、越南，朝鲜半岛。安徽、福建、甘肃、广东、广西、贵州、河南、湖北、湖南、江苏、江西、陕西、山东、四川、云南、浙江。

生境 生于林中或山坡灌丛中。

用途 树脂树胶：树皮、根皮、叶和果序均含单宁，可做提制栲胶的原料。纤维：树皮能剥取纤维代替麻料。油脂：根部及老木含有芳香油，种子可榨油。园艺：可做山核桃和美国山核桃的砧木。药用：以叶和果序入药，具顺气驱风、消肿止痛、燥湿杀虫的功效，主治内伤胸胀、腹痛、筋骨疼痛、痈肿、疮毒等。

种子储藏特性及萌发条件 正常型（GBOWS）；20℃、25℃或25/15℃，含200 mg/L赤霉素的1%琼脂培养基，12 h光照/12 h黑暗条件下萌发（GBOWS）。

胡桃科 Juglandaceae

枫杨 *Pterocarya stenoptera* C. Candolle

库编号/岛屿 868710348045/佛渡岛

形态特征 乔木，高20 m。幼树树皮平滑，浅灰色，老时则深纵裂。叶多为偶数，小叶10～16，对生或稀近对生，长椭圆形至长椭圆状披针形，边缘有向内弯的细锯齿；无小叶柄。雄性葇荑花序单独生于去年生枝条上的叶腋内；雌性葇荑花序顶生，雌花几乎无梗，苞片及小苞片基部常有细小的星芒状毛，并密被腺体。果序长，果序轴常被有宿存的毛。小坚果近卵形或长椭圆形，表面黄褐色；顶部具花柱残基；有两侧翅，条形或阔条形，具近平行的纵脉；内含1种子。花期4～5月；果期8～9月。种子千粒重100.3808 g。

分布 日本，朝鲜半岛。安徽、福建、甘肃、广东、广西、贵州、海南、河北、河南、湖北、湖南、江苏、江西、辽宁、陕西、山东、山西、四川、台湾、云南、浙江。

生境 生于路边次生林中。

用途 观赏：树形优美、枝繁叶茂，已广泛栽植用作庭园观赏树种或行道树。药用：树皮、根、叶、果实供药用，有小毒，具杀虫止痒、利尿消肿之功效，主治龋齿痛、疥癣、烫火伤。树皮和枝皮含鞣质，可提取栲胶。果实可做饲料和酿酒。

种子储藏特性及萌发条件 正常型（GBOWS）；10℃层积42天后置于30/10℃，1%琼脂培养基，12 h光照/12 h黑暗条件下萌发（GBOWS）。

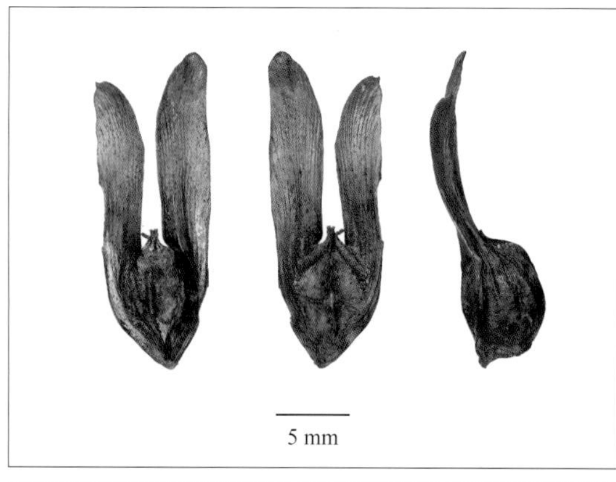

葫芦科 Cucurbitaceae

栝楼 *Trichosanthes kirilowii* Maximowicz

库编号/岛屿 868710337149/北鼎星岛

形态特征 草质藤本。块根圆柱状，富含淀粉。叶纸质，常3～7掌状浅裂或中裂，上表面深绿色，背面淡绿色。卷须3～7歧。花雌雄异株；雄花单生或数花组成总状花序，花冠白色，裂片倒卵形，顶端中央具1绿色尖头，两侧具丝状流苏；雌花单生，裂片和花冠同雄花。果梗粗壮；瓠果椭圆形或圆形，幼时绿色，成熟时黄褐色或橙黄色。种子卵状椭圆形，压扁，淡黄褐色，近边缘处具棱线。花期5～8月；果期8～10月。种子千粒重100.3808 g。

分布 日本，朝鲜半岛。甘肃、河北、河南、江苏、江西、山东、山西、浙江。

生境 生于林缘灌草丛中。

用途 工业：根含蛋白质、皂甙、糖类，果实含三萜皂甙、有机酸、树脂、糖类、色素，种子含油脂。药用：根、果实、果皮和种子均为传统中药，根有清热生津、解毒消肿的功效，果实、果皮和种子有清热化痰、润肺止咳、滑肠的功效。

种子储藏特性及萌发条件 正常型（GBOWS）；10℃层积42天后置于30/10℃，1%琼脂培养基，12 h光照/12 h黑暗条件下萌发（GBOWS）。

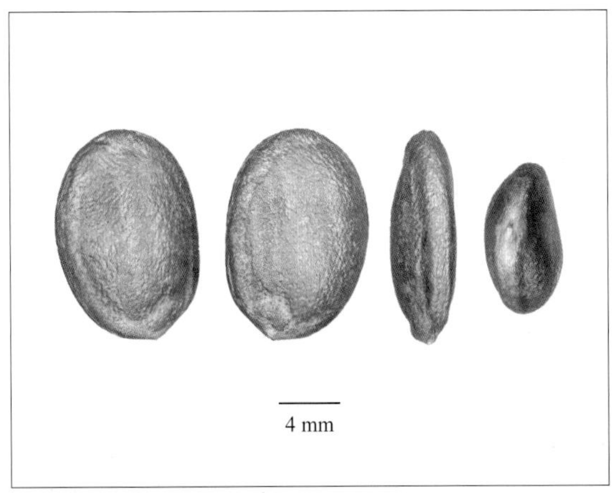

卫矛科 Celastraceae

南蛇藤 *Celastrus orbiculatus* Thunberg

库编号/岛屿 868710348246/舟山岛；868710348546/桃花岛；868710348906/北关岛

形态特征 木质藤本。小枝光滑无毛，灰棕色或棕褐色，具白色皮孔。叶通常倒阔卵形、近圆形或长方椭圆形，边缘具锯齿，两面光滑无毛或叶背脉上具稀疏短柔毛，侧脉3～5对。聚伞花序腋生，间有顶生，花序有小花1～3；雄花花瓣倒卵状椭圆形或长方形，花盘浅杯状，裂片浅；雌花花冠较雄花窄小，花盘稍深厚，肉质。蒴果近球形，幼时绿色，熟时黄色。种子椭圆状肾形，稍扁，红褐色。花期5～6月；果期7～11月。种子千粒重6.0304 g。

分布 日本，朝鲜半岛。安徽、甘肃、河北、黑龙江、河南、湖北、江苏、江西、吉林、辽宁、内蒙古、陕西、山东、山西、四川、浙江。

生境 生于林缘或灌草丛中。

用途 纤维：树皮可制优质纤维。油脂：可榨油，种子含油50%。药用：民间以根和茎入药，治疗关节疼痛、跌打损伤；在东北、华北地区及山东以成熟果实做中药“合欢花”用。

休眠类型及萌发条件 具有生理休眠（Baskin C C and Baskin J M，2014）；用0.1%的氯化汞对南蛇藤种子消毒15 min，用蒸馏水冲洗3～5次。用150 mg/L的α-萘乙酸溶液浸泡24 h，置于湿润双层滤纸，光照培养箱中萌发（姚学慧等，2012）。

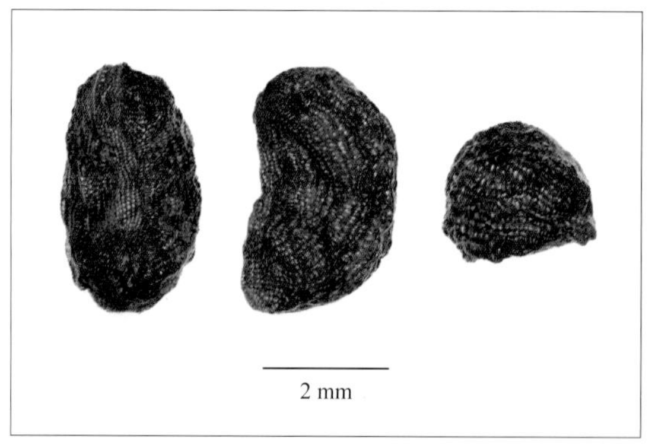

卫矛科 Celastraceae

扶芳藤 *Euonymus fortunei* (Turczaninow) Handel-Mazzetti

库编号/岛屿 868710336897/南圆山岛；868710348525/桃花岛；868710348810/柴峙岛；868710349182/双峰山岛；868710349263/西中峙岛；868710405447/花岙岛；868710405528/南渔山岛；868710405549/蚊虫山岛；868710405576/东霍山岛；868710405636/小鼠浪山岛；868710405783/泗礁山岛

形态特征 常绿灌木或藤本状灌木，高0.4～3 m。叶薄革质，椭圆形、长方椭圆形或长倒卵形，宽窄变异较大，可窄至近披针形，长3.5～8 cm，宽1.5～4 cm，先端钝或急尖，基部楔形，边缘齿浅不明显，侧脉细微和小脉全不明显；叶柄长3～6 mm。聚伞花序3～4次分枝；花序梗长1.5～3 cm；第一次分枝长5～10 mm；第二次分枝5 mm以下；最终小聚伞花密集，有4～7花，分枝中央有单花，小花梗长约5 mm；花白绿色，4数。幼果绿色，熟时橘黄色，假种皮橘红色，全包种子。花期6～7月；果期10～11月。种子千粒重36.3836 g。

分布 印度、日本、印度尼西亚、缅甸、老挝、巴基斯坦(可能是栽培的)、菲律宾、泰国、越南，朝鲜半岛；在非洲、欧洲、美洲、大洋洲有栽培。安徽、福建、河北、甘肃、广东、广西、贵州、海南、河南、湖北、湖南、江苏、江西、辽宁、青海、陕西、山东、山西、四川、台湾、新疆、云南、浙江。

生境 生于岩石坡、崖壁或灌草丛中。

用途 园林观赏：作为园林观赏植物广为栽培。药用：治疗跌打损伤、腰肌劳损、关节酸痛、咯血，可抗衰老、抗氧化、抗HIV等，对脑组织、细胞具保护作用，能增强免疫功能、改善心力衰竭等。

萌发条件 种子经浓度为20 mg/kg的GA3处理最利于生长，根系数和株高均达到最大值（敖妍等，2006）。

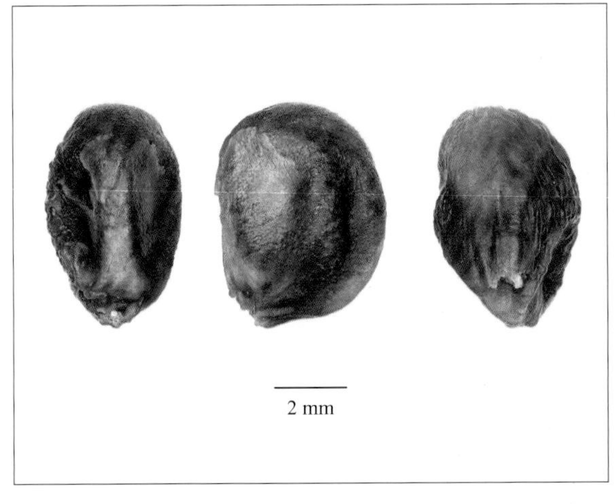

酢浆草科 Oxalidaceae

酢浆草 *Oxalis corniculata* Linnaeus

库编号/岛屿 868710337287/南韭山岛

形态特征 多年生草本，高0.1 m。全株被柔毛。根茎稍肥厚。茎细弱，多分枝，直立或匍匐，匍匐茎节上生根。叶基生或茎上互生；托叶小，长圆形或卵形；叶柄基部具关节；小叶3，无柄，倒心形，先端凹入。花单生或数花集为伞形花序，腋生，总花梗淡红色，与叶近等长；萼片5，披针形或长圆状披针形；花瓣5，黄色，长圆状倒卵形；雄蕊10，花丝白色半透明，基部合生，长、短互间。蒴果长圆柱形，具5棱。种子卵形，扁平，一端锐尖，另一端钝圆，表面具横向肋状网纹，褐色或红棕色。花果期2～10月。种子千粒重0.2160 g。

分布 不丹、印度、日本、马来西亚、缅甸、尼泊尔、巴基斯坦、俄罗斯、泰国，朝鲜半岛，几乎世界广布。安徽、重庆、福建、甘肃、广东、广西、贵州、海南、河北、河南、湖北、浙江。

生境 生于路边灌丛中。

用途 药用：全草入药，具有清热解毒、消肿散疾、补肺泻肝、健胃止咳、凉血化瘀等功效；在苗族和鄂西土家族常内服用于治疗跌打青肿、咽喉肿痛、祛痰平喘、痢疾、黄疸、尿路感染、结石、月经不调、淋浊、白带、小儿肝热和惊风等，外用治跌打损伤、毒蛇咬伤、痈肿疮疖、脚癣和湿疹等症；临床上主要用于治疗肺炎、扁桃体炎、急性肝炎和腮腺炎等多种疾病。其他：茎叶含草酸，可用以磨镜或擦铜器，使其具光泽。

种子储藏特性、休眠类型及萌发条件 正常型（GBOWS）；无休眠（Baskin C C and Baskin J M，2014）；20℃，含200 mg/L赤霉素的1%琼脂培养基，12 h光照/12 h黑暗条件下萌发（GBOWS）。

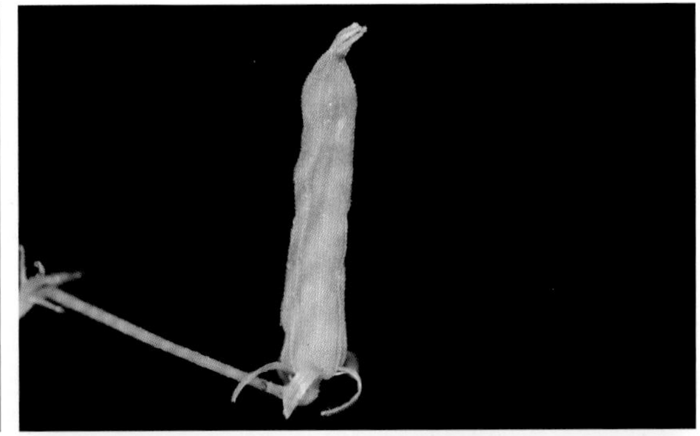

金丝桃科 Hypericaceae

小连翘 *Hypericum erectum* Thunberg

库编号/岛屿 868710337086/大尖苍岛；868710337449/东矶岛；868710337548/北一江山岛；868710337617/大明甫岛；868710337623/大明甫岛

形态特征 多年生草本，高0.2～0.8 m。茎单一，直立或上升，通常不分枝，有时上部分枝。叶长椭圆形至长卵形，先端钝，基部心形抱茎，边缘全缘，内卷，坚纸质；无叶柄。花序顶生，多花，伞房状聚伞花序，常具腋生花枝；萼片卵状披针形，先端锐尖，全缘；花瓣黄色，倒卵状长圆形，上半部有黑线条纹。蒴果卵珠形，具纵向条纹，成熟后室间开裂，内含种子多数。种子圆柱形，两端稍尖，表面具蜂窝状细网纹，有金属光泽，黑褐色。花期7～8月；果期8～10月。种子千粒重0.0444～0.0748 g。

分布 日本、俄罗斯，朝鲜半岛。安徽、福建、广东、广西、贵州、湖北、湖南、江苏、四川、台湾、浙江。

生境 生于海边礁石、路边或山坡灌草丛。

用途 全草入药，有解毒消肿、收敛止血的功效，可治吐血、子宫出血、月经不调、乳汁不通、疖肿、跌打损伤。

种子储藏特性及萌发条件 正常型（GBOWS）；20℃或25/15℃，1%琼脂培养基，12 h光照/12 h黑暗条件下萌发（GBOWS）。

金丝桃科 Hypericaceae

地耳草 *Hypericum japonicum* Thunberg

库编号/岛屿 868710336858/秀山大牛轭岛；868710336861/秀山大牛轭岛

形态特征 一年生草本，高0.08～0.3 m。叶对生，通常卵形或卵状三角形至长圆形，边缘全缘，坚纸质；无叶柄。花序具花1～30，二歧状或多少呈单歧状；花萼长于花瓣，花瓣淡黄色至橙黄色，椭圆形或长圆形，宿存。蒴果短圆柱形至圆球形，成熟时3瓣裂。种子圆柱形，两端锐尖，表面具数条纵棱，棱间具不明显的横纹，浅黄色。花期3月；果期6～10月。种子千粒重0.0149 g。

分布 不丹、柬埔寨、印度、印度尼西亚、日本、老挝、马来西亚、缅甸、尼泊尔、菲律宾、斯里兰卡、泰国、越南、澳大利亚东南部，太平洋群岛、朝鲜半岛。安徽、福建、广东、广西、贵州、海南、湖北、湖南、江苏、江西、辽宁、山东、四川、台湾、云南、浙江。

生境 生于林缘或路边。

用途 全草入药，清热解毒、止血消肿，用于治疗肝炎、毒蛇咬伤、疮毒及跌打损伤。

种子储藏特性及萌发条件 正常型（GBOWS）；20℃或25/15℃，1%琼脂培养基，12 h光照/12 h黑暗条件下萌发（GBOWS）。

堇菜科 Violaceae

犁头草 *Viola japonica* Langsdorff ex Candolle

库编号/岛屿 868710337299/南韭山岛

形态特征 多年生草本，无地上茎和匍匐枝，高0.1 m。根状茎极短。叶多数，基生，叶片通常圆心形、卵状心形，基部心形或箭状心形，边缘具浅钝齿；叶柄在花期通常与叶片近等长，在果期远较叶片为长，最上部具极狭的翅；托叶大部分与叶柄合生，披针形，淡绿色。花梗在花期长于叶，果期短于叶；小苞片线状披针形，位于花梗的中下部至中上部；萼片卵状披针形或披针形，果期不延长，末端有钝齿；花瓣淡紫色，上方花瓣和侧方花瓣长圆状倒卵形，下方花瓣狭倒卵形，先端微缺，距圆筒状；子房无毛，柱头顶面微凹，两侧具薄边，前方具短喙。蒴果长圆形，成熟时三裂，内含种子多数。种子卵球形，基部略尖，表面光滑，黄褐色；种脐位于近基端，偏斜，椭圆形，黄色。果期10月。

分布 日本，朝鲜半岛。安徽、重庆、福建、贵州、湖北、湖南、江苏、江西、四川、浙江。

生境 生于路边灌丛中。

用途 在民间常用于清热解毒、除脓消炎，可治痈疽、外伤感染、瘰疬、疮疡、扁桃体炎、疮疡等症。现代药理实验表明，犁头草还具有抗金黄色葡萄糖球菌和抗HBV及治疗急慢性骨髓炎等多种药理作用。

种子储藏特性及萌发条件 正常型（GBOWS）；20℃，1%琼脂培养基，12 h光照/12 h黑暗条件下萌发（GBOWS）。

大戟科 Euphorbiaceae

斑地锦 *Euphorbia maculata* Linnaeus

库编号/岛屿 868710349128/北麂岛

形态特征 一年生草本，高0.1～0.25 m，全体被开展的白色长柔毛。茎匍匐，基部多分枝。叶对生，长椭圆形至肾状长圆形，先端钝，基部偏斜，边缘中部以下全缘，中部以上具细小疏锯齿，叶面中部常有紫色斑纹；托叶狭披针形。花序单生叶腋，总苞狭杯状，边缘5裂；腺体4，边缘具白色附属物；雄花4～5，微伸出总苞外；雌花1，子房柄伸出总苞外，被柔毛。蒴果三角状卵形，表面疏被白色细柔毛。种子卵状四棱形，每面具3～5横沟纹，灰色或灰棕色；无种阜。花果期4～9月。种子千粒重0.1420 g。

分布 原产北美，归化于亚洲和欧洲。河北、河南、湖北、江苏、江西、台湾、浙江。

生境 生于路边。

用途 全草入药，可止血、清湿热、通乳，治黄疸、泄泻、疳积、血痢、尿血、血崩、外伤出血、乳汁不多、痈肿疮毒。

种子储藏特性、休眠类型及萌发条件 正常型（GBOWS）；具有生理休眠（Baskin C C and Baskin J M，2014）；25/15℃或25/10℃，1%琼脂培养基，12 h光照/12 h黑暗条件下萌发（GBOWS）。

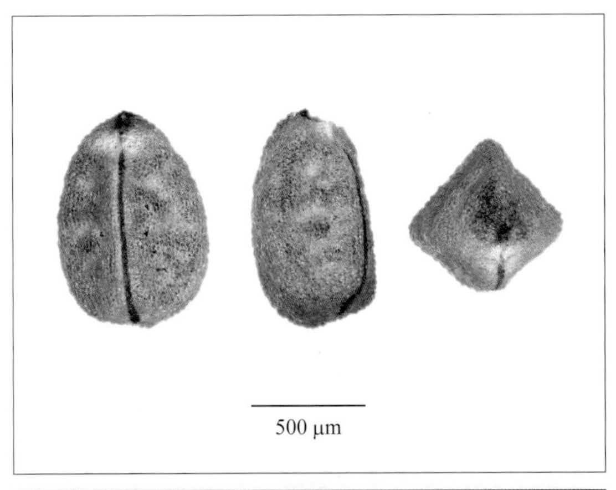

大戟科 Euphorbiaceae

千根草 *Euphorbia thymifolia* Linnaeus

库编号/岛屿 868710337125/北鼎星岛；868710337329/南韭山岛

形态特征 一年生草本，高0.05～0.3 m。茎匍匐，基部多分枝。叶对生，椭圆形、长圆形或倒卵形，先端圆，基部圆形或近心形，边缘有细锯齿，两面被稀疏柔毛；叶柄短；托叶钻状，边缘具睫毛。杯状聚伞花序腋生或侧枝顶端；总苞狭杯状，外面具白色疏柔毛，腺体4，边缘具白色附属物；雄花微伸出总苞外；雌花1，子房柄短，子房被柔毛，花柱短，柱头2裂。蒴果卵状三棱形，被贴伏短柔毛。种子长卵状四棱形，每面具4～5横沟纹，暗红色；无种阜。花果期6～11月。种子千粒重0.1132 g。

分布 广布世界热带和亚热带地区。福建、广东、广西、海南、湖南、江苏、江西、台湾、云南、浙江。

生境 生于林中或石质山坡上。

用途 全草入药，有清热利湿、收敛止痒的作用，主治菌痢、肠炎、腹泻等。

种子储藏特性及萌发条件 正常型（GBOWS）；35/20℃，1%琼脂培养基，12 h光照/12 h黑暗条件下萌发（GBOWS）。

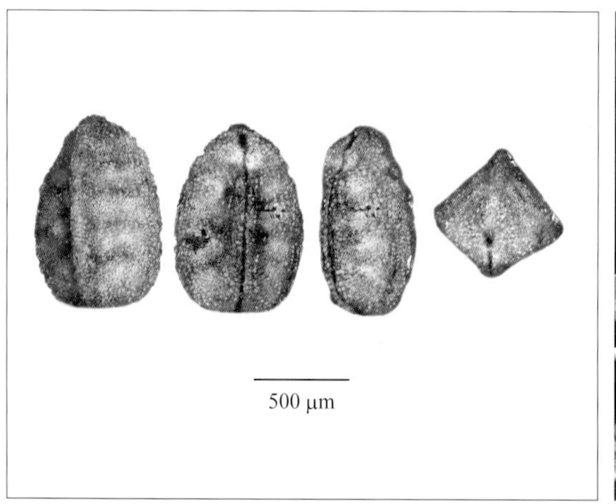

大戟科 Euphorbiaceae

野梧桐 *Mallotus japonicus* (Linnaeus f.) Muller Argoviensis

库编号/岛屿　868710336870/秀山大牛轭岛；868710337398/东矶岛；868710348354/佛渡岛；868710348864/南麂岛；868710405603/箬箕岛；868710405675/岱山岛；868710405732/衢山岛；868710405795/泗礁山岛

形态特征　小乔木或灌木，高1～6 m。嫩枝、叶柄和花序轴均密被褐色星状毛。叶互生，形状多变，全缘或微3裂，上面通常无毛，下面被稀疏星状毛或无毛，散生橙红色腺点，三基出脉；近叶柄具2圆形腺体。总状花序顶生，分枝呈圆锥状；花雌雄异株；雄花有短梗，雄蕊多数；雌花密生，花梗极短，子房近球形，花柱3，中部以下合生，柱头具疣状突起，密被星状毛。蒴果近球形，密被有星毛状的软刺和红色腺点。种子近球形，褐色或暗褐色，具皱纹。花期4～6月；果期7～10月。种子千粒重16.5980～22.4256 g。

分布　日本，朝鲜半岛。江苏、台湾、浙江。

生境　生于林中或路边灌丛中。

用途　木材：质地轻软，可做小器具用材。纤维：树皮纤维可供造蜡纸和制人造棉。油脂：种子可榨油，供制油漆、肥皂盒润滑油。观赏：嫩叶猩红色，秋叶金黄，是优良的春、秋色叶树种。生态：适应性强，耐干旱瘠薄、抗海雾和海风、生长迅速，是滨海地区优良的水土保持和水源涵养树种。

种子储藏特性、休眠类型及萌发条件　正常型（GBOWS）；具有生理休眠（GBOWS）；干燥种子，在30/20℃，1%琼脂培养基，12 h光照/12 h黑暗条件下萌发（GBOWS）。

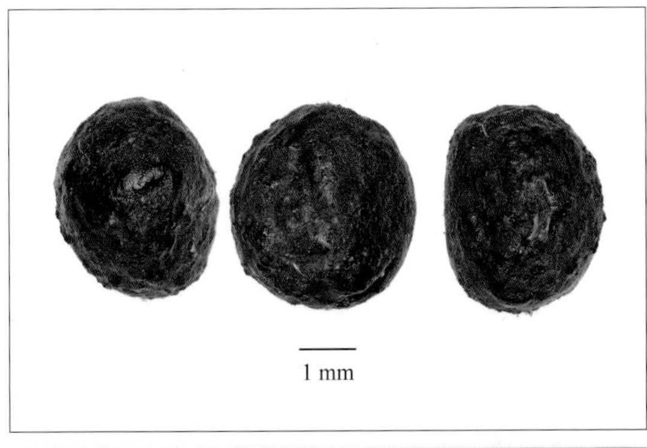

大戟科 Euphorbiaceae

乌桕 *Triadica sebifera* (Linnaeus) Small

库编号/岛屿 868710337191/泗礁山岛；868710348462/舟山岛；868710348951/北关岛；868710349113/北麂岛

形态特征 落叶乔木，高3～10 m。树皮有纵裂纹，枝具皮孔，各部具白色乳汁。叶互生，菱形或菱状卵形，先端突尖或渐尖，基部楔形，全缘；叶柄顶端具2腺体。总状花序顶生；雌雄花同株；雌花通常生于花序轴最下部，雄花生于花序轴上部或有时整个花序全为雄花；雄花花梗纤细，雌花花梗粗壮，基部两侧腺体与雄花的相同。每苞片内仅具雌花1，花萼3深裂，子房卵球形，3室，花柱3，柱头外卷。蒴果梨状球形，幼时绿色，熟时黑色，具种子3。种子扁球形，黑色，外被白色蜡质假种皮。花期4～8月；果期9～11月。种子千粒重103.4336～151.8144 g。

分布 日本、越南，非洲、美洲、欧洲和印度亦有栽培。安徽、福建、甘肃、广东、广西、贵州、海南、湖北、江西、江苏、陕西、山东、四川、台湾、云南、浙江。

生境 生于沟谷、林中或路边灌丛中。

用途 木材：材质坚硬，纹理细致，可做雕刻和家具用料。油脂：种子白色的蜡质假种皮溶解后可制肥皂、蜡烛；种子榨油用于涂料，可涂油纸、油伞等。药用：根皮和叶入药，有消肿解毒、杀虫功效。色素染料：叶为黑色染料，可染衣物。

种子储藏特性及萌发条件 正常型（GBOWS）；去除外层白色蜡质假种皮，30/10℃，含200 mg/L赤霉素的1%琼脂培养基，12 h光照/12 h黑暗条件下萌发（GBOWS）。

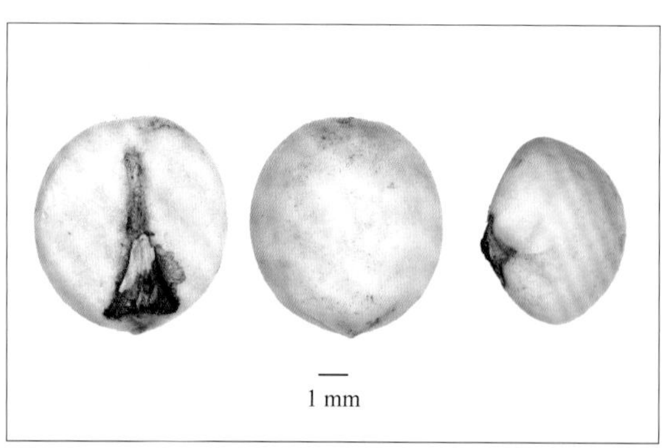

叶下珠科 Phyllanthaceae

一叶萩 *Flueggea suffruticosa* (Pallas) Baillon

库编号/岛屿 868710348414/舟山岛

形态特征 小乔木，高达5 m，全株无毛。叶片纸质，椭圆形或长椭圆形，下面浅绿色，侧脉每边5～8条；托叶卵状披针形，宿存。花雌雄异株，簇生于叶腋；雄花萼片通常5，雄蕊5，花盘腺体5；雌花萼片5，花盘盘状，全缘或近全缘，子房卵圆形，花柱3。蒴果浆果状，幼果绿色，被白粉，成熟时红褐色，有网纹，3爿裂，基部常有宿存的萼片。种子卵状三棱形，腹面平，背面圆拱，腹面有1褐色纵线棱，表面具不明显的细网纹，黄褐色。花期3～8月；果期6～11月。种子千粒重3.1796 g。

分布 日本、蒙古、俄罗斯，朝鲜半岛。除甘肃、青海、新疆、西藏外，全国均有分布。

生境 生于路边林缘。

用途 药用：叶和花可入药，对中枢神经有兴奋作用，可治面部神经麻痹、小儿麻痹后遗症、神经衰弱、嗜睡症等。纤维：茎皮纤维坚韧，可做纺织原料。

种子储藏特性、休眠类型及萌发条件 正常型（GBOWS）；具有生理休眠（GBOWS）；20℃，含200 mg/L赤霉素的1%琼脂培养基，12 h光照/12 h黑暗条件下萌发（GBOWS）。

叶下珠科 Phyllanthaceae

算盘子 *Glochidion puber* (Linnaeus) Hutchinson

库编号/岛屿 868710336963/小峙中山岛；868710348126/舟山岛；868710348261/桃花岛；868710405438/小踏道岛

形态特征 灌木或小乔木，高1～3 m。叶纸质或近革质，长圆形、长卵形或倒卵状长圆形，上面灰绿色，下面粉绿色，侧脉每边5～7，下面凸起，网脉明显；托叶三角形。花小，雌雄同株或异株，2～5簇生于叶腋内；雄花束常着生于小枝下部，雌花束则在上部，或有时雌花和雄花同生于一叶腋内；雄花萼片6，黄绿色，狭长圆形或长圆状倒卵形；雌花的萼片与雄花的相似，但较短而厚。蒴果扁球形，边缘有8～10纵沟，密被短绒毛，成熟时带红色，顶端具环状的宿存花柱。种子近肾形或卵形，具三棱，暗红色；外被红色假种皮。花期4～8月；果期7～11月。种子千粒重9.5352～10.9132 g。

分布 日本。安徽、福建、甘肃、广东、广西、贵州、海南、河南、湖北、湖南、江苏、江西、陕西、四川、台湾、西藏、云南、浙江。

生境 生于林缘、路边或灌草丛中。

用途 油脂：种子可榨油，含油量20%，供制肥皂或做润滑油。药用：根、茎、叶和果实均可药用，有活血散瘀、消肿解毒之效，治痢疾、腹泻、感冒发热、咳嗽、食滞腹痛、湿热腰痛、跌打损伤、氙气（果）等；也可做农药。树胶：全株可提制栲胶。绿肥：叶可做绿肥，置于粪池可杀蛆。指示植物：本种在华南荒山灌丛极为常见，为酸性土壤的指示植物。

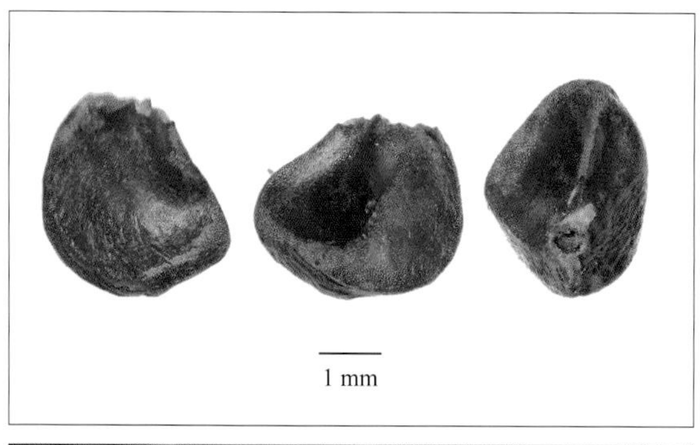

叶下珠科 Phyllanthaceae

湖北算盘子 *Glochidion wilsonii* Hutchinson

库编号/岛屿　868710337077/大尖苍岛；868710337554/北一江山岛；868710348240/舟山岛；868710348609/桃花岛

形态特征　灌木，高0.3～3.5 m；除叶柄外，全株均无毛。叶纸质，上面绿色，下面带灰白色，侧脉5～6。花簇生于叶腋内；雌花生于小枝上部，雄花生于小枝下部；雄花绿色，萼片6，雄蕊3合生；雌花绿色，子房圆球状，6～8室，花柱合生。蒴果扁球形，边缘有6～8纵沟，幼果黄绿色，熟时红色，基部萼片宿存。种子近三棱形，腹面平或微凹，背面圆拱，红色或橘红色。花期4～7月；果期6～9月。种子千粒重8.2128～14.9632 g。

分布　安徽、福建、广西、贵州、湖北、江西、四川、浙江。

生境　生于盐麸木、枫香混交林下或海岛灌木林缘，路边草丛中。

用途　药用：地上部入药，具有清热、利湿、祛风活络的功效，用于治感冒发烧、急性胃肠炎、消化不良、风湿性关节炎、跌打损伤、白带异常、痛经等。栲胶：叶、茎及果含鞣质，可提取栲胶。

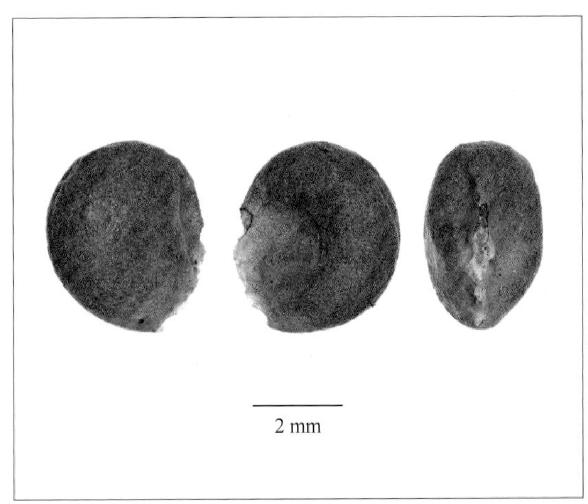

桃金娘科 Myrtaceae

桃金娘 *Rhodomyrtus tomentosa* (Aiton) Hasskarl

库编号/岛屿 868710348921/北关岛

形态特征 灌木，高1.8 m。嫩枝有灰白色柔毛。叶对生，革质，叶椭圆形或倒卵形，先端圆或钝，常微凹，有时稍尖，离基三出脉，直达先端且相结合，网脉明显。花有长梗，常单生，紫红色；萼管倒卵形，有灰绒毛，萼裂片5，宿存；花瓣5，倒卵形。浆果卵状壶形，幼时绿色，熟时紫黑色。种子扇形或矩圆形，压扁，基端平截，表面具密集排列的椭圆形疣状突起，黄褐色；种脐位于基端平截处，凹陷，圆形，黄色。花期4～5月；果期11月。种子千粒重2.0736 g。

分布 柬埔寨、印度、印度尼西亚、日本、老挝、马来西亚、缅甸、菲律宾、斯里兰卡、越南。福建、广东、广西、贵州、湖南、江西、台湾、云南、浙江。

生境 生于灌丛中。

用途 观赏：同株花色变化大，红白相间，艳丽秀美，甚为显目，引人入胜，花陆续开放，花期2个多月。果蔬饮料：果实是一种优质的果酒资源，具有汁多、可溶性固形物含量高、酸甜适度、果香浓郁、色泽好、污染少、资源丰富等特点。色素染料：花瓣含有的红色素属花色甙类色素，适宜做酸性饮料及食品的着色剂，而且还可应用于医药保健和化妆品行业，是一种用途广泛，易于大量提取的红色色素。药用：根祛风行气、益肾，治寒喘、疝气、风湿关节痛等；叶、果健脾益血，收敛解毒，治肠胃炎、劳伤、痢疾、便血等。

种子储藏特性、休眠类型及萌发条件 正常型（GBOWS）；具有生理休眠（张秀华和邓元德，2008）；20℃，含200 mg/L赤霉素的1%琼脂培养基，12 h光照/12 h黑暗条件下萌发（GBOWS）。

桃金娘科 Myrtaceae

赤楠 *Syzygium buxifolium* Hooker & Arnott var. *buxifolium*

库编号/岛屿　868710336879/秀山大牛轭岛；868710337452/东矶岛；868710337659/北策岛；868710337752/北先岛；868710348561/桃花岛；868710349074/洞头岛；868710349206/北小门岛

形态特征　灌木，高0.6～2.5 m。叶革质，阔椭圆形至椭圆形，背面有腺点，侧脉多而密。聚伞花序顶生，花较多；萼管倒圆锥形，萼齿浅波状；花瓣4，分离，白色；花柱与雄蕊等长。果实核果状，球形，果皮在顶端延展成瓶口状凸起，瓶口中央具花柱残基；幼时绿色，熟时红色至紫黑色；内含种子2～4。种子近圆形或半球形，腹面平，背面圆拱，表面光滑，紫黑色。花果期6～11月。

分布　日本、越南。安徽、福建、广东、广西、贵州、海南、湖北、江西、四川、台湾、浙江。

生境　生于岩石、山坡灌草丛中。

用途　食用：果可食或酿酒。观赏：植株较矮小，形状古朴，适宜制作盆景。木材：材质坚硬，是制作家具、木雕、根雕、印章等的上等用材。药用：树皮性平味甘，有健脾利湿、平喘、散瘀等功效，用于治疗肝炎、跌打损伤、疮疖等症。

种子储藏特性、休眠类型及萌发条件　顽拗型（GBOWS）；具有生理休眠（Baskin C C and Baskin J M，2014）；新鲜种子，在20℃，1%琼脂培养基，12 h光照/12 h黑暗条件下萌发（GBOWS）。

省沽油科 Staphyleaceae

野鸦椿 *Euscaphis japonica* (Thunberg) Kanitz

库编号/岛屿 868710337104/大尖苍岛；868710337251/南韭山岛；868710337434/东矶岛；868710348249/舟山岛；868710348450/舟山岛；868710348534/桃花岛；868710348999/洞头岛

形态特征 灌木或乔木，高0.9～5 m。树皮灰褐色，具纵条纹，小枝及芽红紫色，枝叶揉碎后有恶臭气味。奇数羽状复叶对生，小叶5～9，稀3～11，厚纸质，长卵形或椭圆形，边缘具疏短锯齿，齿尖有腺体，侧脉8～11，在两面可见；小托叶线形。圆锥花序顶生；花多，较密集，黄白色，萼片与花瓣均5，椭圆形，萼片宿存，花盘盘状，心皮3，分离。每花发育蓇葖1～3，幼时绿色，熟时紫红色，有纵脉纹；果皮软革质。种子近圆形，表面光滑有光泽，黑色；种脐圆形或椭圆形，凹陷，白色。花期5～6月；果期8～11月。种子千粒重31.4868～42.7980 g。

分布 日本、越南，朝鲜半岛。除西北外，全国均产，尤其是长江以南至海南地区。

生境 生于林缘、林中或灌草丛中。

用途 观赏：内果皮上挂满黑色的种子，犹如满树红花上面点缀着黑珍珠，极具观赏特色，叶色遇霜即变为红色，颜色艳丽。药用：叶入药，温中理气、消肿止痛；根具有解毒、清热、利湿的功效，可用于感冒头痛、痢疾、肠炎；果有祛风散寒、行气止痛之效，常用于治疗月经不调、疝痛、胃痛。生物农药：茎皮、叶的提取液可做土农药。油脂：种子油可制皂。树脂树胶：树皮可提烤胶。木材：材可为器具用材。

种子储藏特性、休眠类型及萌发条件 正常型（GBOWS）；具有生理休眠（Baskin C C and Baskin J M，2014）；5℃低温层积120天后用80℃温水浸泡24 h，置于湿河沙，24 h光照条件下萌发（张莉梅等，2016）。

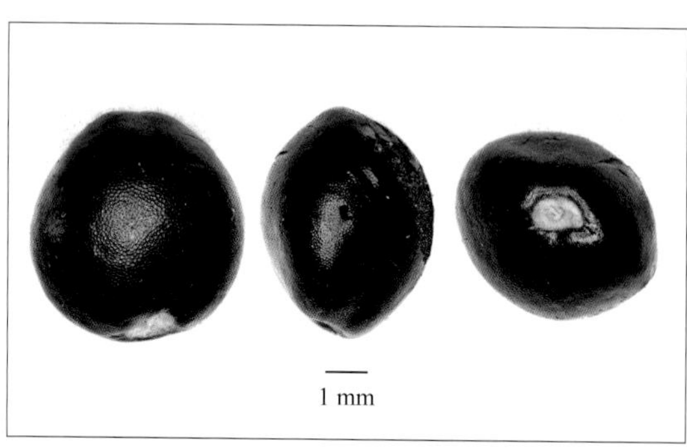

漆树科 Anacardiaceae

盐麸木 *Rhus chinensis* Miller var. *chinensis*

库编号/岛屿 868710337341/南韭山岛；868710348912/北关岛

形态特征 灌木或小乔木，高1.5～7 m。植株具白色乳汁，小枝被锈色柔毛。奇数羽状复叶，叶轴及叶柄具宽的叶状翅，且密被锈色柔毛。圆锥花序宽大，多分枝，雄花序较雌花序长；雄花花萼5裂，裂片长卵形，花瓣倒卵状长圆形，开花时外卷，雄蕊伸出；雌花花萼裂片较短，外面被微柔毛，花瓣椭圆状卵形，里面下部被柔毛；子房卵形，密被白色微柔毛，花柱3，柱头头状。核果球形，略压扁，被具节柔毛和腺毛，幼时绿色，熟时橙红色；果核椭圆形或肾形，略压扁，两侧中央微凹，黑褐色，内含种子1。花期8～9月；果期10～11月。种子千粒重8.1712～9.9640 g。

分布 不丹、柬埔寨、印度、印度尼西亚、日本、老挝、马来西亚、新加坡、泰国、越南，朝鲜半岛。安徽、福建、甘肃、广东、广西、贵州、海南、河北、河南、江苏、江西、宁夏、青海、陕西、山东、山西、四川、台湾、西藏、云南、浙江。

生境 生于路边林中或灌丛中。

用途 食用：果泡水可代醋用，生食酸咸止渴。油脂：种子可榨油。药用：根、叶、花及果均可供药用。工业：本种为五倍子蚜虫的主要寄主植物，在幼枝和叶上形成虫瘿，即为五倍子，可供鞣革、医药、塑料和墨水等工业上用。染料：树皮可做染料。生物农药：幼枝和叶可做土农药，有杀虫的功效。

种子储藏特性、休眠类型及萌发条件 正常型（GBOWS）；具有物理休眠（GBOWS）；切破种皮后，15℃、20℃或25/15℃，1%琼脂培养基，12 h光照/12 h黑暗条件下萌发（GBOWS）。

无患子科 Sapindaceae

三角枫 *Acer buergerianum* Miquel var. *buergerianum*

库编号/岛屿 868710348051/佛渡岛

形态特征 灌木，高2～3 m。树皮褐色或深褐色，粗糙。叶纸质，椭圆形或倒卵形，稀全缘，中央裂片三角卵形，急尖、锐尖或短渐尖；侧裂片短钝尖或甚小，以至于不发育，裂片边缘通常全缘，稀具少数锯齿；裂片间的凹缺钝尖；上面深绿色，下面黄绿色或淡绿色，被白粉；初生脉3，在上面不明显，在下面明显；叶柄淡紫绿色，细瘦，无毛。花多数常成顶生被短柔毛的伞房花序；萼片5，黄绿色，卵形，无毛；花瓣5，淡黄色，狭窄披针形或匙状披针形；雄蕊8，与萼片等长或微短；花盘无毛，微分裂，位于雄蕊外侧；子房密被淡黄色长柔毛，花柱无毛，2裂。翅果黄褐色；小坚果特别凸起；翅与小坚果中部最宽，基部狭窄，张开成锐角或近直立。花期4月；果期8～9月。种子千粒重21.3052 g。

分布 安徽、河北、河南、湖北、湖南、江苏、江西、陕西、山西、山东、浙江。

生境 生于山坡林中。

用途 药用：根入药，治疥疮。染料：皮含绿色染料。

种子储藏特性、休眠类型及萌发条件 正常型（GBOWS）；具有生理休眠（肖志成和高捍东，2008）；剥去果皮，5℃，1%琼脂培养基，12 h光照/12 h黑暗条件下萌发（GBOWS）。

芸香科 Rutaceae

柑橘 *Citrus reticulata* Blanco

库编号/岛屿 868710349026/洞头岛

形态特征 常绿小乔木，高6 m。叶椭圆形至椭圆状披针形，差异较大，顶端常有凹口，叶缘具细齿，很少全缘。花单生或2～3簇生于叶腋；花瓣5，白色，长圆形；雄蕊20～30，花丝连合成筒状。柑果扁圆形至近球形；果皮光滑或粗糙，淡黄色、橙黄色至橙红色，易剥离；橘络呈网状；瓢囊7～14，汁胞通常纺锤形，果肉酸、甜或苦。种子多或少，黄白色，通常卵形，顶部狭尖，基部浑圆。花期4～5月；果期10～12月。种子千粒重102.7587 g。

分布 广泛栽培于我国的秦岭南部地区。

生境 生于山坡灌丛中。

用途 食用：果实酸甜适口，可供鲜食、制果汁和罐头，培育的很多栽培变种的果实已成为常见水果。药用：果皮含陈皮素、橙皮甙等，入药称“陈皮”，有理气、化痰、和胃之效；橘叶、橘核、橘络亦可疏肝、理气、化痰等。

种子储藏特性及休眠类型 中间型（Royal Botanic Gardens Kew，2020）；无休眠（Baskin C C and Baskin J M，2014）。

芸香科 Rutaceae

楝叶吴萸 *Tetradium glabrifolium* (Champion ex Bentham) T. G. Hartley

库编号/岛屿　868710337662/北策岛；868710337707/冬瓜屿；868710348069/佛渡岛；868710348894/南麂岛；868710348966/顶草峙岛；868710405681/岱山岛

形态特征　灌木或小乔木，高0.7～6 m。树皮灰白色，不开裂，密生圆形或扁圆形且略凸起的皮孔。奇数羽状复叶对生；小叶7～11，对生，斜卵状披针形，两侧明显不对称；下面灰绿色，边缘有细钝齿或全缘。聚伞状花序顶生，花多；花瓣4或5，绿色、黄色或白色。蓇葖果，每分果瓣上具油点，幼时黄绿色，熟时粉红色，开裂，内含成熟种子1。种子卵球形至宽椭圆形，一端略尖；表皮为黑褐色，海绵状，有光泽。花期6～9月；果期9～12月。种子千粒重3.9888～7.0656 g。

分布　不丹、印度、印度尼西亚、日本、马来西亚、缅甸、菲律宾、泰国、越南。安徽、福建、广东、广西、贵州、海南、河南、湖北、湖南、江西、陕西、四川、台湾、云南、浙江。

生境　生于落叶阔叶混交林、路边林缘或山坡灌丛中。

用途　油脂：种子含油量高。牧草饲料：树叶是蓖麻蚕的良好饲料。药用：根及果入药，据记载有健胃、驱风、镇痛、消肿之功效。木材：板材平滑有光泽，心材鲜艳美观，纹理直，较耐腐。生态：速生，成材快，抗旱抗风，土质肥沃之地十余年内可成材。

种子储藏特性及休眠类型　正常型（GBOWS）；具有生理休眠（Baskin C C and Baskin J M，2014）。

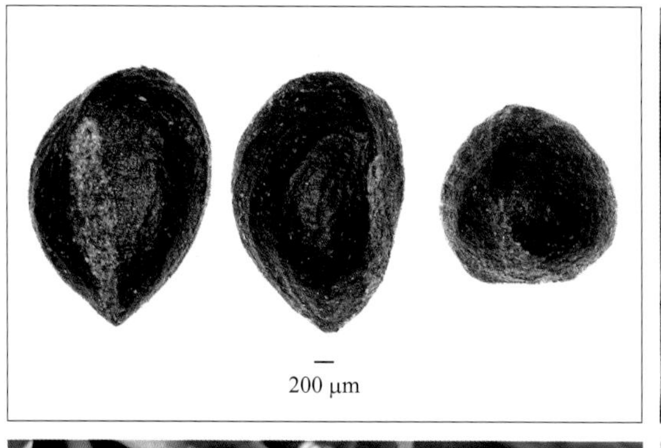

芸香科 Rutaceae

椿叶花椒 *Zanthoxylum ailanthoides* Siebold & Zuccarini var. *ailanthoides*

库编号/岛屿 868710336999/小蚂蚁岛；868710348900/北关岛；868710349038/洞头岛

形态特征 落叶乔木，高5～7 m。茎干有锥形突起鼓钉状大皮刺，幼枝粗壮，髓部常空心。奇数羽状复叶互生；小叶9～27，整齐对生，狭长圆形至椭圆状长圆形，顶部渐狭长尖，钝头或微凹，基部圆，稍不对称，边缘有明显裂齿，油点多，下面灰绿色或有灰白色粉霜，侧脉每边11～16。伞房状圆锥花序顶生，花多数；几无花梗；萼片及花瓣均为5；花瓣淡黄白色；雄花的雄蕊5，退化雌蕊极短，2～3浅裂；雌花心皮3。蓇葖果淡红褐色，干后淡灰或棕灰色，顶端无芒尖，油点多，干后凹陷。种子近球形，黑色，有光泽。花期8～9月；果期10～12月。种子千粒重11.7448～12.0688 g。

分布 日本、菲律宾，朝鲜半岛。广东、广西、贵州、江西、四川、台湾、云南、浙江。

生境 生于林缘或山坡林中。

用途 食用：果实可做调味料。药用：根皮及树皮均入药，有祛风湿、通经络、活血散瘀之效，治风湿骨痛、跌打肿痛。木材：木材纹理直，结构细，材质轻，不易开裂，易加工，可供家具、胶合板、造纸原料、火柴梗、隔热板片等用。纤维：内皮淡棕黄色，光滑，纤维坚韧。

种子储藏特性及休眠类型 正常型（GBOWS）；具有生理休眠（Baskin C C and Baskin J M，2014）。

芸香科 Rutaceae

两面针 *Zanthoxylum nitidum* (Roxburgh) Candolle var. *nitidum*

库编号/岛屿 868710348843/南麂岛

形态特征 木质藤本。茎、枝、叶轴及叶两面中脉上均有略下弯或近劲直的皮刺。奇数羽状复叶互生；小叶3～11，硬革质，阔卵形或狭长椭圆形，先端短尾状，有明显凹口，基部圆形或宽楔形。伞房状圆锥花序腋生；花4基数，花瓣淡黄绿色，卵状椭圆形或长圆形。蓇葖果幼时绿色，熟时红褐色，单个分果瓣顶端具短喙。种子圆珠状，亮黑色，腹面稍平坦。花期3～5月；果期9～11月。种子千粒重35.5012 g。

分布 印度、印度尼西亚、日本、马来西亚、缅甸、尼泊尔、菲律宾、泰国、越南、澳大利亚，太平洋群岛西南部、新几内亚岛。福建、广东、广西、贵州、海南、湖南、台湾、云南、浙江。

生境 生于石质山坡灌丛中。

用途 油脂：叶、果皮可提取芳香油；种子榨油供工业用。药用：根、茎、叶、果皮均可入药，通常用根，有活血散瘀、镇痛消肿等功效，民间用于跌打扭伤或驱蛔虫；局部应用时，对神经末梢有麻醉作用；根的提取液用作针剂注射，对坐骨神经痛也有明显疗效。

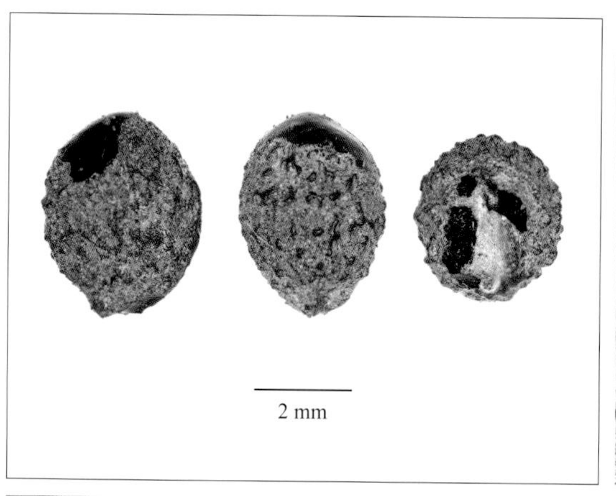

芸香科 Rutaceae

青花椒 *Zanthoxylum schinifolium* Siebold & Zuccarini

库编号/岛屿 868710337092/大尖苍岛；868710337425/东矶岛；868710337509/北一江山岛；868710349002/洞头岛

形态特征 灌木，高0.4～3 m。茎枝具基部两侧压扁状短刺，嫩枝暗紫红色。奇数羽状复叶有小叶7～19；小叶纸质，对生或互生，宽卵形至披针形或阔卵状菱形，顶部短至渐尖，基部圆或宽楔形，两侧对称，有时一侧偏斜，油点多或不明显，叶缘有细裂齿或近全缘。伞房状圆锥花序顶生；花瓣黄白色。蓇葖果，分果瓣红褐色，干后变暗绿色或黑褐色，顶端几无芒尖，油点小，熟时开裂。种子近球形，黑色，光滑且光亮。花期7～9月；果期9～12月。种子千粒重7.8250～9.3648 g。

分布 日本，朝鲜半岛。安徽、福建、广东、广西、贵州、河北、河南、湖北、湖南、江苏、江西、辽宁、山东、台湾、浙江。

生境 生于路边或山坡灌丛中。

用途 油脂：果实可提取芳香油；种子可榨油。食用：果实可作为花椒替代品，名为青椒，做食品调味料。药用：根、叶及果入药，味辛、性温，有止咳、发汗散寒、消食除胀的功效。

种子储藏特性 正常型（GBOWS）。

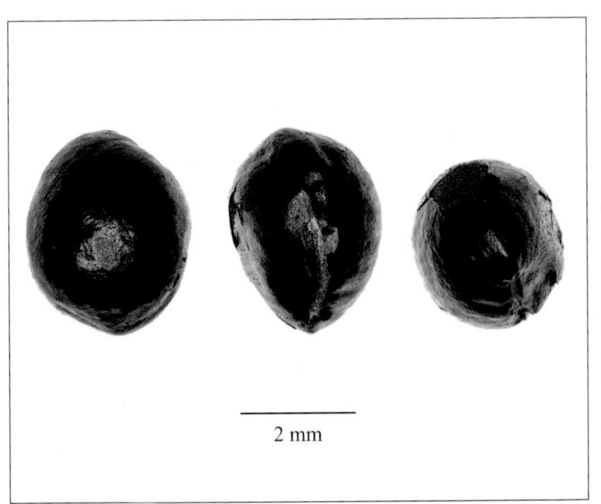

芸香科 Rutaceae

野花椒 *Zanthoxylum simulans* Hance

库编号/岛屿 868710348093/佛渡岛；868710348363/佛渡岛；868710405585/大白山岛

形态特征 灌木或小乔木，高1.3～5 m。枝干散生基部宽而扁的锐刺。奇数羽状复叶有小叶5～15；小叶对生，卵形、卵状椭圆形或披针形，两侧略不对称，顶部急尖或短尖，常有凹口，油点多，叶缘有疏而浅的钝裂齿。聚伞状圆锥花序顶生；花被片5～8，狭披针形、宽卵形或近三角形，淡黄绿色。蓇葖果幼时绿色，熟时红褐色，分果瓣基部变狭窄且略延长呈短柄状，油点多，微凸起。种子近球形，黑色，光滑且光亮。花期3～5月；果期7～9月。种子千粒重24.5244 g。

分布 安徽、福建、甘肃、广东北部、贵州东北部、河北、河南、湖北、湖南、江苏、江西、青海、陕西、山东、台湾、浙江。

生境 生于山坡林缘灌丛中。

用途 油脂：根、叶、果可提取芳香油及油脂。食用：嫩叶焯水可凉拌或与肉丁、鸡蛋等炒食；果实可做调味料。药用：果入药，味辛辣，麻舌，有止痛、健胃、抗菌、驱蛔虫等功效。

种子储藏特性 正常型（GBOWS）。

苦木科 Simaroubaceae

臭椿 *Ailanthus altissima* (Miller) Swingle var. *altissima*

库编号/岛屿　868710348201/舟山岛

形态特征　小乔木，高2～3 m。树皮平滑而有直纹；嫩枝有髓。奇数羽状复叶；小叶13～27，小叶对生或近对生，纸质，卵状披针形。圆锥花序；花淡绿色，萼片5，覆瓦状排列，花瓣5，雄蕊10，雄花中的花丝长于花瓣，雌花中的花丝短于花瓣，柱头5裂。翅果长椭圆形，种子位于翅的中间，扁圆形，幼时绿色，熟时变干，深灰色。花期4～5月；果期8～10月。种子千粒重21.3668 g。

分布　除海南、黑龙江、吉林、宁夏、青海外，全国均产。

生境　生于山坡林中。

用途　造林：生长迅速，适应性强，容易繁殖，病虫害少，同时耐干旱、瘠薄。生态：萌蘖能力强，根系发达，耐盐碱。药用：树皮、根皮和果实可入药，具有清热燥湿、收涩止带、止泻、止血的功效。木材：材质坚韧、纹理直，具光泽，易加工。纤维：因木纤维长，也是造纸的优质原料。其他：椿叶可用来养椿蚕；还可做嫁接红叶椿的砧木。

种子储藏特性、休眠类型及萌发条件　正常型（GBOWS）；具有生理休眠（GBOWS）；20℃，含200 mg/L赤霉素的1%琼脂培养基，12 h光照/12 h黑暗条件下萌发（GBOWS）。

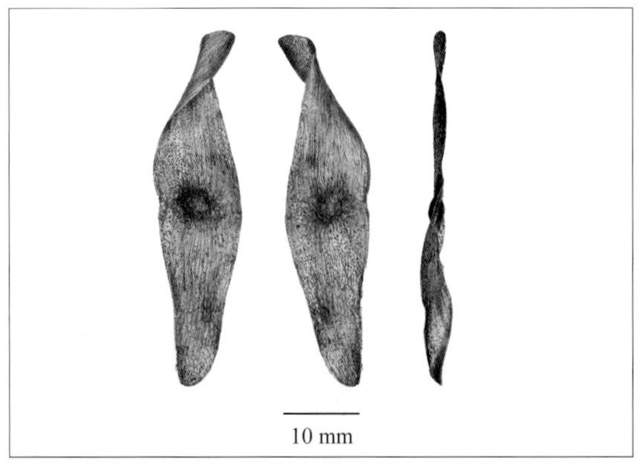

楝科 Meliaceae

楝 *Melia azedarach* Linnaeus

库编号/岛屿 868710348099/佛渡岛

形态特征 乔木，高3 m。树皮灰褐色，纵裂。二回至三回奇数羽状复叶；小叶对生，顶生1片通常略大，边缘有钝锯齿。圆锥花序约与叶等长，花芳香；花萼5深裂，花瓣淡紫色。核果球形至椭圆形，幼时绿色，熟时淡黄色；内果皮木质，4～5室，每室种子1；果实常宿存树上，至翌年春季逐渐脱落。种子长椭圆形，两端稍尖，表面光滑，黑紫色；种脐线形，黄褐色，凸起。花期4～5月；果期9～12月。种子千粒重67.4263 g。

分布 不丹、印度、印度尼西亚、老挝、尼泊尔、巴布亚新几内亚、菲律宾、斯里兰卡、泰国、越南、澳大利亚，太平洋群岛。安徽、福建、甘肃、广东、广西、贵州、海南、河北、湖南、江苏、江西、陕西、山东、山西、四川、台湾、云南、西藏、浙江。

生境 生于林缘。

用途 造林：对土壤要求不严，在酸性土、中性土与石灰岩地区均能生长，是平原及低海拔丘陵区的良好造林树种，在村边路旁种植更为适宜。木材：边材黄白色，心材黄色至红褐色，纹理粗而美，质轻软，有光泽，施工易，是家具、建筑、农具、舟车、乐器等良好用材。药用：鲜叶可灭钉螺和做农药；根皮可驱蛔虫和钩虫，其粉调醋可治疥癣；种子做的油膏可治头癣。油脂：种子油可供制油漆、润滑油和肥皂。

种子储藏特性、休眠类型及萌发条件 正常型（GBOWS）；具有生理休眠（Baskin C C and Baskin J M，2014）；去除种子外结构，20℃或25/15℃，1%琼脂培养基，12 h光照/12 h黑暗条件下萌发（GBOWS）。

锦葵科 Malvaceae

田麻 *Corchoropsis crenata* Siebold & Zuccarini var. *crenata*

库编号/岛屿 868710337203/南韭山岛；868710337440/东矶岛；868710337590/大明甫岛；868710349134/小鹿山岛

形态特征 一年生草本，高0.1～0.5 m。分枝有星状短柔毛。单叶互生，叶卵形或狭卵形，边缘有钝齿，两面均密生星状短柔毛，三基出脉；托叶钻形，脱落。花有细柄，单生于叶腋；萼片5，狭窄披针形；花瓣5，黄色，倒卵形；发育雄蕊15，每3枚成一束，退化雄蕊5，与萼片对生，匙状条形；子房被短绒毛。蒴果线形，熟时开裂，被星状柔毛。种子卵形，黄褐色。果期秋季。种子千粒重1.0564～1.8844 g。

分布 日本，朝鲜半岛。安徽、福建、甘肃、广东、广西、贵州、河北、河南、湖北、湖南、江苏、江西、陕西、山西、四川、浙江。

生境 生于林下、山坡灌丛中或路边。

用途 药用：全草入药，平肝利湿、解毒、止血，主治小儿疳积、白带过多、痈疖肿毒，外用治外伤出血。纤维：茎皮纤维可代黄麻制作绳索及麻袋。

种子储藏特性及萌发条件 正常型（GBOWS）；20℃或25/15℃，1%琼脂培养基，12 h光照/12 h黑暗条件下萌发（GBOWS）。

锦葵科 Malvaceae

扁担杆 *Grewia biloba* G. Don var. *biloba*

库编号/岛屿 868710336900/南圆山岛；868710336966/小峧山岛；868710337332/南韭山岛；868710337446/东矶岛；868710337563/北一江山岛；868710348351/佛渡岛；868710349179/双峰山岛；868710405501/花岙岛；868710405807/西绿华岛

形态特征 灌木，高0.1～2 m。茎平卧或倒伏，多分枝；嫩枝被粗毛。叶薄革质，椭圆形或倒卵状椭圆形，先端锐尖，基部楔形或钝，两面有稀疏星状粗毛，三基出脉，侧脉3～5对，边缘有细锯齿；叶柄密被星状毛；托叶钻形。聚伞花序与叶对生，花黄绿色；萼片长圆状线形，外面密生灰褐色柔毛，内面无毛；花瓣比萼片小；雄蕊多数；子房具长柔毛，花柱较长。核果幼时绿色，熟时橙红色至红色，有分核2～4；分果核近圆形、半圆形或宽倒卵形，两面略圆拱，表面粗糙，黄色；果疤位于基端，圆形。花期5～7月；果期9～11月。种子千粒重44.2944～75.7076 g。

分布 朝鲜半岛。安徽、广东、广西、贵州、河北、河南、湖北、湖南、江苏、江西、陕西、山东、山西、四川、台湾、云南、浙江。

生境 生于路边、林缘、灌草丛或石质山坡上。

用途 药用：以根或全株入药，健脾益气，固精止带，祛风除湿，用于小儿疳积、脾虚久泻、遗精、红崩、白带、子宫脱垂、脱肛、风湿关节痛。生态：耐干旱、耐贫瘠。纤维：茎皮纤维色白、质地软，可做人造棉，宜混纺或单纺；去皮茎杆可做编织原料。

种子储藏特性、休眠类型及萌发条件 正常型（GBOWS）；具有物理休眠（GBOWS）；切破种皮，20℃或25/15℃，1%琼脂培养基，12 h光照/12 h黑暗条件下萌发（GBOWS）。

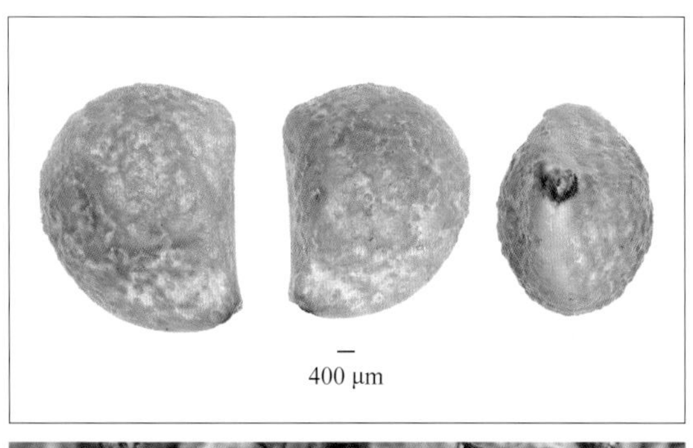

锦葵科 Malvaceae

小叶黄花稔 *Sida alnifolia* Linnaeus var. *microphylla* (Cavanilles) S. Y. Hu

库编号/岛屿 868710337593/大明甫岛

形态特征 灌木，高0.3～2 m。小枝细瘦，被星状柔毛。单叶互生，叶较小，长圆形至倒卵形，具细圆齿状锯齿，叶面被星状柔毛，叶背密被星状长柔毛；托叶钻形，常短于叶柄。花单生于叶腋，中部以上具节，密被星状绒毛；萼杯状，被星状绒毛，裂片5，三角形；花黄色，花瓣倒卵形；雄蕊柱被长硬毛。蒴果近球形，分果爿6～8，具2芒，分果爿顶端被长柔毛。种子肾形，黑色。花果期7～12月。种子千粒重1.8876 g。

分布 印度。福建、广东、广西、海南、云南、浙江。

生境 生于石质灌丛中。

用途 全草入药，具有清热利湿、排脓止痛之效，用于感冒发热、扁桃体炎、细菌性痢疾、泌尿系结石、黄疸、痢疾、腹中疼痛；外用治痈疖疔疮。

种子储藏特性、休眠类型及萌发条件 正常型（GBOWS）；具有物理休眠（GBOWS）；切破种皮，20℃，1%琼脂培养基，12 h光照/12 h黑暗条件下萌发（GBOWS）。

锦葵科 Malvaceae

白背黄花稔 *Sida rhombifolia* Linnaeus

库编号/岛屿 868710337185/泗礁山岛

形态特征 灌木，高约1 m。分枝多，被星状绵毛。单叶互生，叶菱形到长圆状披针形或倒卵形，边缘具锯齿，叶下面被灰白色星状柔毛；托叶刺毛状，与叶柄近等长。花单生于叶腋，花梗密被星状柔毛；花萼杯形，被星状短绵毛，裂片5，三角形；花瓣黄色，倒卵形，先端圆，基部狭；花柱分枝8～10。蒴果半球形，分果爿7～10，被星状柔毛，顶端具2短芒，成熟时开裂。种子肾形，黑色。花果期秋冬季。种子千粒重1.8308 g。

分布 不丹、柬埔寨、印度、老挝、尼泊尔、泰国、越南等。福建、广东、广西、贵州、海南、湖北、四川、台湾、云南、浙江。

生境 生于山坡上。

用途 药用：全草入药，有消炎解毒、祛风除湿、止痛之功效。生态：环境修复。

种子储藏特性、休眠类型及萌发条件 正常型（GBOWS）；具有物理休眠（GBOWS）；切破种皮，20℃，1%琼脂培养基，12 h光照/12 h黑暗条件下萌发（GBOWS）。

锦葵科 Malvaceae

小叶梵天花 *Urena procumbens* Linnaeus var. *microphylla* K. M. Feng

库编号/岛屿　868710337413/东矶岛

形态特征　小灌木，高0.3～0.5 m。枝平铺，小枝被星状绒毛。单叶互生，叶小而厚，枝下部叶为掌状3～5深裂，裂片菱形或倒卵形，呈葫芦状，边缘具锯齿，两面密被毡毛状柔毛；托叶钻形，早落。花单生或近簇生；小苞片基部1/3处合生，疏被星状毛；萼片卵形，尖头，被星状毛；花冠红色；雄蕊柱无毛，与花瓣等长。果球形，具刺和长硬毛，刺端有倒钩，熟时不开裂。种子倒卵状肾形，表面平滑，棕褐色。花期6～9月。种子千粒重12.6944 g。

分布　特产于浙江。

生境　生于草丛中。

用途　全草入药用，有消炎解毒、祛风除湿、止痛之功效。

种子储藏特性、休眠类型及萌发条件　正常型（GBOWS）；具有物理休眠（GBOWS）；切破种皮，20℃，1%琼脂培养基，12 h光照/12 h黑暗条件下萌发（GBOWS）。

瑞香科 Thymelaeaceae

了哥王 *Wikstroemia indica* (Linnaeus) C. A. Meyer

库编号/岛屿 868710337524/北一江山岛；868710337716/冬瓜屿；868710349068/洞头岛；868710349110/北麂岛

形态特征 灌木，高0.3～0.5 m。叶对生，倒卵形、椭圆状长圆形或披针形，纸质至近革质，干时棕红色，侧脉5～12对。花数朵组成顶生伞形式短总状花序，无毛；花萼管状，黄绿色，裂片4，宽卵形至长圆形，顶端尖或钝；雄蕊8，2列，生于花萼管的喉部及中上部；子房倒卵形或椭圆形，无毛或在顶端被疏柔毛，花柱极短或近无，柱头头状，花盘鳞片通常2或4。核果椭圆形，幼时绿色，熟时红色至暗紫色。种子球形，两端锐尖，一侧具一隆起的线状纵棱，表面光滑，黄棕色或灰棕色。花果期夏秋间。种子千粒重13.8996～17.1980 g。

分布 印度、马来西亚、缅甸、菲律宾、泰国、越南、澳大利亚、毛里求斯，太平洋东部至斐济。福建、广东、广西、贵州、海南、湖南、四川、台湾、云南、浙江。

生境 生于山坡灌草丛中。

用途 药用：全株有毒，可药用。纤维：茎皮纤维可做造纸原料。

种子储藏特性、休眠类型及萌发条件 正常型（GBOWS）；具有生理休眠（Baskin C C and Baskin J M，2014）；20℃，1%琼脂培养基，12 h光照/12 h黑暗条件下萌发（GBOWS）。

十字花科 Brassicaceae

北美独行菜 *Lepidium virginicum* Linnaeus

库编号/岛屿　868710405747/衢山岛

形态特征　一年生草本，高0.2～0.4 m。茎单一，直立，上部分枝，具柱状腺毛。基生叶倒披针形或椭圆形，羽状分裂或大头羽裂，边缘有锯齿，两面有短伏毛；茎生叶倒披针形或线形，有短柄，顶端急尖，基部渐狭，边缘有尖锯齿或全缘。总状花序顶生；花瓣4，白色，倒卵形。短角果近圆形，扁平，有窄翅，顶端微缺，花柱极短。种子倒卵形，稍扁，边缘有窄翅，背腹面各具一条长约种子2/3的纵沟，黄褐色。花期4～6月；果期5～9月。种子千粒重0.3720 g。

分布　原产北美。安徽、福建、广东、广西、贵州、河北、河南、湖北、湖南、江苏、江西、辽宁、山东、四川、台湾、云南、浙江。

生境　生于林缘草丛中。

用途　牧草饲料：全草可做青饲料。药用：种子名为“葶苈子”，能清肺定喘、行水消肿；全草有驱虫消积的功效。

种子储藏特性、休眠类型及萌发条件　正常型（GBOWS）；具有生理休眠（Baskin C C and Baskin J M，2014）；20℃，含200 mg/L赤霉素的1%琼脂培养基，12 h光照/12 h黑暗条件下萌发（GBOWS）。

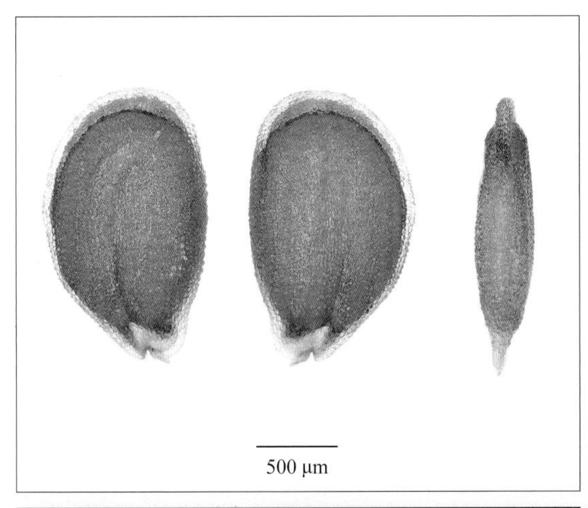

十字花科 Brassicaceae

蓝花子 *Raphanus sativus* Linnaeus var. *raphanistroides* (Makino) Makino

库编号/岛屿 868710405756/衢山岛；868710405762/泗礁山岛；868710405810/西绿华岛

形态特征 一年或二年生草本，高0.2～0.45 m。叶稍带白粉，基生叶多数，与下部茎生叶均大头羽状半裂，顶裂片大，长椭圆形，侧裂片2～3对，交错排列；茎生叶小，宽椭圆形或宽披针形。总状花序顶生；花粉色或淡紫红色，花瓣4，倒卵形。长角果圆柱形，直立，稍革质，果梗斜上，具海绵状横隔；果实因种子间缢缩而呈念珠状，先端具细长的喙。种子1～6，扁圆形，表面具蜂窝状细网纹，淡褐色。花果期4～7月。种子千粒重25.0173～30.8337 g。

分布 日本，朝鲜半岛。广西、四川、台湾、云南、浙江。

生境 生于林缘或山顶草丛中。

用途 药用：种子可入药，有宽中下气、通食解毒的功效。牧草饲料：全草可做绿肥和青饲料，也是较好的蜜源植物。油脂：种子含油量为30%～42%，油可食用，是较好的油料作物。

种子储藏特性、休眠类型及萌发条件 正常型（GBOWS）；具有生理休眠（GBOWS）；剥去种子外结构，20℃，含200 mg/L赤霉素的1%琼脂培养基，12 h光照/12 h黑暗条件下萌发（GBOWS）。

十字花科 Brassicaceae

广州蔊菜 *Rorippa cantoniensis* (Loureiro) Ohwi

库编号/岛屿 868710348477/舟山岛

形态特征 一年生草本，高0.05～0.1 m。植株无毛。基生叶具柄，基部扩大贴茎，羽状深裂或浅裂，羽裂深浅、裂片大小及缘齿形状均多变化；茎生叶渐缩小，无柄，抱茎，倒卵状长圆形或匙形。总状花序顶生；花小，黄色，近无柄，每花生于叶状苞片腋部，花瓣4，倒卵形。短角果圆柱形，柱头短，头状。种子细小，扁卵形，一端凹缺，红褐色，表面具细网纹；子叶缘倚胚根。花果期2～11月。种子千粒重0.0256 g。

分布 日本、越南、俄罗斯远东地区，朝鲜半岛。华东、华中、华南、西南。

生境 生于水库坝区草丛中。

用途 嫩茎叶可供食用。

种子储藏特性、休眠类型及萌发条件 正常型（GBOWS）；具有生理休眠（GBOWS）；20℃，含200 mg/L赤霉素的1%琼脂培养基，12 h光照/12 h黑暗条件下萌发（GBOWS）。

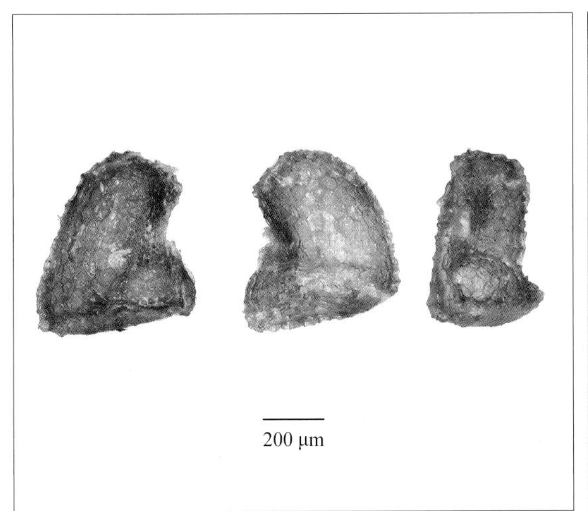

蓼科 Polygonaceae

火炭母 *Polygonum chinense* Linnaeus var. *chinense*

库编号/岛屿 868710337209/南韭山岛；868710337353/东矶岛；868710337518/北一江山岛；868710337689/冬瓜屿；868710349095/北麂岛

形态特征 多年生草本，高0.3～1 m。茎直立或半攀援状，基部匍匐，上部多分枝，节短，节上可生不定根。叶互生，卵形或长卵形，先端渐尖或急尖，基部截形或宽心形，全缘，下部叶具叶柄，通常基部具叶耳，上部叶近无柄或抱茎；托叶鞘膜质，无缘毛，具脉纹，顶端偏斜。头状花序数个排成圆锥状，顶生或腋生，花序梗被腺毛；苞片宽卵形，每苞内花1～3；花被白色，裂片卵形，果时增大，呈肉质，蓝黑色。瘦果宽卵形，具3棱，黑色，无光泽，包于宿存的花被中，内含种子1。花期8～10月；果期10～11月。种子千粒重3.6648～4.9779 g。

分布 不丹、印度、印度尼西亚、日本、马来西亚、缅甸、尼泊尔、菲律宾、泰国和越南。安徽、福建、甘肃、广东、广西、贵州、海南、湖北、湖南、江苏、江西、陕西、四川、台湾、西藏、云南、浙江。

生境 生于路边草丛中。

用途 食用：果实外面的肉质花被微甜带酸，可鲜食。观赏：可做园林地被、湿地绿化及石景点缀材料。药用：根状茎入药，有清热解毒、散瘀消肿之效。

种子储藏特性及萌发条件 正常型（GBOWS）；20℃、25℃或25/15℃，1%琼脂培养基，12 h光照/12 h黑暗条件下萌发（GBOWS）。

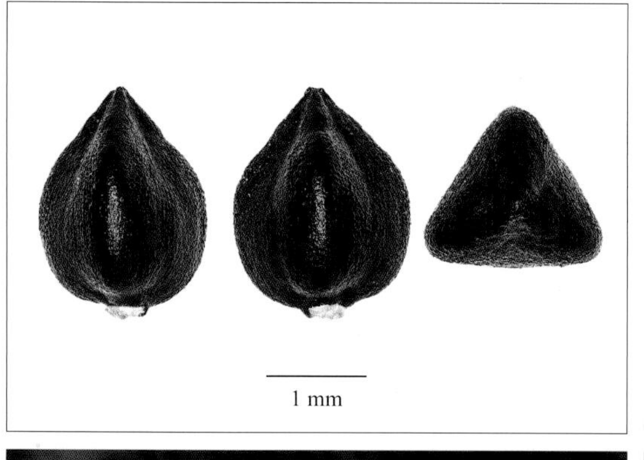

蓼科 Polygonaceae

长鬃蓼 *Polygonum longisetum* Bruijn var. *longisetum*

库编号/岛屿　868710337221/南韭山岛；868710337368/东矶岛

形态特征　一年生草本，高0.1～0.3 m。茎直立，有时下部伏卧，红紫色，自基部分枝，无毛，节部稍膨大，节上生不定根。叶互生，披针形或宽披针形，先端渐尖，基部楔形，下面沿叶脉具短伏毛，边缘具缘毛；托叶鞘筒状，疏生柔毛，顶端截形，具长缘毛。穗状花序顶生或腋生，下部间断，直立；苞片漏斗状，边缘具长缘毛，每苞内花5～6；花被5深裂，淡红色或紫红色。瘦果宽卵形，具3棱，黑色，有光泽，包藏于宿存花被内，内含种子1。花期6～8月；果期7～9月。种子千粒重1.1072～1.2384 g。

分布　印度、印度尼西亚、日本、马来西亚、缅甸、尼泊尔、菲律宾、俄罗斯远东地区，朝鲜半岛。安徽、福建、甘肃、广东、广西、贵州、河北、黑龙江、河南、湖北、湖南、江苏、江西、吉林、辽宁、内蒙古、陕西、山东、山西、四川、台湾、云南、浙江。

生境　生于路边。

用途　观赏：水边阴湿处生长旺盛，可做园林地被、湿地绿化及石景点缀材料。生态：成片栽植，用于裸地、荒坡的绿化覆盖。

种子储藏特性、休眠类型及萌发条件　正常型（GBOWS）；具有生理休眠（Washitani and Masuda，1990）；5℃层积28天后置于25/15℃或35/20℃，1%琼脂培养基，12 h光照/12 h黑暗条件下萌发（GBOWS）。

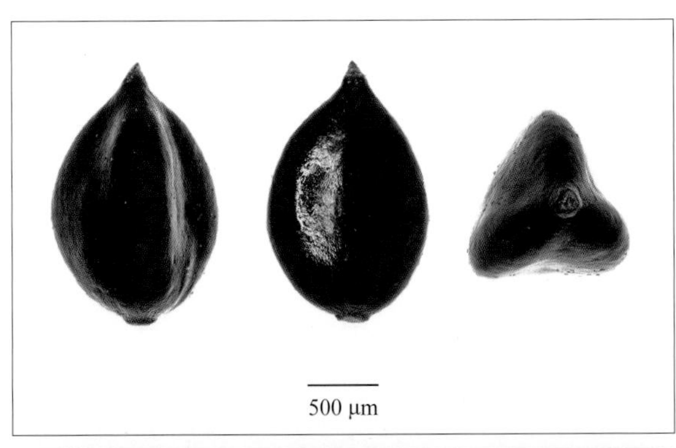

蓼科 Polygonaceae

刺蓼 *Polygonum senticosum* (Meisner) Franchet & Savatier

库编号/岛屿 868710337365/东矶岛

形态特征 多年生草本，高0.3～0.5 m。茎攀援，多分枝，四棱形，沿棱具倒生皮刺。叶互生，三角形或三角状戟形，先端渐尖，基部戟形或近心形，两面被短柔毛，下面沿叶脉具倒生皮刺；叶柄粗壮，具倒生皮刺；托叶鞘下部筒状，上部扩大成肾圆形叶状翅，不贯茎，被短柔毛。头状花序顶生或腋生，花序梗分枝，密被短腺毛；苞片长卵形，具短缘毛，每苞内花2～3；花被5深裂，浅紫红色；雄蕊8，2轮，比花被短。瘦果近球形，微具3棱，黑褐色，无光泽，包藏于宿存花被内，内含种子1。花期6～7月；果期7～9月。种子千粒重7.7556 g。

分布 日本、俄罗斯远东地区，朝鲜半岛。安徽、福建、广东、广西、贵州、河北、黑龙江、河南、湖北、湖南、江苏、江西、吉林、辽宁、山东、台湾、云南、浙江。

生境 生于山坡、山谷或林下灌丛中。

用途 全草入药，可解毒消肿、止痒，主治湿疹痒痛、痔疮及蛇咬伤等。

种子储藏特性、休眠类型及萌发条件 正常型（GBOWS）；具有生理休眠（GBOWS）；5℃层积56天后置于25/15℃，1%琼脂培养基，12 h光照/12 h黑暗条件下萌发（GBOWS）。

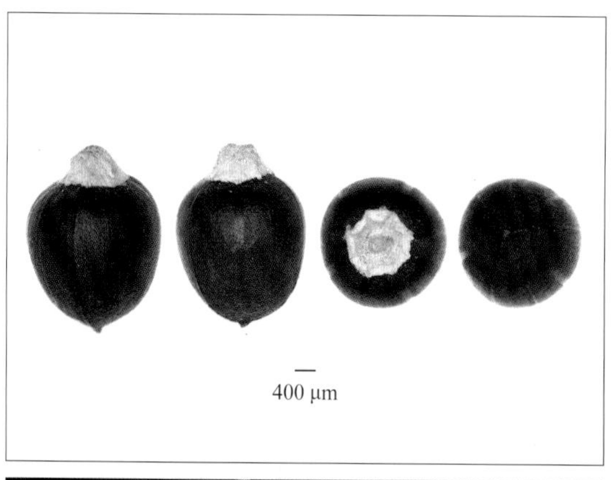

蓼科 Polygonaceae

羊蹄 *Rumex japonicus* Houttuyn

库编号/岛屿　868710336903/南圆山岛；868710336981/小蚂蚁岛；868710337047/小蚊虫岛；868710405612/大戢山岛

形态特征　多年生草本，高0.2～0.4 m。茎直立，上部分枝，具沟槽。基生叶长圆形或披针状长圆形，先端急尖，基部圆形或楔形，边缘微波状，下面沿叶脉具小突起；茎生叶由下至上逐渐变小，狭长圆形，具短柄或近无柄；托叶鞘膜质，易破裂。花序圆锥状，花两性，多花轮生；花梗中下部具关节；花被片6，淡绿色，外花被片椭圆形，内花被片果时增大，宽心形，基部心形，网脉明显，边缘具不整齐的小齿，全部具长卵形的小瘤。瘦果宽卵形，具3锐棱，两端尖，暗褐色，有光泽。花期5～6月；果期6～7月。种子千粒重1.7260～2.2484 g。

分布　日本、俄罗斯远东地区，朝鲜半岛。安徽、福建、广东、广西、贵州、海南、河北、黑龙江、河南、湖北、湖南、江苏、江西、吉林、辽宁、内蒙古、陕西、山东、山西、四川、台湾、浙江。

生境　生于岩石坡上。

用途　根入药，可清热凉血、解毒、止血、通便、杀虫。

种子储藏特性及萌发条件　正常型（GBOWS）；20℃或25/15℃，1%琼脂培养基，12 h光照/12 h黑暗条件下萌发（GBOWS）。

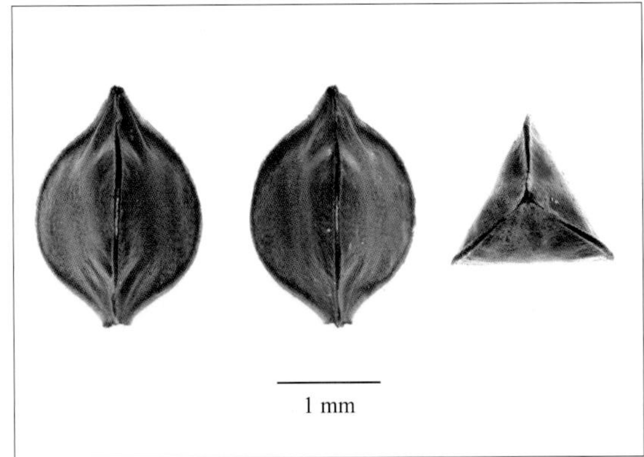

茅膏菜科 Droseraceae

茅膏菜 *Drosera peltata* Smith ex Willdenow

库编号/岛屿 868710405462/花岙岛

形态特征 多年生草本，高0.2 m。植株具紫红色汁液；小型食虫植物。鳞茎状球茎紫色。基生叶密集成近一轮或最上几片着生于节间伸长的茎上，退化、脱落或最下数片不退化、宿存；退化基生叶线状钻形；不退化基生叶圆形或扁圆形；茎生叶稀疏，盾状，互生，叶半月形或半圆形，叶缘密具单一或成对而一长一短的头状黏腺毛，背面无毛。螺状聚伞花序生于枝顶和茎顶，具花3～22；花萼5～7裂，裂片大小不一，歪斜；花瓣楔形，白色、淡红色或红色。蒴果圆球形，3～5裂，稀6裂。种子椭球形，黑褐色；种皮脉纹加厚成蜂房格状。花果期4～9月。种子千粒重0.0084 g。

分布 澳大利亚，东亚和东南亚。安徽、甘肃、广东、广西、贵州、湖北、湖南、江西、四川、台湾、西藏、云南、浙江。

生境 生于路边林下。

用途 有毒植物；还是一种中草药，全草可入药，有祛风止痛、活血、解毒的功效。

种子储藏特性及萌发条件 正常型（GBOWS）；20℃，1%琼脂培养基，12 h光照/12 h黑暗条件下萌发（GBOWS）。

石竹科 Caryophyllaceae

石竹 *Dianthus chinensis* Linnaeus

库编号/岛屿　868710336954/小峧山岛；868710337140/北鼎星岛；868710348831/南麂岛；868710349257/西中峙岛；868710405552/蚊虫山岛；868710405723/衢山岛

形态特征　多年生草本，高0.15～0.5 m。全株无毛，粉绿色。茎直立，上部分枝。单叶对生，叶线状披针形。花单生枝端或数花集成聚伞花序；苞片4，卵形；花萼圆筒形，有纵纹，萼齿披针形；花瓣倒卵状三角形，紫色或粉红色，顶缘不整齐齿裂，喉部有斑纹，疏生髯毛；雄蕊露出喉部外，花药蓝色；子房长圆形，花柱线形。蒴果圆筒形，包于宿存萼内，顶端4裂。种子黑色，扁圆形。花期5～6月；果期7～9月。种子千粒重0.8220～0.8348 g。

分布　哈萨克斯坦、蒙古、俄罗斯，欧洲、朝鲜半岛。原产甘肃、河北、黑龙江、河南、吉林、辽宁、内蒙古、宁夏、青海、陕西、山东、山西、新疆、浙江。

生境　生于岩缝、林缘或草丛中。

用途　药用：根和全草入药，清热利尿，破血通经，散瘀消肿。观赏：有很多园艺品种，耐瓶插，常做切花。

种子储藏特性、休眠类型及萌发条件　正常型（GBOWS）；20℃或25/15℃，1%琼脂培养基，12 h光照/12 h黑暗条件下萌发（GBOWS）。

石竹科 Caryophyllaceae

瞿麦 *Dianthus superbus* Linnaeus subsp. *superbus*

库编号/岛屿 868710337377/东矶岛；868710337560/北一江山岛

形态特征 多年生草本，高0.4～0.6 m。茎丛生，直立，绿色，无毛，上部分枝。单叶对生，叶线状披针形，基部合生成鞘状，绿色，有时带粉绿色。花1或2生枝端，有时顶下腋生；苞片2～3对，倒卵形，约为花萼1/4，顶端长尖；花萼圆筒形，常染紫红色晕，萼齿披针形；花瓣包于萼筒内，瓣片宽倒卵形，边缘缝裂至中部或中部以上，通常淡红色或带紫色，喉部具丝毛状鳞片；雄蕊和花柱微外露。蒴果圆筒形，与宿存萼等长或微长，顶端4裂。种子扁卵圆形，黑色，有光泽。花期6～9月；果期8～10月。种子千粒重0.9670～1.0264 g。

分布 日本、哈萨克斯坦、蒙古、俄罗斯，欧洲，朝鲜半岛。安徽、甘肃、广西、贵州、河北、黑龙江、河南、湖北、湖南、江苏、江西、吉林、内蒙古、宁夏、青海、陕西、山东、山西、四川、新疆、浙江。

生境 生于草丛中。

用途 药用：全草入药，有清热、利尿、破血通经之功效。观赏：可布置花坛、花境或岩石园，也可盆栽或做切花。生物农药：可做农药，能杀虫。

种子储藏特性、休眠类型及萌发条件 正常型（GBOWS）；具有生理休眠（Liu et al., 2011）；20℃，1%琼脂培养基，12 h光照/12 h黑暗条件下萌发（GBOWS）。

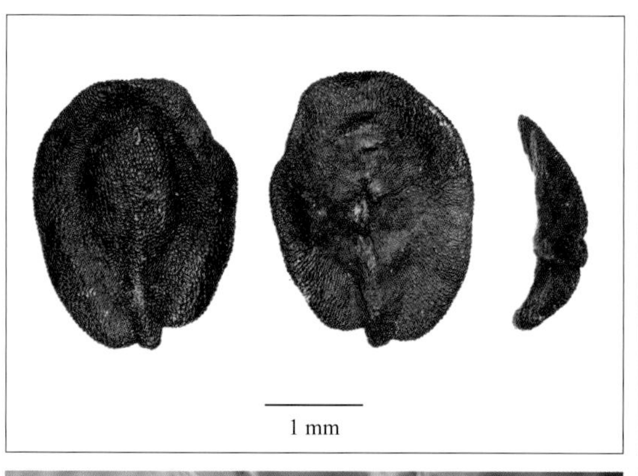

石竹科 Caryophyllaceae

漆姑草 *Sagina japonica* (Swartz) Ohwi

库编号/岛屿　868710336924/南圆山岛；868710405477/花岙岛；868710405573/东霍山岛

形态特征　一年生草本，高0.02～0.1 m。茎丛生，稍铺散，茎上部被稀疏腺柔毛。单叶对生，叶线形，无毛。花小型，单生枝端；萼片5，卵状椭圆形，外面疏生短腺柔毛，边缘膜质；花瓣5，狭卵形，稍短于萼片，白色，顶端圆钝，全缘；雄蕊5，短于花瓣，花药白色；子房卵圆形，花柱5，线形。蒴果卵圆形，微长于宿存萼，5瓣裂。种子细小，圆肾形，微扁，表面具星形扁疣状突起，褐色。花期3～5月；果期5～6月。种子千粒重0.0176～0.0328 g。

分布　不丹、印度、日本、尼泊尔、俄罗斯，朝鲜半岛。安徽、福建、甘肃、广东、广西、贵州、河北、黑龙江、河南、湖北、湖南、江苏、江西、辽宁、内蒙古、青海、陕西、山东、山西、四川、台湾、西藏、云南、浙江。

生境　生于砾石滩或岩石滩潮湿处。

用途　药用：全草可入药，有退热解毒之效，鲜叶揉汁涂漆疮有效。饲用：整株幼嫩时可做猪饲料。

种子储藏特性及萌发条件　正常型（GBOWS）；20℃或25/15℃，1%琼脂培养基，12 h光照/12 h黑暗条件下萌发（GBOWS）。

石竹科 Caryophyllaceae

女娄菜 *Silene aprica* Turczaninow ex Fischer & C. A. Meyer

库编号/岛屿 868710336960/小峙中山岛；868710405444/花岙岛；868710405633/小鼠浪山岛；868710405741/衢山岛

形态特征 一年或二年生草本，高0.1～0.5 m。全株密被灰色短柔毛。单叶对生；基生叶倒披针形或狭匙形，基部渐狭成长柄状；茎生叶倒披针形、披针形或线状披针形，比基生叶稍小。圆锥花序较大型；苞片披针形，草质；花萼卵状钟形，近草质，密被短柔毛，纵脉绿色，脉端多少连接；花瓣白色或淡红色，倒披针形，爪具缘毛，瓣片倒卵形，2裂；副花冠舌状；雄蕊和花柱不外露。蒴果卵形，与宿存萼近等长或微长，熟时顶端开裂。种子圆肾形，微侧扁，表面具瘤状突起，灰褐色。花期5～7月；果期6～8月。种子千粒重0.0996～0.2724 g。

分布 日本、蒙古、俄罗斯，朝鲜半岛。产我国大部分省区。

生境 生于石质山坡草丛中。

用途 全草入药，治乳汁少、体虚浮肿等。

种子储藏特性及萌发条件 正常型（GBOWS）；20℃或25/15℃，1%琼脂培养基，12 h光照/12 h黑暗条件下萌发（GBOWS）。

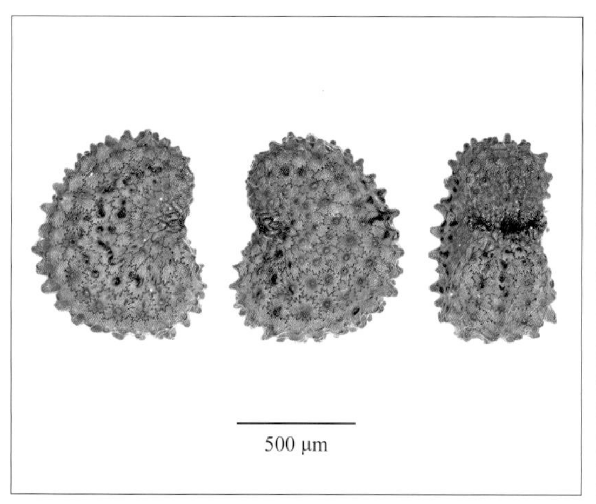

石竹科 Caryophyllaceae

鹤草 *Silene fortunei* Visiani

库编号/岛屿 868710336987/小蚂蚁岛；868710337569/北一江山岛；868710337602/大明甫岛；868710337683/冬瓜屿；868710348345/佛渡岛

形态特征 多年生草本，高0.1～0.6 m。根粗壮，木质化。茎丛生，直立，多分枝，分泌黏液。单叶对生，基生叶倒披针形或披针形，基部渐狭，下延成柄状，边缘具缘毛。小聚伞花序对生，具花1～3，有黏质；苞片线形；花萼长筒状，无毛，果期上部微膨大呈筒状棒形，萼齿三角状卵形；花瓣近白色，爪微露出花萼，倒披针形，无毛，瓣片平展，楔状倒卵形，2裂达瓣片的1/2或更深，裂片呈撕裂状条裂；副花冠小，舌状；雄蕊微外露，花丝无毛；花柱微外露。蒴果长圆形，比宿存萼短或近等长，成熟时顶端开裂。种子圆肾形或近圆形，微侧扁，侧棱隆起，深褐色。花期6～8月；果期7～9月。种子千粒重0.2900～0.4492 g。

分布 安徽、福建、甘肃、河北、江西、陕西、山东、山西、四川、台湾、浙江。

生境 生于石质山坡、崖壁或草丛中。

用途 药用：全草入药，治痢疾、肠炎、蝮蛇咬伤、挫伤、扭伤等。观赏：花色娇艳，花形奇特，可用于园林绿化。生态：抗旱、抗寒也耐热，对肥料需求低。

种子储藏特性及萌发条件 正常型（GBOWS）；15℃或20℃，1%琼脂培养基，12 h光照/12 h黑暗条件下萌发（GBOWS）。

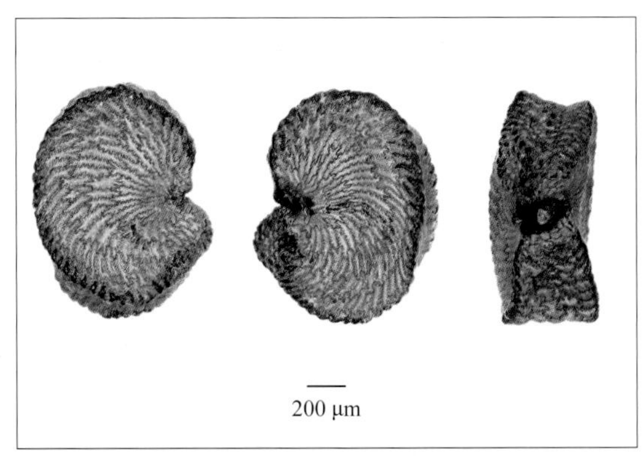

苋科 Amaranthaceae

土牛膝 *Achyranthes aspera* Linnaeus var. *aspera*

库编号/岛屿 868710337197/南韭山岛；868710337599/大明甫岛

形态特征 多年生草本，高0.2～1 m。茎直立或披散，四棱形，有分枝，被柔毛。叶对生，卵形、倒卵形或椭圆状长圆形，先端圆钝或急尖，具突尖，基部楔形，两面密生贴伏状柔毛。穗状花序顶生，直立，花后反折；小苞片刺状，基部两侧各有薄膜质翅1；退化雄蕊顶端具分枝流苏状长缘毛。胞果卵状圆柱形。种子卵状圆柱形，棕色。花期6～8月；果期10月。种子千粒重1.4684～1.8532 g。

分布 不丹、柬埔寨、印度、印度尼西亚、老挝、缅甸、尼泊尔、菲律宾、泰国、越南。福建、广东、广西、贵州、海南、湖北、湖南、江西、四川、台湾、云南、浙江。

生境 生于岩石灌丛中或林缘路边。

用途 药用：根入药，有清热解毒、利尿等功效，主治感冒发热、扁桃体炎、白喉、流行性腮腺炎、泌尿系结石及肾炎水肿等症。其他：植株含有能使家蚕提早吐丝结茧的蜕皮激素。

种子储藏特性、休眠类型及萌发条件 正常型（GBOWS）；具有生理休眠（Baskin C C and Baskin J M，2014）；20℃或25/15℃，1%琼脂培养基，12 h光照/12 h黑暗条件下萌发（GBOWS）。

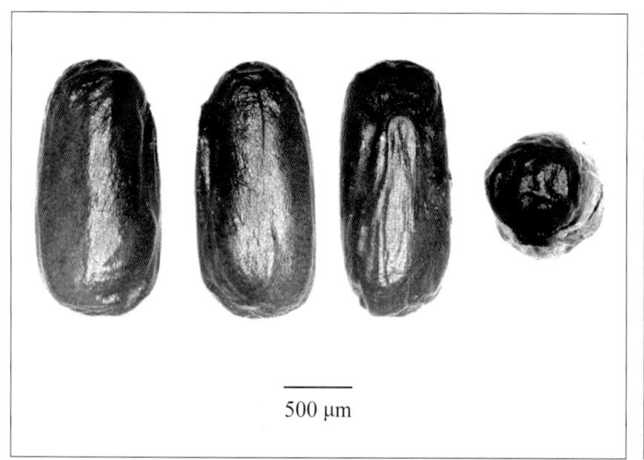

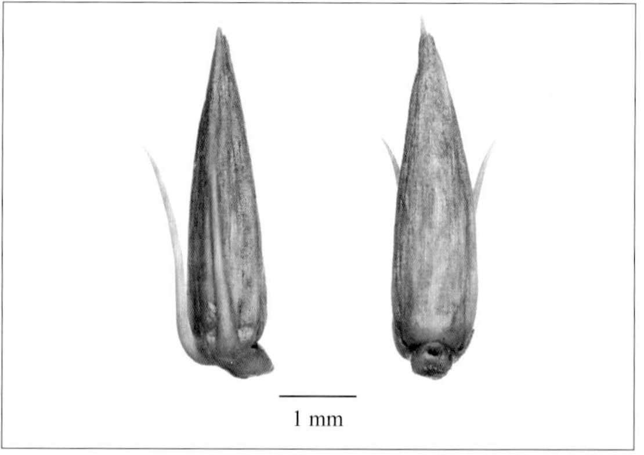

苋科 Amaranthaceae

牛膝 *Achyranthes bidentata* Blume

库编号/岛屿 868710348033/佛渡岛

形态特征 多年生草本，高0.5～0.8 m。根圆柱形，土黄色。茎四棱形，具沟纹，多少被平贴、白色柔毛。叶对生，椭圆形或阔披针形，先端渐尖，基部楔形或钝，两面有贴生或开展柔毛。花两性，穗状花序顶生或腋生，花序轴密生柔毛；花多数，密生；苞片花后开展或反折；小苞片刺状，基部两侧各有1卵形膜质小裂片；花被片披针形，背有1中脉；退化雄蕊顶端平圆，稍有缺刻状细锯齿。胞果矩圆形，黄褐色，光滑。种子矩圆形，黄褐色。花期7～9月；果期9～10月。种子千粒重1.8532 g。

分布 不丹、印度、印度尼西亚、老挝、马来西亚、缅甸、尼泊尔、巴布亚新几内亚、菲律宾、俄罗斯、泰国、越南，朝鲜半岛。福建、河北、广西、贵州、湖北、江苏、陕西、山西、四川、台湾、西藏、浙江。

生境 生于常绿落叶混交林下。

用途 根入药，生用，可活血通经，治产后腹痛、月经不调、闭经、鼻衄、虚火牙痛、脚气水肿；熟用，可补肝肾、强腰膝，治腰膝酸痛、肝肾亏虚、跌打瘀痛；兽医用作治牛软脚症，跌伤断骨等。根茎叶均含蜕皮激素。

种子储藏特性及萌发条件 正常型（GBOWS）；20℃或25/15℃，1%琼脂培养基，12 h光照/12 h黑暗条件下萌发（GBOWS）。

苋科 Amaranthaceae

尖头叶藜 *Chenopodium acuminatum* Willdenow subsp. *acuminatum*

库编号/岛屿 868710337578/大明甫岛

形态特征 一年生草本，高0.2～0.3 m。茎直立，多分枝，具条棱及绿色条纹，有时带紫红色。叶互生，宽卵形至卵形，茎上部叶卵状披针形，先端急尖或短渐尖，基部宽楔形、圆形或近截形，全缘并具半透明的环边，上面无粉，浅绿色，下面有粉，灰白色。花两性，簇生于枝上，排列成穗状或穗状圆锥状花序，花序轴具圆柱状毛束；花被边缘膜质，有红色或黄色粉粒，果时背面增厚并合成五角星形。胞果圆形或卵形，包藏于宿存花被内。种子横生，黑色，有光泽，表面略具点纹。花期6～7月；果期8～10月。种子千粒重0.1996 g。

分布 日本、蒙古、俄罗斯（西伯利亚南部），朝鲜半岛。甘肃、河北、黑龙江、河南、吉林、辽宁、内蒙古、宁夏、青海、陕西、山东、山西、新疆、浙江。

生境 生于石质山坡上。

用途 药用：藏药称喔萘，全草治疮伤、风寒头痛、四肢胀痛。生态：常生于河岸、荒地及田边，具有较好的生态价值。

种子储藏特性及萌发条件 正常型（GBOWS）；20℃或25/15℃，1%琼脂培养基，12 h光照/12 h黑暗条件下萌发（GBOWS）。

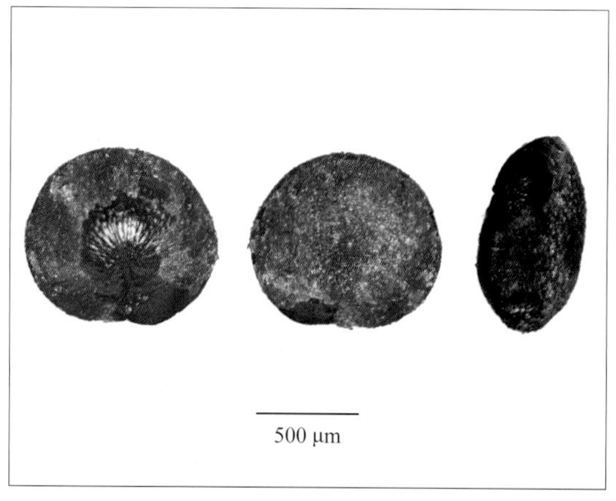

苋科 Amaranthaceae

狭叶尖头叶藜 *Chenopodium acuminatum* Willdenow subsp. *virgatum* (Thunberg) Kitamura

库编号/岛屿 868710337692/冬瓜屿

形态特征 一年生草本，高1 m。本亚种与原亚种的区别在于叶较狭小，狭卵形、矩圆形乃至披针形，长0.8～3 cm，宽0.5～1.5 cm，长明显大于宽。植株下部叶更易于区分。花期6～7月；果期8～10月。种子千粒重0.3076 g。

分布 日本、越南。福建、广东、广西、河北、江苏、辽宁、台湾、浙江。

生境 生于路边。

用途 常生于海滨沙滩、河滩沙碱地，具有较好的生态价值。

种子储藏特性及萌发条件 正常型（GBOWS）；25/15℃，1%琼脂培养基，12 h光照/12 h黑暗条件下萌发（GBOWS）。

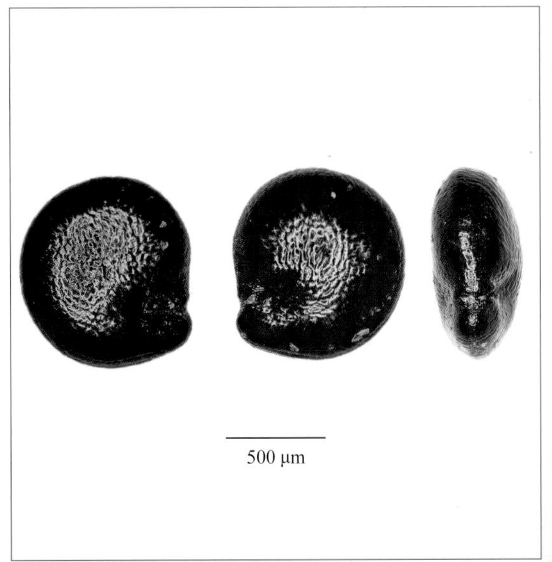

苋科 Amaranthaceae

土荆芥 *Dysphania ambrosioides* (Linnaeus) Mosyakin & Clemants

库编号/岛屿 868710337464/东矶岛

形态特征 多年生草本，高0.5～0.8 m，有强烈香味。茎直立，多分枝，有条棱，有短柔毛。叶互生，长圆状披针形至披针形，先端急尖或渐尖，基部渐狭具短柄，边缘具稀疏不整齐的大锯齿，下面有散生油点并沿叶脉疏生柔毛，茎生叶由下至上逐渐变狭小并近全缘。花两性及雌性，通常3～5簇生于苞腋，再组成穗状花序。胞果扁球形，包藏于宿存花被内。种子横生或斜生，黑色或暗红色，平滑，有光泽，边缘钝。花果期6～10月。种子千粒重0.0792 g。

分布 原产热带美洲，广布世界热带及温带地区。福建、广东、广西、湖南、江苏、江西、四川、台湾、云南、浙江等逸为野生，北方各地常栽培供药用。

生境 生于山坡灌草丛中。

用途 全草入药，有祛风、除湿、驱虫之效，主治肠道寄生虫病；外用治皮肤湿疹、脚癣，并能杀蛆虫和驱除蚊、蝇。果实含挥发油（土荆芥油），油中含驱蛔素为驱虫有效成分。

种子储藏特性及萌发条件 正常型（GBOWS）；20℃或25/15℃，1%琼脂培养基，12 h光照/12 h黑暗条件下萌发（GBOWS）。

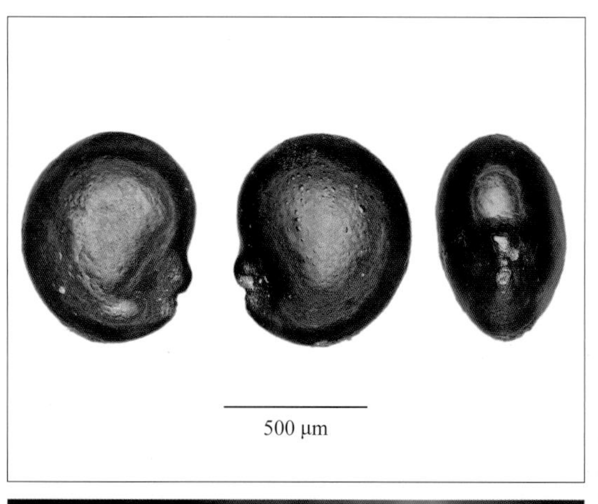

商陆科 Phytolaccaceae

垂序商陆 *Phytolacca americana* Linnaeus

库编号/岛屿 868710337311/南韭山岛

形态特征 多年生草本，高0.5～1 m。根粗壮，肥大，倒圆锥形。茎直立。叶椭圆状卵形或卵状披针形。总状花序顶生或侧生；花白色，微带红晕；花被片5，雄蕊、心皮及花柱通常均为10，心皮合生。果序下垂；浆果扁球形，幼时绿色，熟时紫黑色。种子肾圆形或近圆形，双透镜状，表面光滑，黑色，有光泽；种脐椭圆形或心形，淡黄色。花期6～8月；果期8～10月。种子千粒重6.4572 g。

分布 原产北美，在亚洲和欧洲广泛归化。安徽、福建、广东、贵州、河北、河南、湖北、湖南、江苏、江西、陕西、山东、四川、台湾、云南、浙江有栽培或逸生。

生境 生于路边。

用途 药用：治水肿、白带、风湿，并有催吐作用；种子利尿；叶有解热作用，并治脚气；外用可治无名肿毒及皮肤寄生虫病。生物农药：叶具有较好的灭螺作用，全草可做农药。

种子储藏特性、休眠类型及萌发条件 正常型（GBOWS）；具有生理休眠（Baskin C C and Baskin J M，2014）；切破种皮，20℃或25/15℃，1%琼脂培养基，12 h光照/12 h黑暗条件下萌发（GBOWS）。

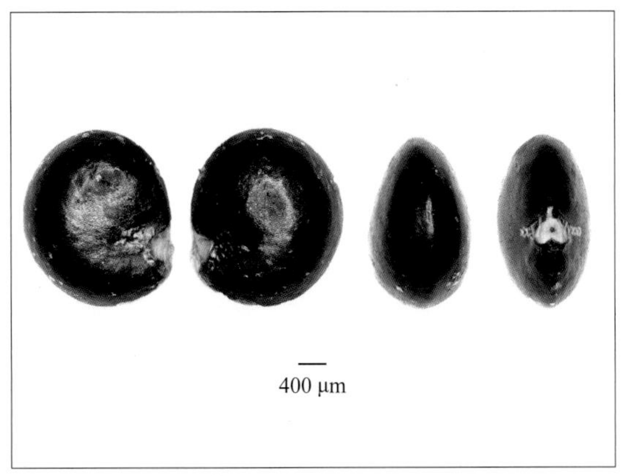

粟米草科 Molluginaceae

粟米草 *Mollugo stricta* Linnaeus

库编号/岛屿 868710405735/衢山岛

形态特征 一年生草本，高0.02～0.05 m。茎纤细，多分枝，有棱角，无毛，老茎通常淡红褐色。叶3～5假轮生或对生，披针形或线状披针形，全缘，中脉明显；叶柄短或近无柄。花极小，组成疏松聚伞花序，花序梗细长，顶生或与叶对生；花被片5，淡绿色或白色，椭圆形或近圆形；雄蕊通常3。蒴果近球形，与宿存花被等长，3瓣裂，内含种子多数。种子肾形，两面圆拱，表面密布颗粒状突起，红褐色，有光泽；具柱状凸起的黄褐色种脐。花期6～8月；果期7～10月。种子千粒重0.0664～0.0788 g。

分布 广布亚洲热带和亚热带地区。安徽、福建、广东、广西、贵州、海南、河南、湖北、湖南、江苏、江西、陕西、山东、四川、台湾、西藏、云南、浙江。

生境 生于路边草丛中。

用途 全草入药，有清热解毒功效，治腹痛泄泻、皮肤热疹、火眼及蛇伤；含有多种皂苷，具有显著的心血管药理活性，在抗心律失常和抗心肌缺血等方面需要深入的研究。

种子储藏特性、休眠类型及萌发条件 正常型（GBOWS）；具有生理休眠（GBOWS）；35/20℃，含200 mg/L赤霉素的1%琼脂培养基，12 h光照/12 h黑暗条件下萌发（GBOWS）。

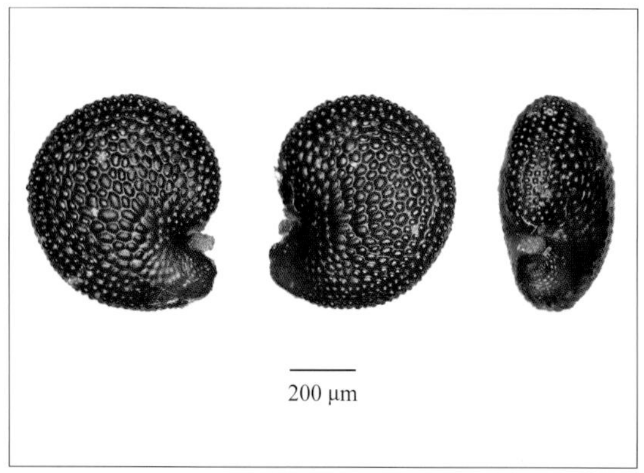

土人参科 Talinaceae

土人参 *Talinum paniculatum* (Jacquin) Gaertner

库编号/岛屿 868710348111/佛渡岛

形态特征 一年生草本，高0.3～0.5 m。全株无毛。主根粗壮，圆锥形，断面乳白色。茎直立，肉质，基部近木质，多少分枝，圆柱形。叶互生或近对生，叶稍肉质，倒卵形或倒卵状长椭圆形，顶端具短尖头，全缘；具短柄或近无柄。圆锥花序顶生或腋生，较大形，常二叉状分枝，具长花序梗；花小，总苞片绿色或近红色，圆形；苞片2，膜质；萼片卵形，紫红色，早落；花瓣粉红色或淡紫红色，长椭圆形、倒卵形或椭圆形。蒴果近球形，3瓣裂，坚纸质，内含种子多数。种子逗号形，双凸镜状，表面具同心圆环排列的乳头状突起，黑色，有光泽。花期6～8月；果期9～11月。种子千粒重0.1764 g。

分布 原产美洲热带；栽培和归化于东南亚。我国中部和南部有分布。

生境 生于路边。

用途 根补中益气，润肺生津，可治咳嗽、劳倦乏力、腹泻、神经衰弱、盗汗、自汗、遗精、多尿、白带、月经不调、乳汁稀少、少儿虚热等。

种子储藏特性及萌发条件 正常型（GBOWS）；20℃或25℃，1%琼脂培养基，12 h光照/12 h黑暗条件下萌发（GBOWS）。

马齿苋科 Portulacaceae

马齿苋 *Portulaca oleracea* Linnaeus

库编号/岛屿 868710337122/北鼎星岛；868710348105/佛渡岛

形态特征 一年生草本，高0.05～0.2 m。全株无毛。茎伏地铺散，多分枝。叶互生，扁平，肥厚，倒卵形，似马齿状，顶端圆钝或平截，有时微凹，基部楔形，全缘，上面暗绿色，下面淡绿色或带暗红色，中脉微隆起；叶柄粗短。花无梗，常3～5花簇生枝端，午时盛开；苞片叶状，膜质，近轮生；萼片2，对生，绿色，盔形；花瓣5，黄色，倒卵形，顶端微凹，基部合生；雄蕊通常8，或更多，花药黄色；子房无毛，花柱比雄蕊稍长，柱头4～6裂，线形。蒴果卵球形，盖裂。种子细小，多数，偏斜球形，黑褐色，有光泽，具小疣状突起。花期5～8月；果期6～11月。种子千粒重0.0524～0.0664 g。

分布 广布世界温带和热带地区。全国均产。

生境 生于沙地中。

用途 药用：全草入药，具有清热解毒、散血消肿、消炎镇痛的作用。果蔬饮料：全草可做蔬菜直接食用、加工成马齿苋系列产品，国内还开发了马齿苋饮料、混合蔬菜汁、脱水马齿苋、速冻马齿苋、马齿苋干粉等，曾被列入2008年北京奥运会菜谱。饲料：植株含有畜禽所需要的多种营养成分。

种子储藏特性、休眠类型及萌发条件 正常型（GBOWS）；无休眠（Baskin C C and Baskin J M，2014）；20℃或25℃，1%琼脂培养基，12 h光照/12 h黑暗条件下萌发（GBOWS）。

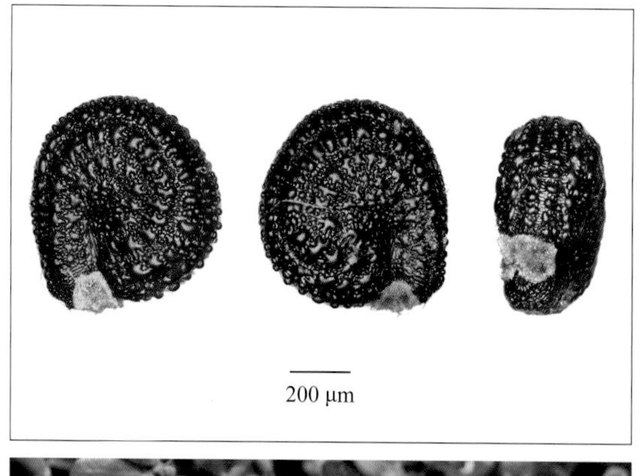

五列木科 Pentaphylacaceae

*滨柃 *Eurya emarginata* (Thunberg) Makino

库编号/岛屿　868710336846/秀山大牛轭岛；868710337017/东闪岛；868710337053/小蚊虫；868710337605/大明甫岛；868710337638/北策岛；868710337704/冬瓜屿；868710337749/北先岛；868710348795/柴峙岛；868710348849/南鹿岛；868710348918/北关岛；868710348996/顶草峙岛；868710349014/洞头岛；868710349167/上浪铛岛；868710349269/西中峙岛

形态特征　灌木，高2～5 m。叶厚革质，顶端圆而有微凹，边缘有细微锯齿，齿端具黑色小点，稍反卷，两面均无毛，侧脉约5对。花1～2生于叶腋；雄花小苞片2，近圆形；萼片5，顶端圆而有小尖头；花瓣5，白色，长圆形或长圆状倒卵形；雌花的小苞片和萼片与雄花同，子房圆球形，3室，无毛，花柱顶端3裂。浆果圆球形，幼时绿色，熟时紫黑色。种子近圆形或不规则多面体，表面密布细网纹，有金属光泽，黄褐色或褐色；种脐椭圆形，黄褐色。花果期7～11月。种子千粒重0.8216～1.6156 g。

分布　日本，朝鲜半岛。福建、台湾、浙江。

生境　生于山坡灌丛、岩缝或林中。

用途　观赏：株型紧凑，树姿优美，抗风性强，耐干旱瘠薄和盐碱，是一种优良的乡土观赏地被植物，适合滨海盐碱地大面积绿化。蜜源：花密集，冬季开花，可做冬季蜜源植物。

种子储藏特性、休眠类型及萌发条件　正常型（GBOWS）；具有生理休眠（GBOWS）；25/15℃，含200 mg/L赤霉素的1%琼脂培养基，12 h光照/12 h黑暗条件下萌发（GBOWS）。

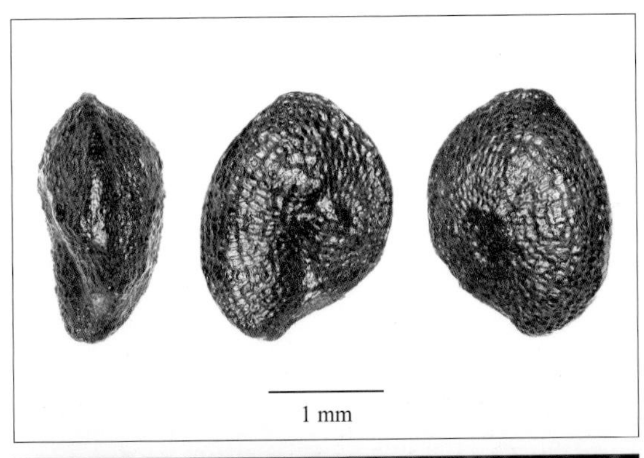

五列木科 Pentaphylacaceae

*柃木 *Eurya japonica* Thunberg

库编号/岛屿　868710336855/秀山大牛轭岛；868710337014/东闪岛；868710337098/大尖苍岛；868710337242/南韭山岛；868710337710/冬瓜屿；868710337746/北先岛；868710348291/桃花岛；868710348438/舟山岛；868710348861/南麂岛；868710349053/洞头岛

形态特征　灌木或小乔木，高0.4～4 m。全株无毛。嫩枝黄绿色或淡褐色，具2棱，小枝灰褐色或褐色。叶倒卵形、倒卵状椭圆形至长圆状椭圆形，顶端有微凹，边缘具疏的粗钝齿，侧脉5～7对，厚革质或革质。花常1～3腋生；雄花萼片5，顶端有小突尖，花瓣5，白色；雌花子房3室，花柱顶端3浅裂。浆果圆球形，无毛，幼时绿色，熟时紫黑色，具宿存花柱。种子卵形、椭圆形或不规则多面体，表面密布蜂窝状细网纹，有金属光泽，棕褐色。花期2～3月；果期9～11月。种子千粒重0.7460～1.0668 g。

分布　日本，朝鲜半岛。安徽、浙江。

生境　生于山坡灌草丛中或岩石缝中。

用途　经济：枝叶加工品是日本传统的供神祭祖吉祥物，并被称为“神木”，我国对日出口的市场容量大且稳定。观赏：可做园林绿化树种。蜜源：花量大，为良好的蜜源植物。药用：枝叶可供药用，有清热、消肿的功效。

种子储藏特性、休眠类型及萌发条件　正常型（GBOWS）；具有生理休眠（GBOWS）；25℃，含200 mg/L赤霉素的1%琼脂培养基，12 h光照/12 h黑暗条件下萌发（GBOWS）。

五列木科 Pentaphylacaceae

从化柃 *Eurya metcalfiana* Kobuski

库编号/岛屿 868710337029/东闪岛

形态特征 灌木，高1.3 m。嫩枝黄褐色，具明显2棱，无毛。叶革质，边缘具细锯齿，上面深绿色，有光泽，下面淡黄绿色，两面无毛。花1～2腋生；雄花小苞片2，近圆形，萼片5，卵形或圆形，花瓣5，白色，倒卵形；雌花的小苞片与雄花同，萼片5，近圆形，无毛，花瓣5，长卵形，子房长卵形，无毛，顶端3裂。浆果长卵形，幼时绿色，熟时紫黑色，无毛。种子卵形或不规则多面体，表面密布蜂窝状细网纹，有金属光泽，褐色。花期11～12月；果期翌年7～9月。种子千粒重0.8344 g。

分布 安徽、福建、广东、贵州、湖南、江苏、江西、浙江。

生境 生于岩石山坡上。

用途 观赏：冬季开花，小花密集，微香，可用于园林配置、花坛栽培或盆栽观赏。蜜源：所产蜂蜜的品质极佳，被称为“蜜中之冠”，其蜜具有清热、补中、解毒、润燥等功效。

种子储藏特性及萌发条件 正常型(GBOWS)；25℃，1%琼脂培养基，12 h光照/12 h黑暗条件下萌发（GBOWS）。

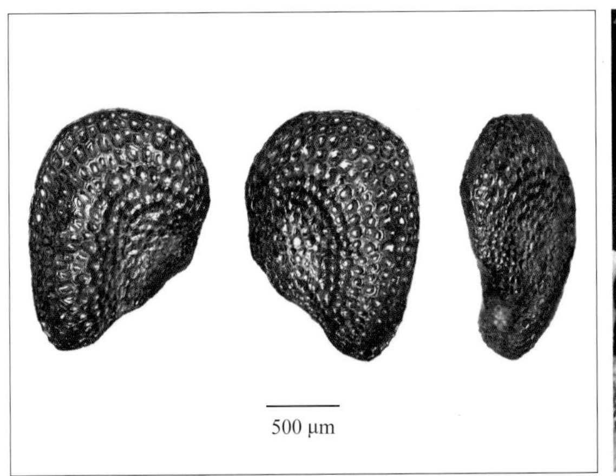

柿树科 Ebenaceae

山柿 *Diospyros japonica* Siebold & Zuccarini

库编号/岛屿 868710348387/佛渡岛；868710349035/洞头岛

形态特征 乔木，高5～9 m。树皮灰褐色；枝、叶及果实无毛。叶椭圆形、卵形或卵状披针形。花单性，雌雄异株；雌花单生或2～3聚生于叶腋，近无梗；总花梗有红色毛；花萼4裂，裂片三角形，有疏毛；花冠无毛，边缘微具短柔毛。浆果球形，肉质，幼时绿色，熟时红色，被白霜。种子窄倒卵形或椭圆形，表面凹凸不平，周缘具一条黑色的线棱，黄褐色。花期4～7月；果期9～11月。种子千粒重54.4504～166.8111 g。

分布 日本。安徽、福建、广东、广西、贵州、湖南、浙江。

生境 生于林中或山顶灌丛中。

用途 栲胶：果可提栲胶及提制柿漆。食用：果成熟时可食用，味道可口。木材：可用于制造家具。药用：果蒂（宿存花萼）具有药用价值。

种子储藏特性及萌发条件 正常型（GBOWS）；25/10℃或35/20℃，1%琼脂培养基，12 h光照/12 h黑暗条件下萌发（GBOWS）。

柿树科 Ebenaceae

柿 *Diospyros kaki* Thunberg

库编号/岛屿 868710349032/洞头岛

形态特征 乔木，高5～9 m。枝开展，散生纵裂的长圆形或狭长圆形皮孔。叶纸质，卵状椭圆形至倒卵形或近圆形，侧脉每边5～7。花雌雄异株；雄花序小，弯垂，有花3～5；花冠钟状，黄白色；雌花单生叶腋；花冠淡黄白色或黄白色而带紫红色，壶形或近钟形。浆果多样，球形、扁球形、长椭圆形、卵形等，幼时绿色，后变黄色或橙黄色，熟时橙红色或大红色，变软，有种子多数；宿存萼在花后增大增厚，光滑，厚革质或干时近木质。种子近长椭圆形，稍扁，表面粗糙，黄褐色。花期5～6月；果期9～11月。种子千粒重428.8333 g。

分布 世界广泛栽培，特别是日本，有些地区为野生种。安徽、福建、甘肃、广东、广西、贵州、海南、河南、湖北、湖南、江苏、江西、山东、山西、四川、台湾、云南、浙江。

生境 生于林中。

用途 食用：果实经脱涩后做水果，亦可加工制成柿饼，柿饼上的白霜可作为白糖的代用品。药用：果实入药，具润肺生津、祛痰镇咳的功效，能缓和痔疾肿痛、压胃热、解酒、疗口疮。木材：柿树木材致密质硬、表面光滑、耐磨损，是重要的木材资源。观赏：柿树叶大荫浓，秋冬霜叶染成红色，果实殷红不落，挂满累累红果，是优良庭院绿化、行道及风景树。

休眠类型 具有生理休眠（Baskin C C and Baskin J M，2014）。

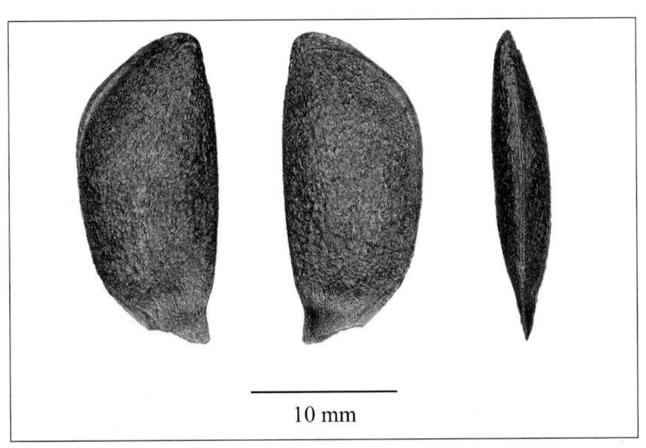

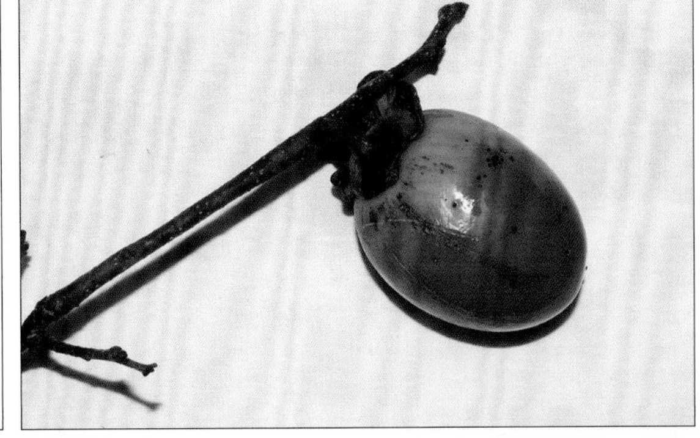

柿树科 Ebenaceae

油柿 *Diospyros oleifera* Cheng

库编号/岛屿 868710349029/洞头岛

形态特征 乔木，高7 m。树皮深灰色或灰褐色，薄片状剥落；枝灰色、灰褐色或深褐色，散生纵裂的长圆形小皮孔。叶纸质，长圆形、长圆状倒卵形、倒卵形，侧脉每边7～9。花雌雄异株或杂性；雄花的聚伞花序生当年生枝下部，腋生，单生，每花序有花3～5，或中央1朵为雌花，且能发育成果；雌花单生叶腋，较雄花大。浆果卵形、卵状长圆形、球形或扁球形，略呈4棱，幼时绿色，熟时暗黄色，种子3～8；宿存花萼在花后增大，厚革质，具毛，褐色，4深裂，向背后反曲。种子半圆形，扁平，表面粗糙，褐色。花期4～5月；果期8～11月。种子千粒重583.6244 g。

分布 安徽、福建、广东、广西、湖南、江西、浙江。

生境 生于林中。

用途 食用：果可供食用，水分较多，甜味浓郁，在树上成熟时变软，能自然脱涩；亦有在果未熟时摘下，经过去涩后食用的；柿果也可制果酒、果汁、果醋、果干、柿蜜等。药用：果蒂（宿存花萼）、树皮、根均可入药；柿叶可制柿叶茶，有解热、降血压之功效；柿霜可做清热剂，治口疮、肺热咳嗽。园艺：广西桂林一带，常用本种作为柿树的砧木。

柿树科 Ebenaceae

延平柿 *Diospyros tsangii* Merrill

库编号/岛屿 868710348276/桃花岛

形态特征 乔木，高4 m。小枝褐色或灰褐色，无毛，有近圆形或椭圆形的纵裂皮孔。叶纸质，长圆形或长椭圆形，侧脉每边3～4。聚伞花序短小，生当年生枝下部，有1花；雄花花冠白色，4裂，裂片卵形；雌花单生于叶腋，比雄花大，花萼4裂，萼管近钟形，裂片宽卵形，花冠白色。浆果扁球形，嫩时绿色，为萼管所包，密生伏柔毛，幼时绿色，熟时黄色，光亮，无毛，8室；宿存萼4裂，纸质至近革质，裂片卵形；果柄短。种子半圆形或椭圆形，稍扁；表面粗糙，种子周缘具褐色线棱；黄褐色。花期2～5月；果期8～9月。种子千粒重171.7092 g。

分布 福建、广东、江西、浙江。

生境 生于路边林缘。

用途 木材：可用于制造家具。药用：果实具有药用价值。

种子储藏特性及萌发条件 正常型（GBOWS）；15℃，1%琼脂培养基，12 h光照/12 h黑暗条件下萌发（GBOWS）。

报春花科 Primulaceae

多枝紫金牛 *Ardisia sieboldii* Miquel

库编号/岛屿 868710348804/柴峙岛；868710348846/南麂岛

形态特征 灌木或小乔木，高2.5～4 m。分枝多，小枝幼时疏生鳞片及细皱纹。叶倒卵形或椭圆状卵形，先端钝或近圆形，全缘，下面被褐色鳞片，侧脉连接成不明显的边脉。复伞形花序或复聚伞花序，腋生于近枝端，总梗和花梗均被锈色鳞片和微柔毛；花萼裂片两面具少数腺点；花冠白色，裂片宽卵形，具少数腺点；花药背面、子房均具腺点。浆果核果状，球形，幼时绿色，熟时紫黑色至黑色，略肉质，有或无腺点。种子球形或扁球形，表面皱缩，红褐色或黄褐色；种脐圆形，位于腹面中部。花期5～6月；果期11～12月。种子千粒重39.2832～46.3932 g。

分布 日本。福建、台湾、浙江。

生境 生于岩石山坡灌丛中。

用途 常绿乔木，树冠茂盛、叶色浓绿且生长速度快，是较好的景观和水土保持树种。

报春花科 Primulaceae

红根草 *Lysimachia fortunei* Maximowicz

库编号/岛屿 868710337527/北一江山岛；868710348114/舟山岛；868710348540/桃花岛

形态特征 多年生草本，高0.2～0.8 m。根状茎横走，紫红色。茎直立，圆柱形，有黑色腺点，基部紫红色，嫩梢和花序轴具褐色腺体。叶互生，长圆状披针形至狭椭圆形，先端渐尖或短渐尖，基部渐狭，两面均具黑色腺点，干后成粒状突起；近无柄。总状花序顶生；花萼分裂近达基部，裂片卵状椭圆形，先端钝，周边膜质，有腺状缘毛，背面有黑色腺点；花白色，基部合生，裂片先端圆钝，有黑色腺点。蒴果球形。种子椭圆形，两面圆拱，表面具网状纹饰，黑色。花期6～8月；果期8～11月。种子千粒重0.0604～0.1124 g。

分布 日本、越南，朝鲜半岛。福建、广东、广西、海南、湖南、江苏、江西、台湾、浙江。

生境 生于杨梅林林缘或路边草丛中。

用途 全草入药，清热解毒、活血调经、镇痛，主治感冒、咳嗽咯血、肠炎、痢疾、肝炎、风湿性关节炎、痛经、白带、乳腺炎、毒蛇咬伤、跌打损伤等。

种子储藏特性、休眠类型及萌发条件 正常型（GBOWS）；具有生理休眠（GBOWS）；20℃，含200 mg/L赤霉素的1%琼脂培养基，12 h光照/12 h黑暗条件下萌发（GBOWS）。

报春花科 Primulaceae

金爪儿 *Lysimachia grammica* Hance

库编号/岛屿 868710405546/北渔山岛；868710405693/岱山岛

形态特征 多年生草本，高0.1～0.2 m，全株密被淡黄色多节柔毛。茎自基部分枝成簇生状，膝曲直立。叶在茎下部对生，在上部互生，卵形至三角状卵形，先端锐尖或稍钝，基部截形，骤然收缩下延，两面均被多细胞柔毛，密布长短不等的黑色腺条；叶柄具狭翅。花单生于茎上部叶腋；花梗花后下弯；花萼裂片边缘具缘毛，背面疏被柔毛和紫黑色腺条；花黄色，基部合生，裂片卵形或菱状卵圆形。蒴果近球形，淡褐色。种子椭圆形，两面圆拱；表面具网状纹饰，边缘具棕色泡状竖翅；褐色。花期4～5月；果期5～9月。种子千粒重0.3504 g。

分布 安徽、河南、湖北、江苏、江西、陕西、浙江。

生境 生于林下或路边灌草丛中。

用途 观赏：植株低矮、枝叶茂盛、花色鲜艳，适做花境、观花地被、缀花草坪的材料。药用：全草入药，治跌打扭伤、刀伤及蛇咬伤等。

种子储藏特性、休眠类型及萌发条件 正常型（GBOWS）；具有生理休眠（GBOWS）；20℃，含200 mg/L赤霉素的1%琼脂培养基，12 h光照/12 h黑暗条件下萌发（GBOWS）。

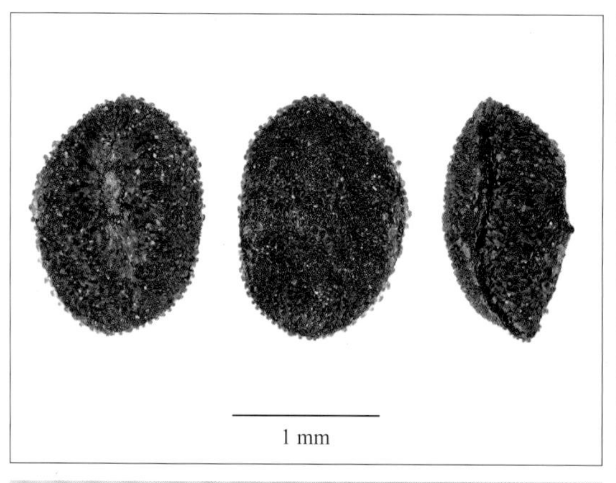

报春花科 Primulaceae

滨海珍珠菜 *Lysimachia mauritiana* Lamarck

库编号/岛屿 868710336864/秀山牛轭岛；868710336975/小蚂蚁岛；868710337041/小蚊虫岛；868710337614/大明甫岛；868710337701/冬瓜屿；868710348108/佛渡岛；868710348630/南麂岛；868710349227/积谷山岛；868710405492/花岙岛

形态特征 二年生草本，高0.1～0.5 m。茎常自基部分枝成簇生状，具明显沟纹，基部木质化。基生叶集成莲座状，匙形，花时枯萎；茎下部叶匙形或披针形，互生，具短柄；上部叶椭圆形，先端急尖或钝，基部渐狭窄近无柄，两面与苞片、花萼均有黑色腺点。总状花序顶生，初时密集，后渐伸长；花白色，5深裂，裂片长圆形，上部有暗紫色短腺条。蒴果梨形，熟时棕褐色。种子卵形，表面具网状纹饰，黑色。花期5～6月；果期6～8月。种子千粒重0.1600～0.2348 g。

分布 零星分布于日本、菲律宾，朝鲜半岛、印度洋岛屿及太平洋群岛。福建、广东、江苏、辽宁、山东、台湾、浙江。

生境 生于灌草丛、岩缝、石质山坡、石滩或礁石上。

用途 叶浓绿光亮，花色洁白，株形优美，可做盆栽。

种子储藏特性、休眠类型及萌发条件 正常型（GBOWS）；具有生理休眠（GBOWS）；20℃，含200 mg/L赤霉素的1%琼脂培养基，12 h光照/12 h黑暗条件下萌发（GBOWS）。

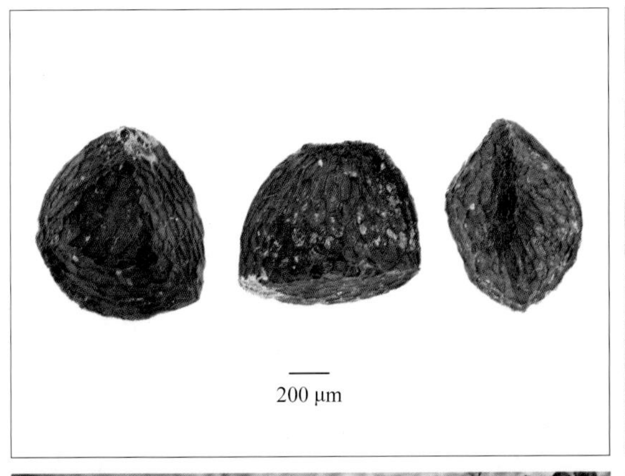

报春花科 Primulaceae

杜茎山 *Maesa japonica* (Thunberg) Moritzi & Zollinger

库编号/岛屿 868710348603/桃花岛

形态特征 灌木，有时攀援状，高0.5～1 m。叶革质，椭圆形、披针状椭圆形或长圆状倒卵形，先端渐尖、急尖或钝，基部楔形、钝或圆形，全缘或中部以上具疏锯齿，叶背中脉明显隆起，侧脉5～8对，尾端直达齿尖。总状花序单生或2～3个聚生叶腋，小苞片广卵形或肾形，紧贴花萼基部；花萼片卵形，具明显脉状腺条纹；花冠白色，长钟形，具脉状腺条纹；雄蕊内藏，着生于花冠管中部以上；花药卵形，背部具腺点。浆果球形，肉质，具脉状腺条纹，幼时绿色，成熟时白色，宿存萼包裹顶端。种子近卵形，表面具不明显网状纹饰，黄褐色。花期1～3月；果期10月至翌年5月。种子千粒重0.1288 g。

分布 日本、越南。安徽、福建、广东、广西、贵州、湖北、湖南、江西、四川、台湾、云南、浙江。

生境 生于林中。

用途 果蔬：果可食，微甜。药用：全株入药，有祛风寒、消肿的功效，用于治腰痛、头痛、心燥、烦渴、眼目晕眩等症；根与白糖煎服治皮肤风毒，亦治妇女崩带；茎、叶外敷，又可治跌打损伤、止血。

种子储藏特性及萌发条件 正常型（GBOWS）；20℃或25/15℃，1%琼脂培养基，12 h光照/12 h黑暗条件下萌发（GBOWS）。

山矾科 Symplocaceae

光亮山矾 *Symplocos lucida* (Thunberg) Siebold & Zuccarini

库编号/岛屿 868710348129/舟山岛；868710348519/桃花岛；868710405456/花岙岛

形态特征 灌木，高2.5～4 m。小枝淡黄绿色，略有棱，无毛。单叶互生，叶长圆形至狭椭圆形，革质，无毛，基部楔形，侧脉4～15对。穗状花序缩短呈团伞状；苞片阔倒卵形，背面有白色长柔毛或柔毛；花萼裂片长圆形，下面有白色长柔毛或微柔毛，萼筒短，5深裂几达基部；雄蕊30～40，花丝长短不一，伸出花冠外，花丝基部稍联合成明显的五体雄蕊；花盘有白色长柔毛或微柔毛，子房3室。核果卵圆形或长圆形，顶端具直立的宿萼裂片，基部有宿存的苞片，幼时绿色，熟时紫黑色；核骨质，分开成3核，卵圆形或长圆形，表面凹凸不平，深褐色。种子和胚通常“U”形。花果期3～12月。种子千粒重23.1061 g。

分布 不丹、柬埔寨、印度、印度尼西亚、日本、老挝、马来西亚、缅甸、泰国、越南。安徽、福建、甘肃、广东、广西、贵州、海南、湖北、湖南、江苏、江西、四川、台湾、西藏、云南、浙江。

生境 生于山坡林缘。

用途 树形优美，花香宜人，对土壤适应性强，抗病虫害和耐寒，可做城市园林绿化树种。

山矾科 Symplocaceae

白檀 *Symplocos paniculata* (Thunberg) Miquel

库编号/岛屿 868710337248/南韭山岛；868710337431/东矶岛；868710337485/北一江山岛；868710348807/柴峙岛；868710349131/北麂岛；868710348207/舟山岛

形态特征 灌木，高0.5～5 m。嫩枝有灰白色柔毛，老枝无毛。单叶互生，叶膜质或薄纸质，阔倒卵形、椭圆状倒卵形或卵形，先端急尖或渐尖，基部阔楔形或近圆形，边缘有细尖锯齿，侧脉4～8。顶生圆锥花序，通常有柔毛；花冠白色，5深裂几达基部；雄蕊40～60；子房2室；花盘具5凸起的腺点。核果卵状球形，稍偏斜，顶端宿萼裂片直立，幼时绿色，熟时蓝色至紫黑色；果核宽卵形，表面具黄白色纵线纹，棕色。种子千粒重：23.8400～39.4208 g。

分布 不丹、印度、日本、老挝、缅甸、越南。安徽、福建、广东、广西、贵州、海南、河北、黑龙江、河南、湖北、湖南、江苏、江西、吉林、辽宁、内蒙古、宁夏、陕西、山东、山西、四川、台湾、云南、西藏、浙江。

生境 生于山坡灌丛中。

用途 园林绿化：花洁白清香，果实蓝黑色，可做园林绿化植物。生态：抗逆性强，根系发达，适应地区广，可防止水土流失，改善生态环境。油脂：果实含油量高，其油脂组成以油酸和亚油酸为主，是良好的食用油；还可做润滑油等，是制备生物柴油的理想原料油。药用：全株具有消炎、理气等功效，用于治疗乳腺炎、淋巴腺炎等；根也能散风解毒。

休眠类型 具有生理休眠（Sathyakumar and Viswanath，2003）。

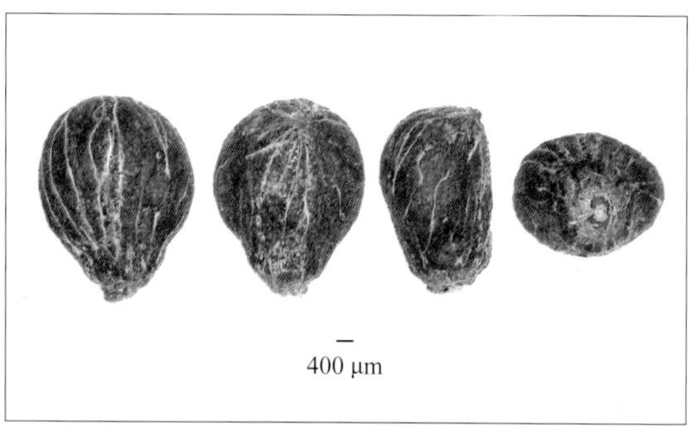

安息香科 Styracaceae

赛山梅 *Styrax confuses* Hemsley

库编号/岛屿 868710348441/舟山岛；868710348531/桃花岛

形态特征 落叶灌木或小乔木，高 2～7 m。树皮灰褐色。叶片厚纸质，边缘具细小的不明显小齿，两面叶脉常具星状绒毛；叶柄长3 mm。总状花序顶生，具3～8花，下部常1～3花聚生于叶腋；花白色，长1.5～2.2 cm；花萼杯状，顶端具5齿；花冠 5 深裂；雄蕊10；子房上位。果实球形，直径8～13 mm，密被灰黄色星状绒毛。种子倒卵球形，有3纵向浅凹槽，表面平滑或具皱纹，棕灰色。花期 4～5月；果期 9～10 月。种子千粒重90.6044～113.8424 g。

分布 安徽、福建、广东、广西、贵州、湖北、湖南、江苏、江西、四川、浙江。

生境 生于林中或林缘。

用途 油脂：种子油供制润滑油、肥皂和油墨等。观赏：可做乡土园林观赏树种。药用：叶、果实有祛风治湿的功效。

杜鹃花科 Ericaceae

杜鹃 *Rhododendron simsii* Planchon var. *simsii*

库编号/岛屿 868710337671/北策岛；868710348315/桃花岛；868710348558/桃花岛

形态特征 灌木，高0.4～2 m。分枝多而纤细，密被亮棕褐色扁平糙伏毛。叶革质，常集生枝端，卵形、椭圆状卵形或倒卵形，边缘微反卷，具细齿。花芽卵球形，鳞片外面中部以上被糙伏毛，边缘具睫毛；花2～6簇生枝顶；花萼5深裂，裂片三角状长卵形；花冠阔漏斗形，玫瑰色、鲜红色或暗红色；裂片5，倒卵形。蒴果卵球形，密被糙伏毛，成熟时自顶部向下室间开裂，内含种子多数；花萼宿存。种子卵形、三角形、椭圆形或纺锤形，直或稍弯曲，表面密布细纵纹，黄褐色或褐色。花期4～5月；果期6～10月。种子千粒重0.0864 g。

分布 日本、老挝、缅甸、泰国。安徽、福建、广东、广西、贵州、湖北、湖南、江苏、江西、四川、台湾、云南、浙江。

生境 生于路边岩缝或灌丛中。

用途 观赏：著名园林观赏植物，常用来做盆栽、绿篱及园林造景等。药用：全株可供药用，有行气活血、补虚的功效，用于治疗内伤咳嗽、肾虚耳聋、月经不调、风湿等疾病。

种子储藏特性、休眠类型及萌发条件 正常型（GBOWS）；具有生理休眠（GBOWS）；20℃或25/15℃，含200 mg/L赤霉素的1%琼脂培养基，12 h光照/12 h黑暗条件下萌发（GBOWS）。

杜鹃花科 Ericaceae

南烛 *Vaccinium bracteatum* Thunberg

库编号/岛屿　868710337020/东闪岛；868710337119/大尖苍岛；868710337674/北策岛；868710337719/冬瓜屿；868710337728/北先岛；868710348084/佛渡岛；868710348132/舟山岛；868710348204/舟山岛；868710348594/桃花岛；868710348897/南麂岛；868710348939/北关岛；868710348993/顶草峙岛；868710349041/洞头岛；868710349200/北小门岛；868710405393/上大陈岛；868710405429/小踏道岛；868710405465/花岙岛；868710405561/蚊虫山岛；868710405690/岱山岛；868710405705/衢山岛；868710405792/泗礁山岛

形态特征　灌木，高0.4～3.5 m。植株分枝多，老枝紫褐色，无毛。叶薄革质，椭圆形、披针状椭圆形至披针形，边缘有细锯齿，两面无毛，侧脉5～7对。总状花序顶生和腋生；花冠白色或肉红色，筒状，有时略呈坛状，口部裂片短小，三角形，外折。浆果扁球形或球形，幼时绿色，熟时红紫色至紫黑色，表面被灰白色短柔毛，顶端具点状凹陷的花柱基残痕，内含种子多数。种子卵状三角形或椭圆形，表面具细网纹，淡黄色至黄棕色。花期6～7月；果期7～11月。种子千粒重0.3712 g。

分布　柬埔寨、印度尼西亚、日本、老挝、马来西亚、泰国、越南，朝鲜半岛。安徽、福建、广东、广西、贵州、海南、湖南、江苏、江西、四川、台湾、云南、浙江。

生境　生于石质山坡、林中、林缘、灌丛中或路边。

用途　食用：成熟果味酸甜，可生食或用于酿酒；叶含色素，民间采叶浸汁泡米煮饭，饭成黑色，俗称“乌饭”。药用：根、叶可入药，有活血散淤、消肿止痛的功效，用于跌伤红肿、牙痛等症；果实中药名“南烛子”，具健脾益肾、强筋益气、固精之功效，常用于治疗消化不良。观赏：枝叶繁茂、四季常绿，可植于庭院公园，是园林绿化美化的好树种。

种子储藏特性、休眠类型及萌发条件　正常型（GBOWS）；具有生理休眠（GBOWS）；20℃或25/15℃，含200 mg/L赤霉素的1%琼脂培养基，12 h光照/12 h黑暗条件下萌发（GBOWS）。

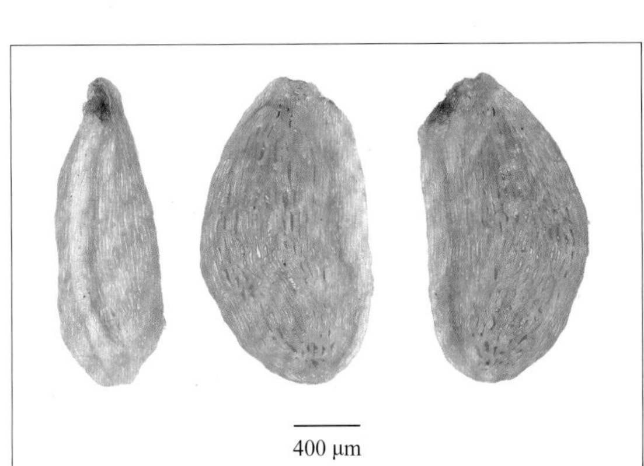

茜草科 Rubiaceae

水团花 *Adina pilulifera* (Lamarck) Franchet ex Drake

库编号/岛屿 868710348288/桃花岛；868710349071/洞头岛；868710349194/北小门岛

形态特征 常绿灌木，高0.8～2 m。叶对生，厚纸质，椭圆形、倒卵状长圆形至倒卵状披针形，顶端短尖至渐尖而钝头，基部钝或楔形，有时渐狭窄，上面无毛，下面无毛或有时被稀疏短柔毛，侧脉6～12对。头状花序腋生，稀顶生，花序轴单生，不分枝；花冠白色，窄漏斗状，花冠管被微柔毛，花冠裂片卵状长圆形；雄蕊5，花丝短，着生花冠喉部；子房2室，每室胚珠多数，花柱伸出，柱头小，球形或卵圆球形。小蒴果楔形。种子长圆形，黄褐色，两端有狭翅。花期6～9月；果期7～12月。种子千粒重0.0420～0.0476 g。

分布 日本、越南。福建、广东、广西、贵州、海南、湖南、江苏、江西、云南、浙江等。

生境 生于石质山坡灌草丛中。

用途 木材：木材纹理密致，可供雕刻用。生态：根系发达，枝叶茂密，是很好的固堤植物。药用：根、枝、叶可入药，有清热解毒、散瘀止痛之效。

种子储藏特性及萌发条件 正常型（GBOWS）；25℃或25/15℃，1%琼脂培养基，12 h光照/12 h黑暗条件下萌发（GBOWS）。

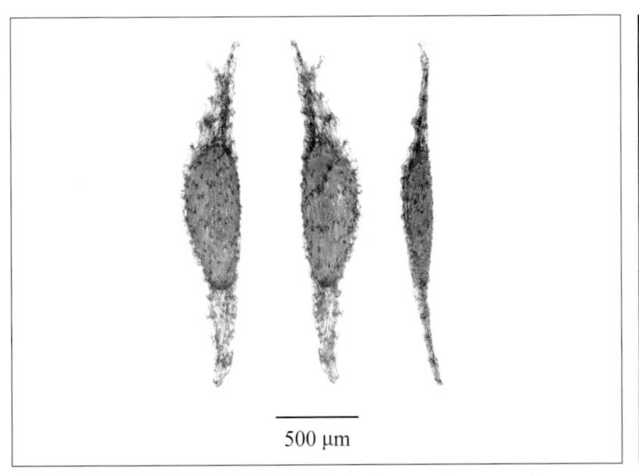

茜草科 Rubiaceae

栀子 *Gardenia jasminoides* J. Ellis var. *jasminoides*

库编号/岛屿 868710337023/东闪岛；868710337107/大尖苍岛；868710337383/东矶岛；868710337521/北一江山岛；868710337608/大明甫岛；868710337647/北策岛；868710337695/冬瓜屿；868710348564/桃花岛；868710348924/北关岛；868710349017/洞头岛；868710349212/北小门岛；868710349248/积谷山岛；868710405405/上大陈岛；868710405435/小踏道岛

形态特征 常绿灌木，高0.2～1.5 m。叶对生，革质，叶形多样，通常倒卵形或椭圆形，顶端渐尖，基部楔形或短尖，无毛；托叶膜质。花芳香，通常单生于枝顶；初开时白色，近凋谢时乳黄色；花冠高脚碟状，喉部有疏柔毛，冠管狭圆筒形，顶部5～8裂，裂片广展，倒卵形或倒卵状长圆形。浆果卵形、椭圆形或长圆形，幼时绿色，熟时黄色至橙红色，有翅状纵棱5～9，顶部具宿存萼片。种子多数，近圆形而稍有棱角，扁平，橘黄色。花期3～7月；果期5月至翌年2月。种子千粒重1.7504～4.6264 g。

分布 日本，朝鲜半岛、南亚、东南亚；世界广泛栽培。华东、华中、华南和西南，广泛种植于全国大部分省区。

生境 生于崖壁、石质山坡或灌草丛中。

用途 观赏：可做盆景植物，花大且美丽、芳香，广植于庭园供观赏。食用：未开或刚开花的花冠部分可焯水后素炒、凉拌、炖汤等。药用：干燥成熟果实是常用中药，能清热利尿、泻火除烦、凉血解毒、散瘀。色素染料：从成熟果实可提取栀子黄色素，在民间做染料，在化妆等工业中做天然着色剂，也是优良的天然食品色素。

种子储藏特性及萌发条件 正常型（GBOWS）；20℃，1%琼脂培养基，12 h光照/12 h黑暗条件下萌发（GBOWS）。

茜草科 Rubiaceae

金毛耳草 *Exallage chrysotricha* (Palib.) Neupane & N. Wikstr.

库编号/岛屿　868710337737/北先岛

形态特征　多年生草本，高0.3～0.4 m。叶对生，薄纸质，卵形或椭圆形，先端急尖，基部阔楔形，两面被毛；托叶短合生，边缘具疏齿。聚伞花序腋生，有花1～3，被金黄色疏柔毛，近无梗；花冠白色，漏斗形，被毛，上部深裂，裂片线状长圆形，顶端渐尖，与冠管等长或略短；雄蕊内藏，花丝极短或缺；花柱中部有髯毛，柱头棒形，2裂。蒴果近球形，被长柔毛，具数条纵棱及宿存萼裂片，熟时不开裂，内有种子数粒。种子极细小，近圆形，略扁，表面具蜂窝状细网纹，黑色。花果期几乎全年。

分布　日本、菲律宾。安徽、福建、广东、广西、贵州、海南、湖北、湖南、江苏、江西、台湾、云南、浙江。

生境　生于山坡灌草丛中。

用途　全草入药，有清热利湿之效。

种子储藏特性及萌发条件　正常型（GBOWS）；25/15℃，1%琼脂培养基，12 h光照/12 h黑暗条件下萌发（GBOWS）。

茜草科 Rubiaceae

白花蛇舌草 *Scleromitrion diffusum* (Willd.) R. J. Wang

库编号/岛屿 868710348471/舟山岛

形态特征 一年生草本，高0.05～0.1 m。茎稍扁，多分枝。叶对生，膜质，线形，顶端短尖，边缘干后常背卷，中脉下陷，侧脉不明显；无柄；托叶基部合生，顶部芒尖。花4数，单生或双生于叶腋；花冠白色，管形，喉部无毛；花冠裂片卵状长圆形，顶端钝。蒴果膜质，扁球形，成熟时顶部室背开裂。种子每室约10，具棱，干后深褐色，表面具粗网纹。花果期5～10月。种子千粒重0.0051 g。

分布 日本，南亚、东南亚。安徽、福建、广东、广西、海南、台湾、云南、浙江。

生境 生于山坡草丛中。

用途 全草入药，具有清热解毒、利湿消肿、活血止痛、抗肿瘤等功效，外治毒蛇咬伤、泡疮、刀伤、跌打等。

种子储藏特性及萌发条件 正常型（GBOWS）；25℃或35/20℃，1%琼脂培养基，12 h光照/12 h黑暗条件下萌发（GBOWS）。

茜草科 Rubiaceae

肉叶耳草 *Hedyotis strigulosa* (Bartling ex Candolle) Fosberg

库编号/岛屿　868710337584/大明甫岛；868710337761/北先岛；868710348825/南麂岛；868710349161/上浪铛岛；868710405816/西绿华岛

形态特征　多年生肉质草本，高0.05～0.2 m。多分枝，近丛生状，枝纤细具棱。叶肉质，对生，长圆状倒卵形或长圆形，顶端短尖，基部渐狭而下延；无柄；托叶阔三角形，基部合生，顶端具短尖头。聚伞花序或有时排成短圆锥花序，顶生或腋生；花冠白色，管状，顶端4裂，裂片狭卵形。蒴果扁陀螺形，幼时绿色，熟时仅顶部开裂。种子多数，细小，近球形，表面具蜂窝状粗网纹，浅褐色至褐色。花果期7～11月。种子千粒重0.0440～0.0534 g。

分布　日本，朝鲜半岛。广东、台湾、浙江。

生境　生于岩缝、沙滩上或林下。

用途　植株矮小，枝叶细密，可用于海边防风固沙、水土保持。

种子储藏特性及萌发条件　正常型（GBOWS）；25℃或35/20℃，1%琼脂培养基，12 h光照/12 h黑暗条件下萌发（GBOWS）。

茜草科 Rubiaceae

纤花耳草 *Scleromitrion angustifolium* (Cham. & Schltdl.) Benth.

库编号/岛屿 868710337632/大明甫岛

形态特征 多年生草本，高0.05～0.1 m。叶对生，薄革质，线形或线状披针形，顶端短尖或渐尖，基部楔形；无柄；托叶基部合生，顶部撕裂。花无梗，1～3簇生于叶腋；萼管倒卵状，裂片4，线状披针形；花冠白色，漏斗形，顶端4裂，裂片长椭圆形，尖端反卷。蒴果卵形或近球形，成熟时仅顶部开裂。种子每室多数，微小，表面具网纹，浅灰色。花果期4～12月。种子千粒重0.0220 g。

分布 日本、澳大利亚，东南亚。福建、广东、广西、海南、四川、台湾、云南、浙江。

生境 生于礁石上。

用途 全草入药，具清热解毒、消肿止痛之效。

种子储藏特性及萌发条件 正常型（GBOWS）；20℃或25/15℃，1%琼脂培养基，12 h光照/12 h黑暗条件下萌发（GBOWS）。

茜草科 Rubiaceae

羊角藤 *Morinda umbellata* Linnaeus subsp. *obovata* Y. Z. Ruan

库编号/岛屿 868710348882/南麂岛；868710349047/洞头岛；868710349197/北小门岛

形态特征 常绿木质藤本。叶对生，纸质或革质，叶形差异大，通常倒卵形，顶端急尖或短渐尖，基部楔形，全缘。花序顶生，通常由4～10个头状花序组成伞形花序，头状花序具花6～12；花冠白色，钟状，檐部4～5裂，裂片长圆形，顶部向内钩状弯折。聚花核果幼时绿色，熟时橘红色，近球形或扁球形，具分核2～4；分核近三棱形，外侧弯拱，具种子1。种子角质，棕色，与分核同形。花期6～7月；果期10～11月。种子千粒重4.3233 g。

分布 日本、印度、泰国南部、斯里兰卡。安徽、福建、广东、广西、海南、湖南、江苏、江西、台湾、浙江。

生境 生于山坡灌草丛中。

用途 根及根皮入药，治风湿痹痛、肾虚腰痛。

种子储藏特性 正常型（GBOWS）。

茜草科 Rubiaceae

鸡矢藤 *Paederia foetida* Linnaeus

库编号/岛屿 868710337089/大尖苍岛；868710337143/北鼎星岛；868710337257/南韭山岛；868710337386/东矶岛；868710337479/北一江山岛；868710337656/北策岛；868710349056/洞头岛

形态特征 木质藤本。叶对生，膜质，通常卵形或披针形，先端锐尖或渐尖，基部楔形或圆形，有时心形；托叶卵状披针形，顶部2裂。圆锥花序腋生或顶生；花有小梗；花冠浅紫色、灰白色或灰粉色，漏斗状，裂片5，较短，花冠筒内侧被紫色绒毛，外侧密被银色绒毛。果近球形，幼时浅绿色，熟时蜡黄色，光亮平滑，顶部具花盘和宿存萼檐裂片。小坚果半球形，中央凹陷，表面皱缩，周缘具阔翅，浅黑色。花期5～10月；果期7～12月。种子千粒重4.6296～13.3532 g。

分布 日本，朝鲜半岛、南亚、东南亚。华东、华中、华南、西南。

生境 生于悬崖边、灌草丛或山坡林中。

用途 纤维：茎皮为造纸和人造棉的原料。药用：全草入药，具活血镇痛、祛风燥湿、解毒杀虫之效。

种子储藏特性及萌发条件 正常型（GBOWS）；25℃或35/20℃，1%琼脂培养基，12 h光照/12 h黑暗条件下萌发（GBOWS）。

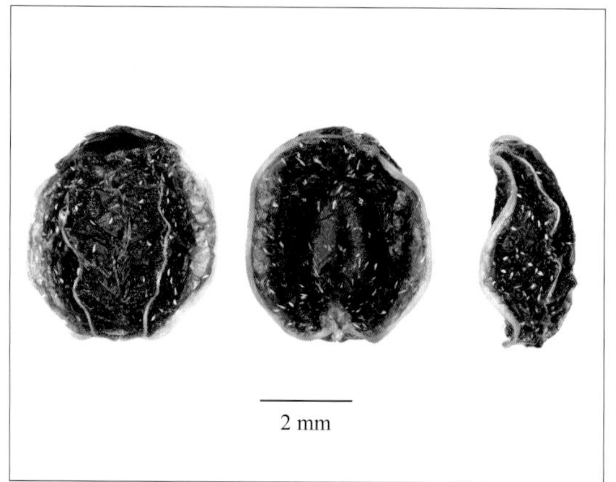

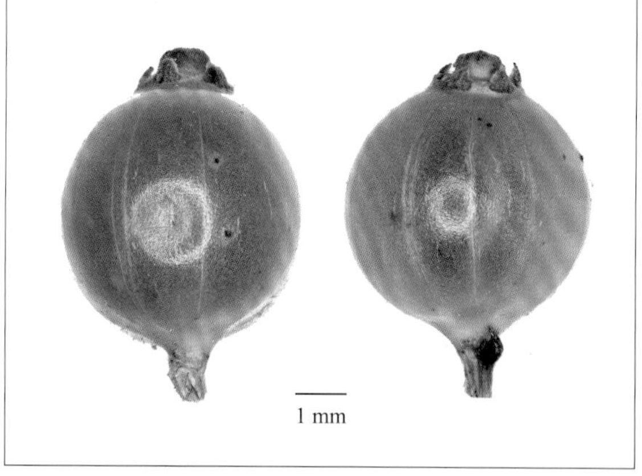

茜草科 Rubiaceae

九节 *Psychotria asiatica* Linnaeus

库编号/岛屿　868710348879/南麂岛

形态特征　灌木，高1.8 m。叶对生，纸质或革质，叶形多变，通常长圆形或椭圆状长圆形，先端急尖或短渐尖，基部楔形，全缘；托叶膜质，短鞘状，顶部不裂，脱落。聚伞花序通常顶生，多花；花冠淡绿色或白色，漏斗状，冠管喉部被白色长柔毛，裂片5，近三角形，开放时反折。核果球形或宽椭圆形，有纵棱，幼时绿色，熟时红色。小核半球形，背面具纵棱，腹面平，黄绿色。花果期全年。种子千粒重24.1472 g。

分布　日本，东南亚。福建、广东、广西、贵州、海南、湖南、台湾、云南、浙江。

生境　生于林缘或灌丛中。

用途　嫩枝、叶、根可入药，可清热解毒、活血散瘀，治扁桃体炎、风湿疼痛、跌打损伤、咽喉肿痛等。

种子储藏特性、休眠类型及萌发条件　正常型（GBOWS）；无休眠（陈章和等，2002）；20℃或25/10℃，1%琼脂培养基，12 h光照/12 h黑暗条件下萌发（GBOWS）。

茜草科 Rubiaceae

* 蔓九节 *Psychotria serpens* Linnaeus

库编号/岛屿 868710348777/南麂岛；868710348822/柴屿岛

形态特征 常绿木质藤本，常以气根攀附于树干或岩石上。叶对生，纸质或革质，通常卵形或椭圆形，先端急尖而略钝，基部楔形或稍圆，全缘；托叶膜质，顶端不裂，脱落。聚伞花序顶生，常三歧分枝，少至多花；花冠白色，漏斗状，裂片5，长圆形，反卷，喉部被白色长柔毛。浆果状核果近球形，具纵棱，幼时绿色，熟时白色。小核半卵球形，背面具纵棱，腹面平，黄褐色。花期4～6月；果期全年。种子千粒重9.1992 g。

分布 日本，朝鲜半岛、东南亚。福建、广东、广西、海南、台湾、浙江。

生境 附生于岩石或树干上。

用途 药用：茎、叶入药，有舒筋活络、祛风止痛、凉血消痈之效，治风湿痹痛、坐骨神经痛、痈疮肿毒、咽喉肿痛。园林观赏：海滨岩石园造景、绿化，或垂直绿化优秀物种。

种子储藏特性、休眠类型及萌发条件 正常型（GBOWS）；无休眠（陈章和等，2002）；20℃或30℃，1%琼脂培养基，12 h光照/12 h黑暗条件下萌发（GBOWS）。

马钱科 Loganiaceae

水田白 *Mitrasacme pygmaea* R. Brown var. *pygmaea*

库编号/岛屿 868710337740/北先岛

形态特征 一年生草本，高0.08～0.15 m。茎圆柱形，直立，纤细。叶对生，疏离，在茎基部呈莲座式轮生。花单生于侧枝的顶端或数花组成稀疏而不规则的顶生或腋生伞形花序；苞片边缘被睫毛；花梗纤细；花冠白色或淡黄色，钟状，花冠管喉部被疏髯毛，花冠裂片4。蒴果近圆球状，基部被宿存的花萼所包藏，顶端宿存的花柱中部以上合生。种子小，椭圆形，背面圆拱，腹面内凹，表面具小疣状突起，浅黄棕色。花期6～7月；果期8～10月。种子千粒重0.0120 g。

分布 柬埔寨、印度、印度尼西亚、日本、马来西亚、缅甸、尼泊尔、菲律宾、泰国、越南、澳大利亚，朝鲜半岛。福建、广东、广西、贵州、海南、湖南、江苏、江西、台湾、云南、浙江。

生境 生于山坡灌草丛中。

用途 全株入药，在广东民间用于清肝、保肝、护肝和治疗咽喉痛、咳嗽。

种子储藏特性及萌发条件 正常型（GBOWS）；20℃或25/15℃，1%琼脂培养基，12 h光照/12 h黑暗条件下萌发（GBOWS）。

旋花科 Convolvulaceae

毛牵牛 *Ipomoea biflora* (Linnaeus) Persoon

库编号/岛屿 868710348618/南麂岛

形态特征 一年生草质藤本。茎细长，具白色乳汁，有细棱，被灰白色倒向硬毛。叶心形或心状三角形，顶端渐尖，基部心形，两面被长硬毛。花序腋生，通常着生花1～3；苞片小，线状披针形；萼片5，外萼片三角状披针形，在内的2萼片线状披针形，与外萼片近等长或稍长；花冠白色，狭钟状，冠檐浅裂，裂片圆。蒴果近球形，果瓣内面光亮。种子4，卵状三棱形，浅褐色，被黄褐色微毛或短绒毛，沿两边有时被白色长绵毛。花果期6～11月。种子千粒重16.2720 g。

分布 日本、印度、印度尼西亚、缅甸、越南、澳大利亚，非洲。福建、广东、广西、贵州、湖南、江西、台湾、云南等。

生境 生于林缘灌丛中。

用途 广西民间用茎、叶治小儿疳积；种子治跌打、蛇伤。

种子储藏特性、休眠类型及萌发条件 正常型（GBOWS）；具有物理休眠（GBOWS）；切破种皮，20℃，1%琼脂培养基，12 h光照/12 h黑暗条件下萌发（GBOWS）。

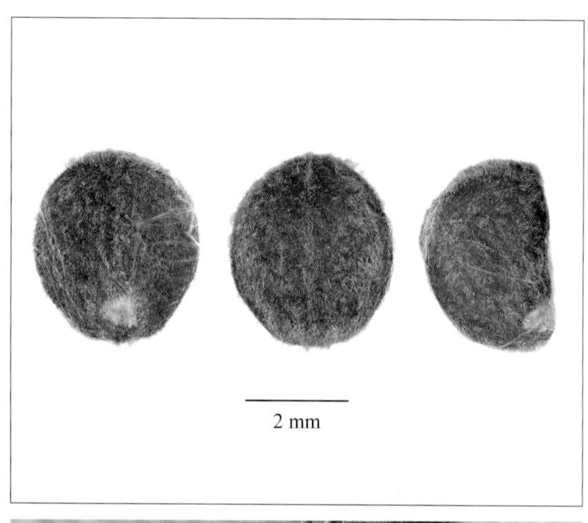

旋花科 Convolvulaceae

牵牛 *Ipomoea nil* (Linnaeus) Roth

库编号/岛屿 868710348837/南麂岛

形态特征 一年生草质藤本，茎上被毛。叶宽卵形或近圆形，全缘或3裂，偶5裂，被毛。花腋生，花1～2着生于花序梗顶；苞片线形或叶状；萼片近等长，披针状线形，内面2片稍狭，外面被开展的刚毛，基部更密，有时也杂有短柔毛；花冠漏斗状，淡蓝色或淡紫色，筒状花冠色淡。蒴果近球形，无毛，3瓣裂。种子卵状三棱形，黄色或黑褐色，被褐色短绒毛。花果期6～11月。种子千粒重27.4572 g。

分布 日本，东南亚、南亚、南美洲。除西北和东北的部分省外，广布于我国大部分省区。

生境 生于山顶草丛中。

用途 观赏：习性强健，花繁茂，可美化花架、篱栏、绿廊、墙面等。药用：种子为常用中药，名“牵牛子”，有泻水利尿、消痰涤饮、杀虫攻积之效。

种子储藏特性、休眠类型及萌发条件 正常型（GBOWS）；具有物理休眠（GBOWS）；切破种皮，20℃，1%琼脂培养基，12 h光照/12 h黑暗条件下萌发（GBOWS）。

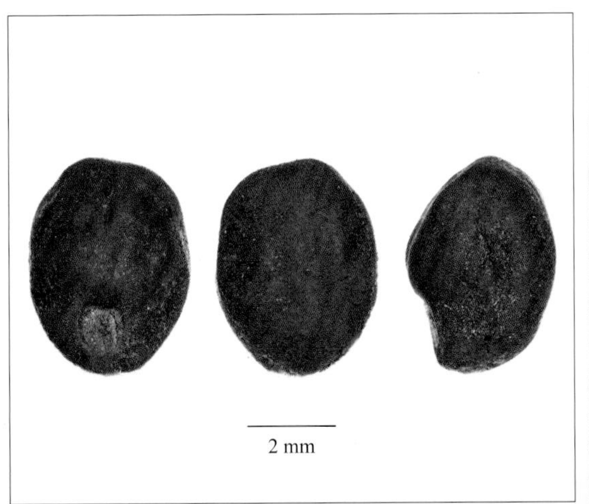

茄科 Solanaceae

枸杞 *Lycium chinense* Miller var. *chinense*

库编号/岛屿 868710337164/柱住山岛；868710348624/南麂岛

形态特征 灌木，高0.4～1 m。茎多分枝，生叶和花的棘刺较长，小枝顶端锐尖成棘刺状。叶纸质，单叶互生或2～4簇生，卵形、卵状菱形、长椭圆形、卵状披针形。花在长枝上单生或双生于叶腋，在短枝上则同叶簇生；花冠漏斗状，淡紫色，5深裂，裂片卵形。浆果卵圆形或椭圆形，幼时绿色，熟时红色。种子扁，卵状肾形或椭圆形，表面具略隆起的细网纹，浅黄褐色。花果期6～11月。种子千粒重1.7724～2.3477 g。

分布 日本、蒙古、尼泊尔、巴基斯坦、泰国，朝鲜半岛、西亚、欧洲。安徽、福建、甘肃、广东、广西、贵州、海南、河北、黑龙江、河南、湖北、湖南、江苏、江西、吉林、辽宁、内蒙古、宁夏、青海、陕西、山西、四川、台湾、云南、浙江。

生境 生于海边石质山坡或路边。

用途 药用：干燥果实（枸杞子）具有补肝益肾、益精明目之功效，临床常用于治疗肝肾阴亏、腰膝酸软、头晕健忘等病症；根皮入药，有解热止咳之效用。果蔬：嫩叶可做蔬菜。油脂：种子油可制成食用油。观赏：花紫色，果熟时鲜红，硕果累累，是种植庭院、盆景和盆栽的优良观赏植物。生态：耐干旱，可作为水土保持的灌木。

种子储藏特性、休眠类型及萌发条件 正常型（GBOWS）；具有生理休眠（GBOWS）；20℃，含200 mg/L赤霉素的1%琼脂培养基，12 h光照/12 h黑暗条件下萌发（GBOWS）。

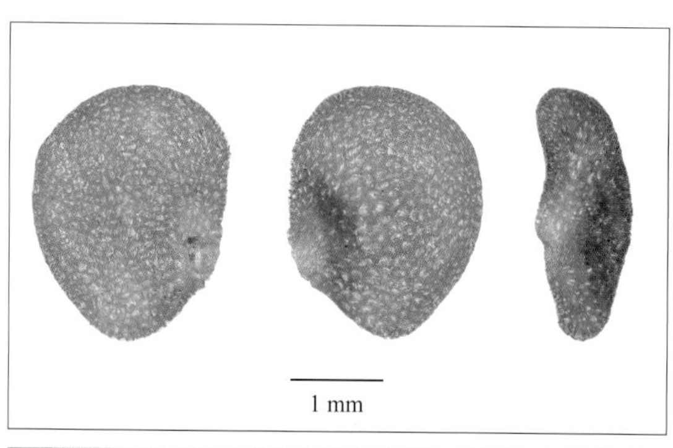

茄科 Solanaceae

小酸浆 *Physalis minima* Linnaeus

库编号/岛屿 868710349101/北鹿岛

形态特征 一年生草本，高 0.5 m。根细瘦。主轴短缩，顶端多二歧分枝，分枝披散而卧于地上或斜升。叶卵形或卵状披针形，顶端渐尖，基部歪斜楔形，两面脉上有柔毛。花梗细弱，具短柔毛；花萼钟状，外面具短柔毛，裂片三角形，顶端短渐尖，缘毛密；花冠黄色；花药黄白色。浆果球状，果萼近球状或卵球状，绿色；果梗细瘦，俯垂。种子近圆状肾形，稍扁，表面具颗粒状网纹，浅黄色。花期夏季；果期秋季。种子千粒重0.5348 g。

分布 世界广布。浙江、广东、广西、江西、四川、云南。

生境 生于路边。

用途 全草或果实具有清热利湿、祛痰止咳、软坚散结等功能，主治湿热黄疸、小便不利、慢性咳喘、疳疾、天疱疮、疖肿等。

种子储藏特性、休眠类型及萌发条件 正常型（GBOWS）；具有生理休眠（GBOWS）；20℃，含200 mg/L赤霉素的1%琼脂培养基，12 h光照/12 h黑暗条件下萌发（GBOWS）。

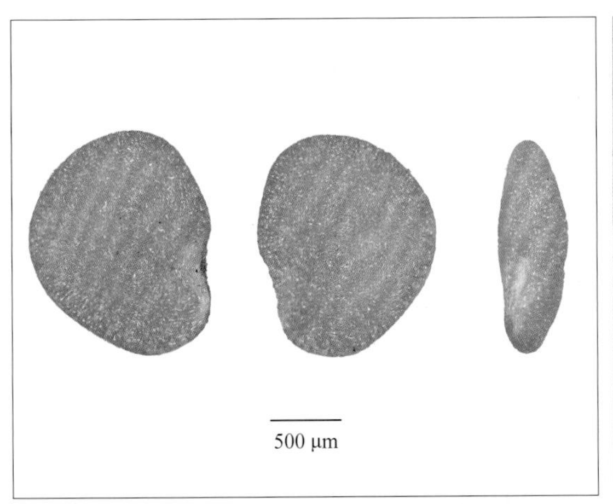

茄科 Solanaceae

龙葵 *Solanum nigrum* Linnaeus

库编号/岛屿 868710337308/南韭山岛；868710337458/东矶岛；868710337497/北一江山岛；868710348888/南麂岛

形态特征 一年生草本，高0.2～0.5 m。叶卵形，叶脉每边5～6。蝎尾状花序腋外生；萼小，浅杯状；花冠白色，筒部隐于萼内，5深裂；花丝短，花药黄色；子房卵形，柱头小，头状。浆果球形，幼时绿色，熟时黑色，基部具宿存花萼。种子多数，倒卵形，两侧压扁，基部渐尖稍偏斜，略呈喙状，黄褐色。花期5～8月；果期7～11月。种子千粒重0.2008～0.2164 g。

分布 印度、日本，亚洲、欧洲。福建、广西、贵州、湖南、江苏、四川、台湾、西藏、云南、浙江。

生境 生于山坡灌丛中。

用途 药用：全草入药，清热解毒、活血消肿、消炎利尿，应用于疔疮痈肿、小便不利和肿瘤等病症。果蔬饮料：果实成熟后可直接食用，也可用来加工成果酒、饮料、罐头等；嫩茎叶可做蔬菜，炒食或煮汤等，但含龙葵素，不宜多食。生物农药：根部提取物质，可制成杀虫剂。

种子储藏特性、休眠类型及萌发条件 正常型（GBOWS）；具有生理休眠（GBOWS）；25/15℃，1%琼脂培养基，12 h光照/12 h黑暗条件下萌发（GBOWS）。

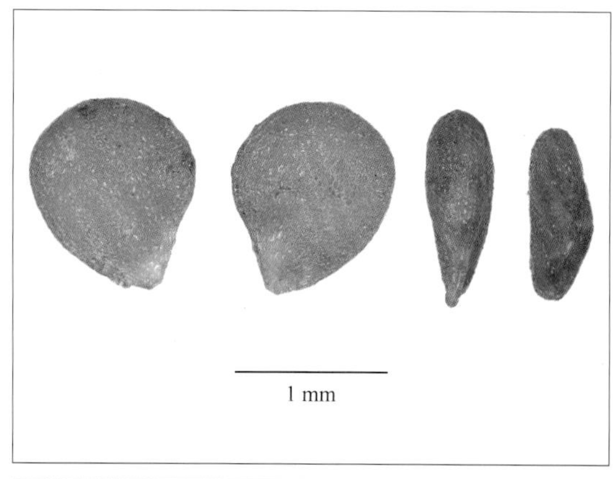

木犀科 Oleaceae

白蜡树 *Fraxinus chinensis* Roxburgh subsp. *chinensis*

库编号/岛屿 868710337404/东矶岛

形态特征 乔木，高5 m。树皮灰褐色，纵裂。羽状复叶对生，小叶5～7；硬纸质，顶生小叶与侧生小叶近等大或稍大，叶缘具整齐锯齿，侧脉8～10对。圆锥花序顶生或腋生；花雌雄异株；雄花密集，花萼小，钟状，无花冠；雌花疏离，花萼大，桶状，4浅裂，花柱细长，柱头2裂。翅果匙形，上中部最宽，先端锐尖，常呈犁头状，基部渐狭；翅平展，下延至坚果中部。坚果圆柱形，黄褐色，宿存萼紧贴于坚果基部，常在一侧开口深裂，内含种子1。种子长条形，两端锐尖，表面皱缩，黄褐色。花期4～5月；果期7～10月。种子千粒重22.6068 g。

分布 越南，朝鲜半岛。全国均产。

生境 生于沟谷林中。

用途 木材：树干通直，材质优良，纹理细直，富有弹性，是优质的胶合板用材，做运动器械（如杠木滑雪板等）尤佳，也是室内装修、造船、车辆、家具等优质用材。生态：树形优美，有的秋叶金黄灿烂，是“四旁”绿化、防风固沙林、护岸林等优良树种。牧草饲料：幼叶含粗蛋白，是优质饲料，可饲养白蜡虫。绿肥：幼叶可做肥料。其他：树枝柔软质密，萌蘖能力强，耐刈，是良好的编制材料。

种子储藏特性、休眠类型及萌发条件 正常型（GBOWS）；具有生理休眠（Baskin C C and Baskin J M，2014）；25/15℃或25/10℃，1%琼脂培养基，12 h光照/12 h黑暗条件下萌发（GBOWS）。

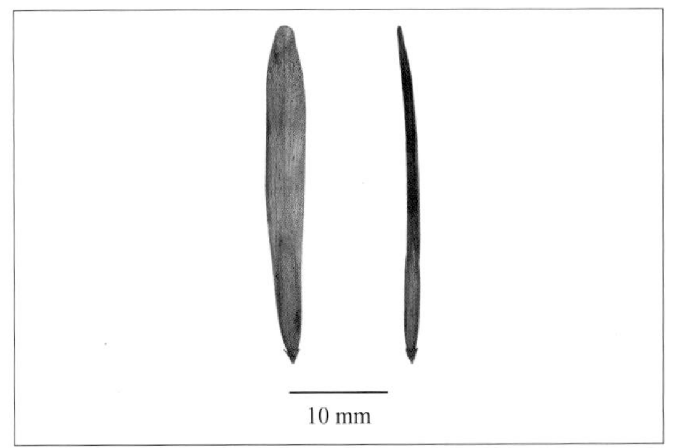

车前科 Plantaginaceae

车前 *Plantago asiatica* Linnaeus subsp. *asiatica*

库编号/岛屿 868710337284/南韭山岛；868710337371/东矶岛

形态特征 多年生草本，高0.1～0.2 m。叶基生呈莲座状；宽卵形至宽椭圆形，薄纸质或纸质，边缘波状，脉5～7。穗状花序3～10，细圆柱状；花冠白色，于花后反折；雄蕊着生于冠筒内面近基部，与花柱明显外伸。蒴果纺锤状卵形，于基部上方周裂。种子为不规则多面体，菱形、三角形、盾形等，腹面平，背面圆拱，表面具线状纵棱，褐色或黑褐色；种脐圆形，白色，位于腹面中央。花期4～8月；果期6～10月。种子千粒重0.2192～0.3336 g。

分布 印度尼西亚、日本、马来西亚，朝鲜半岛。安徽、重庆、福建、甘肃、广东、广西、海南、河北、黑龙江、河南、湖北、江苏、江西、辽宁、内蒙古、青海、山东、陕西、四川、台湾、新疆、西藏、浙江。

生境 生于灌丛中。

用途 果蔬：早春幼嫩叶含有蛋白质、脂肪、钙、磷、铁及胡萝卜素等，营养丰富，可食用。药用：种子及全草有清热利尿、祛痰止咳、明目的功效，主治小便不利、目赤肿痛、暑热。

种子储藏特性、休眠类型及萌发条件 正常型（GBOWS）；具有生理休眠（Baskin C C and Baskin J M，2014）；25/15℃，1%琼脂培养基，12 h光照/12 h黑暗条件下萌发（GBOWS）。

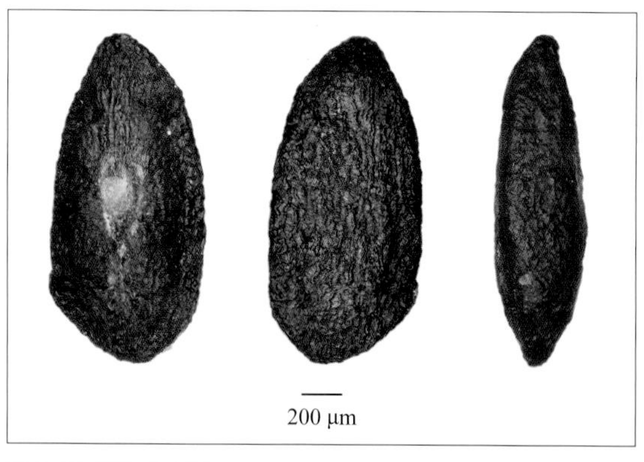

车前科 Plantaginaceae

爬岩红 *Veronicastrum axillare* (Siebold & Zuccarini) T. Yamazaki

库编号/岛屿 868710348078/佛渡岛

形态特征 多年生草本，高1 m。根茎短而横走。茎圆柱状，多弓曲，中上部有条棱，无毛或极少在棱处有疏毛。叶互生，无毛，卵形至卵状披针形，长5～12 cm，顶端渐尖，边缘具偏斜的三角状锯齿；具短柄。花序腋生，极少顶生于侧枝上，长1～3 cm；苞片和花萼裂片条状披针形至钻形，无毛或疏被睫毛；花冠浅紫红色，长4～6 mm，裂片长近2 mm，狭三角形。蒴果卵形。种子小，卵球形，腹面稍内凹，表面具不规则疣状突起，浅黄褐色。花果期6～9月。

分布 日本。安徽、福建、广东、江苏、江西、台湾、浙江。

生境 生于路边林缘。

用途 全草可药用，有利尿消肿、消炎解毒等功效；对血吸虫病引起的腹水有一定疗效。

种子储藏特性、休眠类型及萌发条件 正常型（GBOWS）；具有生理休眠（GBOWS）；20℃，含200 mg/L赤霉素的1%琼脂培养基，12 h光照/12 h黑暗条件下萌发（GBOWS）。

玄参科 Scrophulariaceae

醉鱼草 *Buddleja lindleyana* Fortune

库编号/岛屿 868710337008/小蚂蚁岛；868710348054/佛渡岛

形态特征 灌木，高1～3 m。茎皮褐色；小枝具四棱，棱上略有窄翅。叶对生，萌芽枝条上的叶为互生或近轮生，叶膜质，卵形、椭圆形至长圆状披针形，边缘全缘或具有波状齿，侧脉每边6～8。穗状聚伞花序顶生，苞片线形，小苞片线状披针形；花紫色，芳香；花萼钟状，花冠管弯曲。果序穗状；蒴果长圆形或椭圆形，无毛，有鳞片，2裂，基部有宿萼。种子细小，近三角形、菱形或长方形，表面密布网纹，有光泽，边缘有狭翅，浅褐色。花期4～10月；果期8月至翌年4月。种子千粒重0.0358～0.0441 g。

分布 安徽、福建、广东、广西、贵州、湖北、湖南、江苏、江西、四川、云南、浙江。

生境 生于林缘或灌木丛中。

用途 有毒植物：全株有小毒，捣碎投入河中能使活鱼麻醉，便于捕捉，故有“醉鱼草”之称。药用：花、叶及根供药用，有祛风除湿、止咳化痰、散瘀之功效，主治流行性感冒、咳嗽、哮喘、风湿关节痛、蛔虫、钩虫痛、跌打损伤、出血、痄腮、风寒牙痛等。生物农药：全株可用来做农药，专杀小麦吸浆虫、螟虫及灭孑孓等。观赏：花芳香而美丽，为公园常见优良观赏植物。

种子储藏特性、休眠类型及萌发条件 正常型（GBOWS）；无休眠（Wilson et al., 2004）；20℃或25/15℃，1%琼脂培养基，12 h光照/12 h黑暗条件下萌发（GBOWS）。

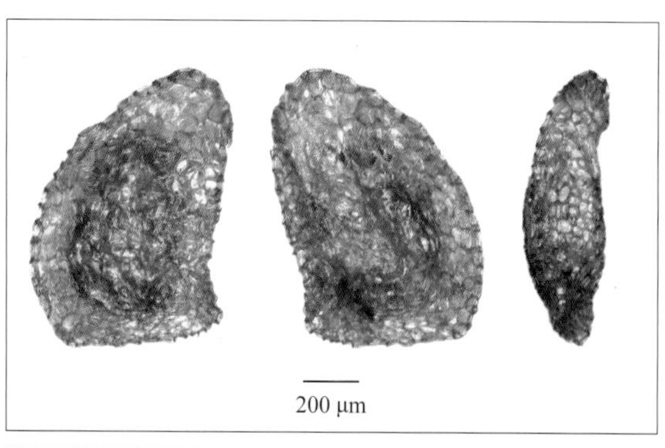

母草科 Linderniaceae

泥花草 *Lindernia antipoda* (Linnaeus) Alston

库编号/岛屿 868710348468/舟山岛

形态特征 一年生草本，高0.05～0.1 m。根须状成丛。茎枝有沟纹，无毛。叶边缘有少数不明显的锯齿至有明显的锐锯齿或近全缘，两面无毛。花多在茎枝之顶呈总状着生，有花2～20；苞片钻形；花梗在果期平展或反折；萼仅基部联合；花冠紫色、紫白色或白色，上唇2裂，下唇3裂，上下唇近等长；花柱细，柱头扁平，片状。蒴果圆柱形，顶端渐尖，长约为宿萼的2倍或更多。种子为不规则三棱状卵形，褐色，有网状孔纹。花果期春季至秋季。种子千粒重0.0095 g。

分布 不丹、柬埔寨、印度、日本、老挝、马来西亚、缅甸、尼泊尔、菲律宾、斯里兰卡、泰国、越南、澳大利亚，太平洋群岛。安徽、福建、广东、广西、湖北、湖南、江苏、江西、四川、台湾、云南、浙江。

生境 生于潮湿的草地中。

用途 全草药用，有清热解毒、活血祛瘀、抗菌消炎等作用，广东民间常用于煲凉茶或煲汤。

种子储藏特性、休眠类型及萌发条件 正常型（GBOWS）；具有生理休眠（GBOWS）；20℃，含200 mg/L赤霉素的1%琼脂培养基，12 h光照/12 h黑暗条件下萌发（GBOWS）。

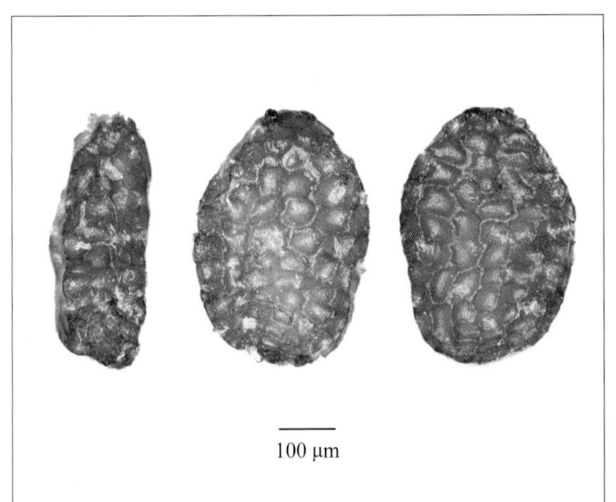

爵床科 Acanthaceae

爵床 *Justicia procumbens* Linnaeus

库编号/岛屿 868710337281/南韭山岛

形态特征 多年生草本，高0.2～0.4 m。单叶对生，叶椭圆形至椭圆状长圆形，先端锐尖或钝，基部宽楔形或近圆形，两面常被短硬毛。穗状花序顶生或生上部叶腋；苞片1，小苞片2，均为披针形，有缘毛；花萼裂片4，线形，约与苞片等长，有膜质边缘和缘毛；花冠粉红色，二唇形，下唇3浅裂。蒴果熟时开裂，上部具种子4，下部实心似柄状。种子卵圆形，略扁，基端斜截微凹陷，表面具瘤状皱纹，黑褐色；种脐圆形，位于基端凹陷处，黄白色。花果期全年。种子千粒重0.3736 g。

分布 孟加拉国、不丹、柬埔寨、印度、印度尼西亚、日本、老挝、缅甸、尼泊尔、菲律宾、斯里兰卡、泰国、越南。安徽、重庆、福建、广东、广西、贵州、海南、河北、河南、湖北、湖南、江苏、江西、陕西、四川、台湾、西藏、云南、浙江。

生境 生于路边灌丛中。

用途 药用：全草入药，有清热解毒、利尿消肿之效，主治感冒、咽喉痛、咳嗽、疟疾、疳积、痢疾、肾炎水肿、疔疮痈肿，以及治腰背痛、创伤等。观赏：可做休憩草坪的宿根花卉。

种子储藏特性、休眠类型及萌发条件 正常型（GBOWS）；具有生理休眠（Baskin C C and Baskin J M，2014）；20℃或25/15℃，1%琼脂培养基，12 h光照/12 h黑暗条件下萌发（GBOWS）。

马鞭草科 Verbenaceae

马鞭草 *Verbena officinalis* Linnaeus

库编号/岛屿 868710337305/南韭山岛

形态特征 多年生草本，高0.5 m。茎四方形，节和棱上有硬毛。基生叶边缘通常有粗锯齿和缺刻；茎生叶多数三深裂，裂片边缘有不整齐锯齿。穗状花序顶生和腋生，细弱；花小，无柄；花冠淡紫至蓝色；雄蕊4。果包于花萼内，成熟时裂为4小坚果；小坚果黄褐色，三棱状圆柱形，两端钝圆，背面具3～5细纵棱，腹面中央隆起呈脊，其表面密被星状或颗粒状的白色或浅黄色突起，内含种子1。花期6～8月；果期7～10月。种子千粒重0.3028 g。

分布 世界温带和热带广布。安徽、福建、甘肃、广东、广西、贵州、海南、湖北、湖南、江西、陕西、山西、四川、台湾、新疆、西藏、云南、浙江。

生境 生于灌丛中。

用途 全草入药，有凉血、破血、清热解毒、活血通经、利水消肿、截疟的效果，主治感冒发热、咽喉肿痛、牙龈肿痛、湿热黄疸、痢疾、疟疾、淋病、水肿、小便不利、血淤闭经、痛经、痈肿疮毒、肿毒、跌打损伤。

种子储藏特性、休眠类型及萌发条件 正常型（GBOWS）；具有生理休眠（Liu et al., 2011）；20℃、25/15℃或25/10℃，1%琼脂培养基，12 h光照/12 h黑暗条件下萌发（GBOWS）。

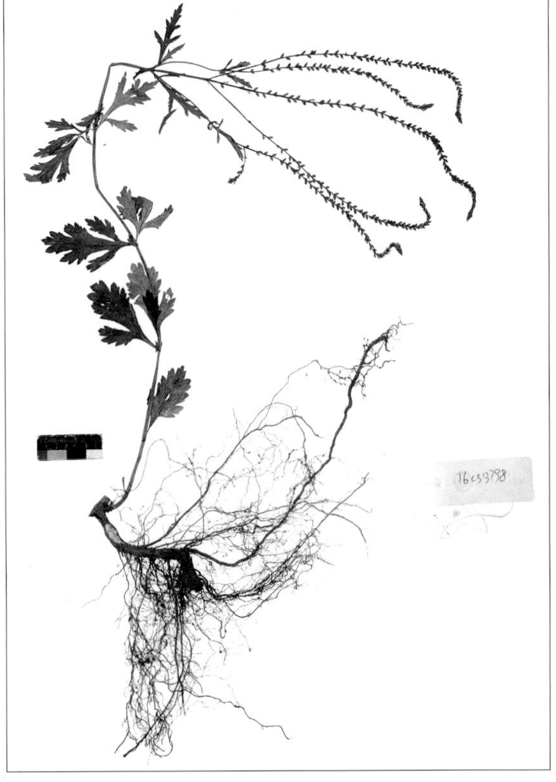

唇形科 Lamiaceae

白棠子树 *Callicarpa dichotoma* (Loureiro) K. Koch

库编号/岛屿 868710348153/舟山岛

形态特征 灌木，高2 m。茎多分枝。单叶对生，叶披针形至倒卵形，纸质，边缘仅上半部具数个粗锯齿，下面具星状毛，密生细小黄色腺点，上面无毛或近无毛，侧脉5～6对。聚伞花序着生于叶腋上方，细弱，2～3次分歧，花序梗略有星状毛，至结果时无毛；苞片线形；花冠紫色，无毛；花丝长约为花冠的2倍，花药卵形，细小。核果浆果状，近球形，幼时绿色，熟时紫色；小核卵形，背面圆拱，腹面内凹，黄白色。花期5～6月；果期7～11月。种子千粒重0.9808 g。

分布 日本、越南，朝鲜半岛。安徽、福建、广东、广西、贵州、河北、河南、湖北、湖南、江苏、江西、山东、台湾、浙江。

生境 生于林下。

用途 药用：全株药用，治感冒、跌打损伤、气血瘀滞、妇女闭经、外伤肿痛；叶有止血、散瘀、消炎等功效。香料：叶可提取芳香油。

种子储藏特性及萌发条件 正常型（GBOWS）；25/15℃或25/10℃，1%琼脂培养基，12 h光照/12 h黑暗条件下萌发（GBOWS）。

唇形科 Lamiaceae

杜虹花 *Callicarpa formosana* Rolfe var. *formosana*

库编号/岛屿 868710348513/桃花岛；868710348915/北关岛；868710348981/顶草屿岛

形态特征 灌木，高0.7～3.5 m。小枝、叶柄和花序均密被灰黄色星状毛和分枝毛。单叶对生，叶卵状椭圆形至椭圆形，或狭长圆形，边缘具细锯齿，顶端通常渐尖，基部钝或浑圆，边缘有细锯齿，上面被短硬毛，稍粗糙，下面被灰黄色星状毛和细小黄色腺点，侧脉8～12对。聚伞花序腋生，常4～5次分歧；花萼杯状，萼齿4，钝三角形；花冠紫色或淡紫色，无毛。核果浆果状，近球形，幼时绿色，熟时紫色；小核卵形，背面圆拱，腹面内凹，黄白色。花期5～7月；果期8～11月。种子千粒重0.7028～0.7580 g。

分布 日本、菲律宾。福建、广东、广西、海南、江西、台湾、云南、浙江。

生境 生于林下、灌丛中或常绿、落叶阔叶混交林中。

用途 叶入药，散瘀消肿、止血镇痛，治咳血、吐血、鼻出血、创伤出血等；福建还用根治风湿痛、扭挫伤、喉炎、结膜炎。

种子储藏特性及萌发条件 正常型（GBOWS）；25℃或25/15℃，1%琼脂培养基，12 h光照/12 h黑暗条件下萌发（GBOWS）。

唇形科 Lamiaceae

老鸦糊 *Callicarpa giraldii* Hesse ex Rehder var. *giraldii*

库编号/岛屿 868710337278/南韭山岛；868710348813/柴峙岛

形态特征 灌木或乔木，高3～6 m。小枝圆柱形，灰黄色，被星状毛。单叶对生，叶纸质，宽椭圆形至披针状长圆形，顶端渐尖，基部楔形或下延成狭楔形，边缘有锯齿，上面黄绿色，稍有微毛，下面淡绿色，疏被星状毛和细小黄色腺点；侧脉8～10对，主脉、侧脉和细脉在叶背隆起，细脉近平行。聚伞花序腋生，4～5次分歧；花萼钟状，萼齿钝三角形；花冠紫色。核果浆果状，球形，幼时绿色，疏被星状毛，熟时无毛，紫色；小核卵形，背面圆拱，腹面内凹，浅黄棕色。花期5～6月；果期7～11月。种子千粒重1.1596～2.5192 g。

分布 甘肃、陕西、河南、江苏、安徽、浙江、江西、湖南、湖北、福建、广东、广西、四川、贵州、云南。

生境 生于灌丛中。

用途 全株入药，能清热、和血、解毒，治小米丹（裤带疮）、血崩。

种子储藏特性、休眠类型及萌发条件 正常型（GBOWS）；具有生理休眠（GBOWS）；20℃或25℃，含200 mg/L赤霉素的1%琼脂培养基，12 h光照/12 h黑暗条件下萌发（GBOWS）。

唇形科 Lamiaceae

海州常山 *Clerodendrum trichotomum* Thunberg var. *trichotomum*

库编号/岛屿　868710337194/南韭山岛；868710337374/东矶岛；868710337500/北一江山岛；868710348273/桃花岛；868710348456/舟山岛；868710348903/北关岛；868710348978/顶草峙岛；868710349065/洞头岛

形态特征　灌木或小乔木，高0.8～4 m。单叶对生，叶纸质，卵形、卵状椭圆形或三角状卵形，顶端渐尖，基部宽楔形至截形，偶有心形，上面深绿色，下面淡绿色，两面幼时被白色短柔毛，老时上面光滑无毛，下面仍被短柔毛或无毛或沿脉毛较密，侧脉3～5对，全缘或边缘具波状齿。伞房状聚伞花序顶生或腋生，常二歧分枝，疏散；花萼紫色或红色，顶端5深裂；花瓣5，花冠白色、米黄色或粉红色。核果近球形，幼时绿色，熟时深蓝色至蓝黑色；小核宽卵形，背面圆拱，具突起的网纹，腹面内凹，小核一侧具1裂缝，褐色或黑褐色。花果期6～11月。种子千粒重27.4684～38.3056 g。

分布　印度、日本，朝鲜半岛、东南亚。除内蒙古、新疆和西藏，全国广布。

生境　生于林中或山坡灌丛中。

用途　药用：叶、花、根、茎均可入药，有祛风湿，清热利尿，止痛，平肝降压之功效；茎叶煎汤可做牛马杀虱药。果蔬：嫩叶、嫩尖可做野生绿色蔬菜食用。观赏：花后期宿存的红色花萼包围蓝紫色果实，在冬季具有很高的观赏价值，还可以制作盆景。生态：一种广泛推广绿化树种，具耐旱、耐盐碱、耐阴、耐寒、耐贫瘠、抗有害气体、病虫害少等，以及对不良环境的耐受和抵抗能力，易养护。生物农药：树叶可做农药杀红蜘蛛、棉蚜虫和地下害虫。

种子储藏特性及萌发条件　正常型（GBOWS）；20℃或25/15℃，1%琼脂培养基，12 h光照/12 h黑暗条件下萌发（GBOWS）。

唇形科 Lamiaceae

风轮菜 *Clinopodium chinense* (Bentham) Kuntze

库编号/岛屿 868710337134/北鼎星岛

形态特征 多年生草本，高0.1～0.3 m。茎四棱形，具细条纹。叶卵形，坚纸质，上面密被贴伏状微小糙硬毛，下面具柔毛，边缘具圆齿状锯齿，侧脉5～7对。轮伞花序多花密集腋生，半球状；苞叶叶状，向上渐小；花萼狭管状，常染紫红色，上唇3齿，下唇2齿；花冠紫红色，冠筒伸出，向上渐扩大，冠檐二唇形，上唇直伸，先端微缺，下唇3裂，中裂片稍大。小坚果倒卵形，黄褐色。花期5～8月；果期8～10月。种子千粒重0.0944 g。

分布 日本。安徽、福建、广东、广西、湖北、湖南、江苏、江西、山东、台湾、云南、浙江。

生境 生于石质山坡上。

用途 全草疏风清热，解毒止痢，活血消肿，治感冒、中暑、过敏性皮炎、指头炎、痢疾、急性胆囊炎、肝炎、腮腺炎、肠炎、血尿、急性结膜炎、毒蛇咬伤、无名肿毒、乳腺炎、刀伤。

种子储藏特性及萌发条件 正常型（GBOWS）；20℃或25/10℃，1%琼脂培养基，12 h光照/12 h黑暗条件下萌发（GBOWS）。

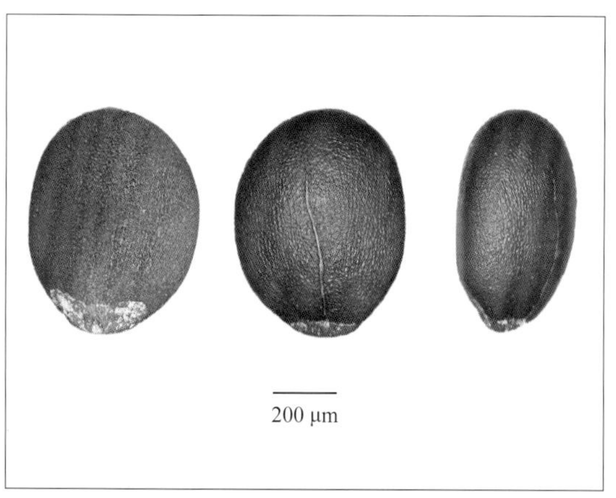

唇形科 Lamiaceae

益母草 *Leonurus japonicus* Houttuyn

库编号/岛屿　868710348102/佛渡岛

形态特征　一年生草本，高1～2 m。茎直立，多分枝。茎下部叶为卵形，掌状3裂；茎中部叶为菱形，常3裂或偶有多个长圆状线形的裂片，基部狭楔形；花序最上部的苞叶近无柄，线形或线状披针形，全缘或具稀齿。轮伞花序腋生，圆球形；小苞片刺状，向上伸出；花梗无；花萼管状钟形，5脉，5齿；花冠粉红至淡紫红色，冠檐二唇形，上唇直伸，内凹，下唇略短于上唇，3裂；雄蕊4，前对较长，花丝丝状，扁平。小坚果长圆状三棱形，顶端截平而略宽大，基部楔形，淡褐色。花期6～9月；果期9～10月。种子千粒重0.6475 g。

分布　柬埔寨、日本、老挝、马来西亚、缅甸、泰国、越南，朝鲜半岛、非洲。安徽、福建、甘肃、广东、广西、贵州、海南、河北、黑龙江、河南、湖北、湖南、江苏、江西、吉林、辽宁、内蒙古、宁夏、青海、陕西、山东、山西、四川、台湾、新疆、西藏、云南、浙江。

生境　生于路边林缘中。

用途　药用：全草入药，有活血、祛瘀、调经、利水等功效；花入药治贫血体弱；果实入药有利尿、治眼疾之效，亦可用于治肾炎水肿及子宫脱垂。生态：耐贫瘠，适应性强，栽培及抚育管理简单。

种子储藏特性、休眠类型及萌发条件　正常型（GBOWS）；具有生理休眠（Liu et al., 2011）；20℃或25/10℃，1%琼脂培养基，12 h光照/12 h黑暗条件下萌发（GBOWS）。

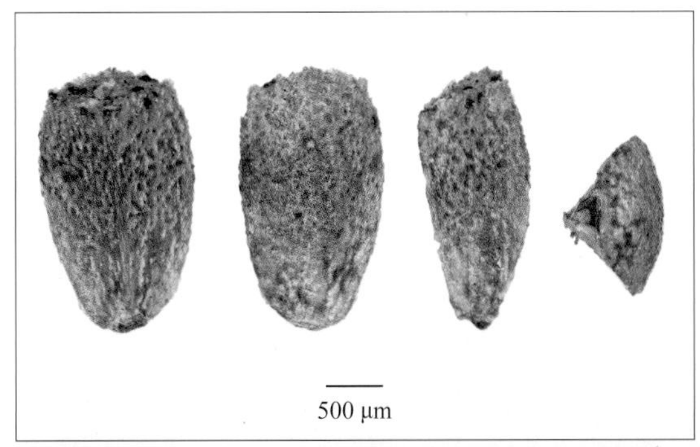

唇形科 Lamiaceae

疏毛白绒草 *Leucas mollissima* Wallich ex Bentham var. *chinensis* Bentham

库编号/岛屿 868710337596/大明甫岛；868710337680/冬瓜屿；868710337734/北先岛；868710348627/南麂岛；868710348786/柴峙岛

形态特征 多年生草本，高0.1～0.4 m。茎纤细，扭曲，四棱形，多分枝。单叶对生，叶卵形，边缘具微尖头圆齿状锯齿，薄纸质，两面均疏被柔毛状绒毛，上面绿色，具皱纹，下面淡绿色，毛被较稀疏。轮伞花序腋生；花萼管状，密具长柔毛，萼齿5长5短；花冠白色，淡黄色或淡红色，冠檐二唇形，上唇直伸，下唇开张，3裂；雄蕊4，内藏，后对较短。小坚果卵状三棱形，表面具小疣状突起，深褐色或黑褐色。花期5～10月；果期10～11月。种子千粒重0.5744～0.6476 g。

分布 湖北、湖南、四川、广东、福建、台湾、广西、贵州、云南、浙江。

生境 生于灌丛中或石质山坡上。

用途 全草入药，甘平无毒、清热解毒、化痰止咳，用于治咳嗽、扁桃体炎、肾盂肾炎、痢疾、前列腺炎、白带、痔疮、乳腺炎、痈肿，也可用于治肠炎、阑尾炎、子宫炎等；云南部分地区用于治肾虚、遗精、阳痿、骨折，也可用于治疗急慢性肝炎。

种子储藏特性及萌发条件 正常型（GBOWS）；20℃，1%琼脂培养基，12 h光照/12 h黑暗条件下萌发（GBOWS）。

唇形科 Lamiaceae

杭州石荠苎 *Mosla hangchowensis* Matsuda var. *hangchowensis*

库编号/岛屿 868710337239/南韭山岛

形态特征 一年生草本，高0.1～0.2 m。茎多分枝。单叶对生，叶披针形，边缘具疏锯齿，纸质，两面均被短柔毛及密被棕色凹陷腺点。总状花序顶生于主茎及分枝上；苞片宽卵形到近圆形，绿色或紫色；花萼钟形，萼齿5；花冠紫色，为花萼长的3倍，冠檐二唇形，上唇微缺，下唇3裂，中裂片大，反折向下，圆形，侧裂片较小，直立，卵形；雄蕊4，后对着生于上唇基部，微伸出。小坚果球形，淡褐色，表面具深窝点。花果期6～9月。种子千粒重0.4040 g。

分布 浙江、福建。

生境 生于草丛中。

用途 药用：叶入药，有散瘀消肿、止血镇痛的效用，治咳血、吐血、鼻出血、创伤出血等；福建还用根治风湿痛、扭挫伤、喉炎、结膜炎。生态：耐阴植物，对环境的可塑性极强。

种子储藏特性、休眠类型及萌发条件 正常型（GBOWS）；具有生理休眠（葛滢等，1998）；20℃，含200 mg/L赤霉素的1%琼脂培养基，12 h光照/12 h黑暗条件下萌发（GBOWS）。

唇形科 Lamiaceae

石荠苎 *Mosla scabra* (Thunberg) C. Y. Wu & H. W. Li

库编号/岛屿 868710337131/北鼎星岛；868710337236/南韭山岛；868710337359/东矶岛；868710348336/桃花岛；868710348960/北关岛；868710349149/小鹿山岛；868710405786/泗礁山岛

形态特征 一年生草本，高0.07～0.4 m。多分枝，密被短柔毛。单叶对生，叶卵形或卵状披针形，纸质，边缘有锯齿，叶背密布凹陷腺点。总状花序生于主茎及侧枝上；苞片卵形；花萼钟形，上唇3齿呈卵状披针形，下唇二齿，线形；花冠粉红色，冠檐二唇形，上唇直立，下唇3裂，中裂片较大，边缘具齿；雄蕊4，后对能育，前对退化。小坚果球形，黄褐色，表面具深雕纹。花期5～11月；果期9～11月。种子千粒重0.2632～0.3384 g。

分布 日本、越南。安徽、福建、甘肃、广东、广西、河南、湖北、湖南、江苏、江西、辽宁、陕西、四川、台湾、浙江。

生境 生于路边、林下或岩石坡上。

用途 药用：民间全草入药，治感冒、中暑发高烧、痱子、皮肤瘙痒、疟疾、便秘、内痔、便血、疥疮、湿脚气、外伤出血、跌打损伤；根可治疮毒。生物农药：全草可杀虫。

种子储藏特性及萌发条件 正常型（GBOWS）；20℃、25/15℃或30/20℃，1%琼脂培养基，12 h光照/12 h黑暗条件下萌发（GBOWS）。

唇形科 Lamiaceae

紫苏 *Perilla frutescens* (Linnaeus) Britton var. *frutescens*

库编号/岛屿 868710337233/南韭山岛；868710348909/北关岛

形态特征 一年生草本，高0.2～0.8 m。单叶对生，叶宽卵形或圆形，边缘有粗锯齿，膜质或草质，侧脉7～8对。总状花序顶生或腋生；苞片宽卵圆形或近圆形，外被红褐色腺点；花萼钟形，萼檐二唇形，上唇宽大，3齿，中齿较小，下唇比上唇稍长，2齿；花冠白色至紫红色，冠筒短，冠檐近二唇形，上唇微缺，下唇3裂；雄蕊4，前对稍长。小坚果近球形或卵球形，灰褐色或黄褐色，表面具略突起的网纹。花期8～11月；果期8～12月。种子千粒重0.5048～0.8092 g。

分布 不丹、柬埔寨、印度、印度尼西亚、日本、老挝、越南，朝鲜半岛。福建、广东、广西、贵州、河北、湖北、江苏、江西、山西、四川、台湾、西藏、云南、浙江。

生境 生于路边或林下。

用途 药用：入药部分以茎叶及种子为主，叶为发汗、镇咳、芳香性健胃利尿剂，有镇痛、镇静、解毒作用，治感冒及因鱼蟹中毒之腹痛呕吐者有卓效；梗有平气安胎之功；种子能镇咳、祛痰、平喘、发散精神之沉闷。食用：叶又供食用，和肉类煮熟可增加后者的香味。油脂：种子榨出的油，名苏子油，供食用，又有防腐作用，供工业用。生态：有耐阴特性，房前屋后、水沟边、地头地角等均可种植。生物农药：紫苏醛与柠檬醛是抑制细菌的重要物质，对真菌也有明显抑制作用。

种子储藏特性、休眠类型及萌发条件 正常型（GBOWS）；无休眠（Baskin C C and Baskin J M，2014）；20℃或25/15℃，1%琼脂培养基，12 h光照/12 h黑暗条件下萌发（GBOWS）。

唇形科 Lamiaceae

夏枯草 *Prunella vulgaris* Linnaeus var. *vulgaris*

库编号/岛屿　868710405519/南渔山岛

形态特征　多年生草木，高0.1～0.3 m。茎基部多分枝，紫红色。单叶对生，叶披针形至卵形，边缘具不明显的波状齿或几近全缘。轮伞花序密集组成顶生的穗状花序；苞片宽心形，膜质，浅紫色；花萼钟形，倒圆锥形，外疏生刚毛，二唇形，上唇扁平，下唇较狭；花冠浅紫色，冠檐二唇形，上唇近圆形内凹，下唇3裂，中裂片较大，近倒心脏形；雄蕊4，前对长，花药浅黄白色。小坚果三棱状椭圆形，顶端圆钝，基部稍尖，背腹面及两侧面各有两条褐色纵线棱，表面略平滑，有光泽，黄褐色；果疤三角形，黑褐色，位于腹面基端，围以白色"V"形种阜。花期4～6月；果期7～10月。种子千粒重0.5252 g。

分布　不丹、印度、日本、哈萨克斯坦、吉尔吉斯斯坦、尼泊尔、巴基斯坦、俄罗斯、塔吉克斯坦、土库曼斯坦、乌兹别克斯坦等，朝鲜半岛、非洲、西亚、欧洲、北美洲。福建、甘肃、广东、广西、贵州、河南、湖北、湖南、江西、陕西、四川、台湾、新疆、西藏、云南、浙江。

生境　生于路边。

用途　干燥果穗或全草入药，具有清肝、明目、散结、消肿、止痛之功效，治口眼歪斜，止筋骨疼，舒肝气，开肝郁。

种子储藏特性、休眠类型及萌发条件　正常型（GBOWS）；具有生理休眠（Guerrant and Raven，1998）；20℃、25/15℃或25/10℃，1%琼脂培养基，12 h光照/12 h黑暗条件下萌发（GBOWS）。

唇形科 Lamiaceae

华鼠尾草 *Salvia chinensis* Bentham

库编号/岛屿　868710337428/东矶岛；868710348699/桃花岛

形态特征　一年生草本，高0.4～0.8 m。茎直立或基部匍匐，单一或分枝，被短柔毛或长柔毛。单叶或下部具3小叶的复叶，疏被长柔毛，单叶卵圆形或卵状椭圆形，基部心形或圆形，边缘具圆齿或钝锯齿。轮伞花序有花6，下部疏离，上部密集，组成顶生的总状花序或总状圆锥花序；苞片披针形，先端渐尖，基部宽楔形或近圆形，边缘及脉上被短柔毛；花梗与花序轴被短柔毛；花萼钟形，紫色，萼檐二唇形，上唇3脉，下唇2齿裂；花冠蓝紫或紫红色，外被短柔毛；能育雄蕊2，近外伸，花丝短，关节处有毛；花柱稍外伸，先端2裂。小坚果椭圆状卵圆形，褐色。花期8～10月。种子千粒重0.5068 g。

分布　安徽、福建、广东、广西、湖北、湖南、江苏、江西、山东、四川、台湾、浙江。

生境　生于山坡灌丛中。

用途　花期全草入药，对胃癌、肠癌等消化道肿瘤具有一定的疗效。

种子储藏特性及萌发条件　正常型（GBOWS）；20℃，1%琼脂培养基，12 h光照/12 h黑暗条件下萌发（GBOWS）。

唇形科 Lamiaceae

韩信草 *Scutellaria indica* Linnaeus var. *indica*

库编号/岛屿 868710337215/南韭山岛；868710337725/北先岛；868710348147/舟山岛；868710405426/小踏道岛；868710405480/花岙岛；868710405699/岱山岛

形态特征 多年生草本，0.05～0.3 m。茎直立，深紫色，1至多数。单叶对生，叶草质至近纸质，心状卵圆形或圆状卵圆形至椭圆形，边缘密生整齐圆齿，两面被微柔毛或糙伏毛。总状花序顶生，苞片无梗；花萼果时增大；花冠白色或浅紫色，冠檐二唇形，上唇盔状内凹，下唇两侧中部微内缢，有深紫色斑点；雄蕊4，二强；子房4裂。小坚果卵球形，黄褐色至深褐色，表面具略凸起的网纹，腹面近基部具果疤。花果期2～7月。种子千粒重0.2720～0.3740 g。

分布 柬埔寨、印度、印度尼西亚、日本、老挝、马来西亚、缅甸、泰国、越南。安徽、福建、广东、广西、贵州、河南、湖北、湖南、江苏、江西、陕西、四川、台湾、云南、浙江。

生境 生于灌草丛中或石质山坡上。

用途 全草入药，具祛风、壮筋骨、散血消肿、平肝消热的功效。

种子储藏特性及萌发条件 正常型（GBOWS）；15℃或20℃，1%琼脂培养基，12 h光照/12 h黑暗条件下萌发（GBOWS）。

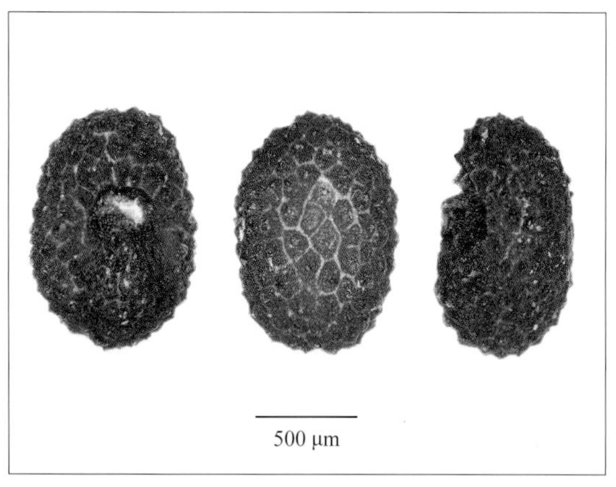

唇形科 Lamiaceae

黄荆 *Vitex negundo* Linnaeus var. *negundo*

库编号/岛屿 868710348591/桃花岛

形态特征 灌木，高1.5～3 m。小枝四棱形，密生灰白色绒毛。掌状复叶对生，小叶3～7；小叶长圆状披针形至披针形，全缘或有少数粗锯齿，背面密生灰白色绒毛，两侧小叶依次递小。聚伞花序排成圆锥花序式，顶生，花序梗密生灰白色绒毛；花萼钟状，顶端5裂齿，外被灰白色绒毛；花冠淡紫色，外有微柔毛，顶端5裂，二唇形；雄蕊伸出花冠管外；子房近无毛。核果近球形，宿存萼接近果实的长度，褐色。花期4～6月；果期7～10月。种子千粒重3.3596 g。

分布 日本，非洲、东南亚、太平洋群岛。安徽、福建、甘肃、广东、广西、贵州、海南、河北、河南、湖北、湖南、江苏、江西、内蒙古、宁夏、陕西、山东、山西、四川、台湾、西藏、云南、浙江。

生境 生于林缘。

用途 药用：根、茎、叶、种子可入药，用于治疗肠炎、痢疾、中暑、跌打肿痛、疮痈疥癣、气管炎、急慢性胆囊炎、胆结石、风痹等。油脂：种子油可供工业用，花和枝叶可提取芳香油。纤维：茎皮可造纸及制人造棉。

种子储藏特性、休眠类型及萌发条件 正常型（GBOWS）；具有生理休眠（Wang and Chen, 2009）；20℃或25/10℃，1%琼脂培养基，12 h光照/12 h黑暗条件下萌发（GBOWS）。

唇形科 Lamiaceae

单叶蔓荆 *Vitex rotundifolia* Linnaeus f.

库编号/岛屿 868710336996/小蚂蚁岛；868710349185/北小门岛；868710405753/衢山岛

形态特征 灌木，高0.2～1 m。茎匍匐，节处常生不定根。单叶对生，叶倒卵形或近圆形，全缘。圆锥花序顶生，花序梗密被灰白色绒毛；花萼钟形，顶端5浅裂，外被绒毛；花冠淡紫色或紫色，顶端5裂，二唇形，下唇中间裂片较大；雄蕊4，伸出花冠外；花柱无毛，柱头2裂。核果近圆形，幼时绿色，熟时黑色，4室，常2粒饱满；果萼宿存，外被灰白色绒毛。花期7～8月；果期8～11月。种子千粒重3.3519～4.0952 g。

分布 日本、印度、缅甸、泰国、越南、马来西亚、澳大利亚、新西兰。辽宁、河北、山东、江苏、安徽、浙江、江西、福建、台湾、广东。

生境 生于山坡岩石灌丛中或草丛中。

用途 药用：干燥成熟果实入药，具有疏散风热的功能，治头痛眩晕目痛等及湿痹拘挛。香料：茎叶可提取芳香油。生态：耐干旱瘠薄，抗海风海雾，有明显的改良土壤作用。

种子储藏特性、休眠类型及萌发条件 正常型（GBOWS）；具有生理休眠或无休眠（Baskin C C and Baskin J M，2014）；25/15℃，1%琼脂培养基，12 h光照/12 h黑暗条件下萌发（GBOWS）。

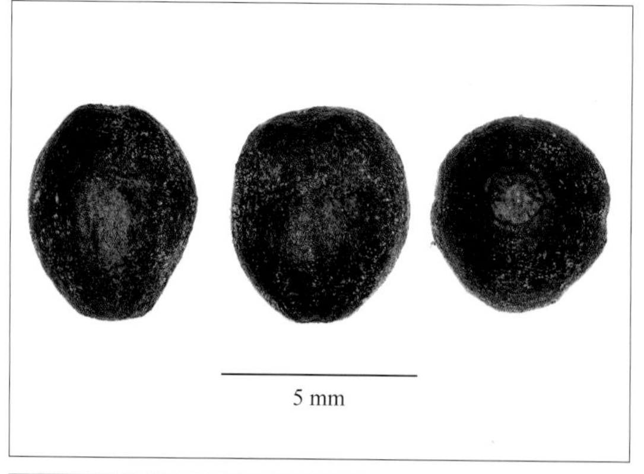

冬青科 Aquifoliaceae

冬青 *Ilex chinensis* Sims

库编号/岛屿　868710348096/佛渡岛；868710348384/佛渡岛；868710348459/舟山岛

形态特征　常绿灌木或乔木，高2.5～6 m。叶薄革质，椭圆形或披针形，先端渐尖，基部楔形或钝，边缘具齿，两面无毛。复聚伞花序单生叶腋；雄花花瓣卵圆形，开放时反折，花淡紫色或紫红色，4～5数；雌花花瓣同雄花，子房卵形，柱头厚盘状。核果长球形，幼时绿色，熟时红色；分核4～5，狭披针形，背面平滑，凹形，断面呈三棱形，内果皮厚革质。花期4～7月；果期7～12月。

分布　安徽、福建、广东、广西、河南、湖北、湖南、江苏、江西、台湾、云南、浙江等。

生境　生于林中或山坡灌丛中。

用途　树脂树胶：树皮含鞣质，可提制栲胶。观赏：耐修剪，叶阔且常绿，为我国常见的庭园观赏树种。木材：木材坚韧，供细工原料，用于制玩具、雕刻品、工具柄和木梳等。药用：树皮及种子供药用，有较强的抑菌和杀菌作用；叶有清热利湿、消肿镇痛之功效；根味苦，性凉，有抗菌、清热解毒、消炎的功效。

种子储藏特性　正常型（GBOWS）。

冬青科 Aquifoliaceae

齿叶冬青 *Ilex crenata* Thunberg

库编号/岛屿 868710348663/桃花岛

形态特征 常绿灌木，高1～3 m。树皮灰黑色，幼枝灰色或褐色，具纵棱角，密被短柔毛，较老的枝具半月形隆起叶痕和稀疏的椭圆形或圆形皮孔。叶革质，倒卵形或椭圆形，边缘具圆齿状锯齿，叶上面仅主脉被短柔毛；托叶钻形。雄花1～7排成聚伞花序，单生于当年生枝的鳞片腋内或叶腋内，或假簇生于二年生枝的叶腋内，花瓣4，白色，宽椭圆形，基部稍合生；雌花单生叶腋，花瓣卵形，基部合生。核果球形，幼时绿色，熟时黑色；分核4，长圆状椭圆形，平滑，具条纹，无沟，内果皮革质。花期5～6月；果期8～10月。种子千粒重10.5248 g。

分布 日本，朝鲜半岛。安徽、福建、广东、广西、海南、湖北、湖南、江西、台湾、山东、浙江等。

生境 生于山坡灌丛中。

用途 在我国常栽培做庭园观赏树种，欧美各地亦有栽培。

种子储藏特性及休眠类型 正常型（GBOWS）；具有形态生理休眠（Baskin C C and Baskin J M，2014）。

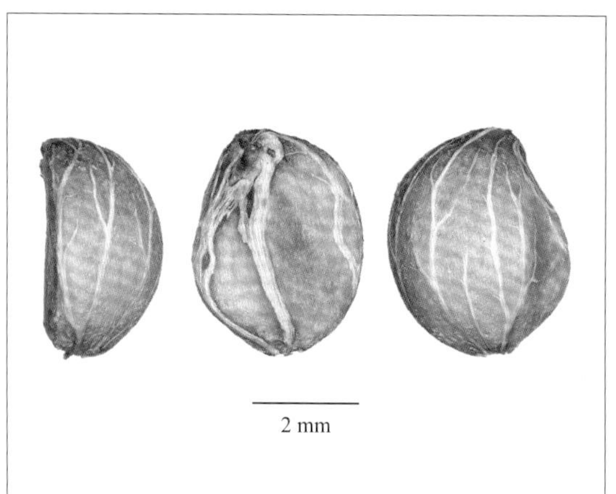

冬青科 Aquifoliaceae

*全缘冬青 *Ilex integra* Thunberg

库编号/岛屿 868710337116/大尖苍岛；868710348549/桃花岛；868710405558/蚊虫山岛

形态特征 灌木或小乔木，高1～5 m。树皮灰白色。小枝粗壮，茶褐色，具纵皱褶及椭圆形凸起的皮孔，略粗糙，无毛，皮孔半圆形，稍凸起，当年生幼枝具纵棱沟，无毛。叶厚革质，倒卵形或倒卵状椭圆形，稀倒披针形，先端钝圆，基部楔形，全缘，两面无毛，侧脉6～8对；托叶无。聚伞花序簇生于当年生枝的叶腋内，每分枝具花1～3；花4基数；花冠辐状，花瓣长圆状椭圆形。核果球形，幼时绿色，熟时红色；宿存柱头盘状，4裂；分核4，宽椭圆形，背面具不规则的皱棱及洼穴，两侧面具纵棱及沟或洼穴，内果皮近木质。花期4月；果期6～10月。种子千粒重21.9032～31.5580 g。

分布 日本，朝鲜半岛。台湾、浙江。

生境 生于林中或石质山坡上。

用途 观赏：四季常绿，深秋季节果实红色，可做观叶、观果植物。木材：树干通直，木材结构致密，刨面光滑，为建筑、家具、细木工等的优质用材。行道树：有抗风、耐海雾、耐干旱瘠薄等特性，十分适合做长三角沿海地区的行道树、庭院树等。

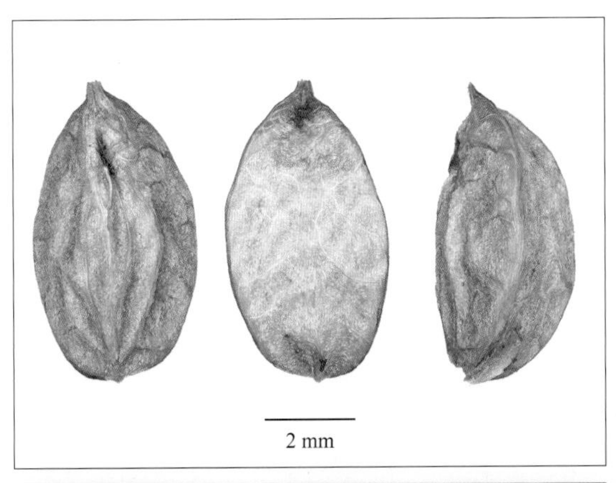

冬青科 Aquifoliaceae

毛冬青 *Ilex pubescens* Hooker & Arnott var. *pubescens*

库编号/岛屿 868710349062/洞头岛

形态特征 灌木，高3～4 m。小枝纤细，近四棱形，灰褐色，密被长硬毛，具纵棱脊，无皮孔，具稍隆起、近新月形叶痕。叶纸质或膜质，椭圆形或长卵形，先端急尖或短渐尖，基部钝，边缘具细锯齿或近全缘，两面被毛。花序簇生叶腋，密被长硬毛；雄花序：簇的单个分枝具1或3花的聚伞花序，花4或5基数，粉红色，花瓣4～6，卵状长圆形或倒卵形，先端圆，基部稍合生；雌花序：单个分枝具单花，稀具3花，长圆形，先端圆。核果球形，幼时绿色，熟时红色；分核6，椭圆形，两端尖，背面具单沟及3条纹，两侧面平滑，内果皮近木质。花期4～6月；果期8～11月。种子千粒重1.1432 g。

分布 安徽、福建、广东、广西、贵州、海南、湖北、湖南、江西、台湾、香港、云南、浙江。

生境 生于山坡林中。

用途 根含黄酮甙、酚性物质等，叶含齐敦果酸、乌索酸，有增加冠状动脉流量及增强心肌收缩的作用。

种子储藏特性、休眠类型及萌发条件 正常型（GBOWS）；具有形态休眠（Tsang and Corlett，2005）；20℃或25/10℃，含200 mg/L赤霉素的1%琼脂培养基，12 h光照/12 h黑暗条件下萌发（GBOWS）。

冬青科 Aquifoliaceae

铁冬青 *Ilex rotunda* Thunberg

库编号/岛屿 868710348300/桃花岛；868710348984/顶草峙岛

形态特征 常绿乔木，高3～5 m。树皮灰色至灰黑色。小枝圆柱形，挺直，较老枝具纵裂缝；叶痕倒卵形或三角形，稍隆起；皮孔不明显；当年生幼枝具纵棱，无毛。叶薄革质或纸质，卵形、倒卵形或椭圆形，先端短渐尖，基部楔形或钝，全缘，两面无毛，侧脉6～9对。聚伞花序或伞形花序单生叶腋；花黄白色，芳香，4～7数；雄花花瓣长圆形，开放时反折；雌花花瓣倒卵状长圆形。果近球形或稀椭圆形，幼时绿色，熟时红色；分核5～7，椭圆形，背面具3纵棱及2沟，两侧面平滑，内果皮近木质。花期4～6月；果期8～12月。种子千粒重2.5464～3.1148 g。

分布 日本、越南，朝鲜半岛。安徽、福建、广东、广西、贵州、海南、湖北、湖南、江苏、江西、台湾、云南、浙江。

生境 生于岩缝或林中。

用途 工业：木材可做细工用材，枝叶可做造纸原料，树皮可提制染料和栲胶。观赏：秋季红果累累，观赏价值极高，为理想的庭园绿化观赏树种，也可做切枝材料点缀插花作品。药用：叶和树皮入药，有清热利湿、消炎解毒、消肿镇痛之功效；兽医用来治胃溃疡、感冒发热，以及各种痛症、热毒、阴疮。

种子储藏特性及休眠类型 正常型（GBOWS）；具有形态生理休眠（Tsang and Corlett，2005）。

桔梗科 Campanulaceae

沙参 *Adenophora stricta* Miquel subsp. *stricta*

库编号/岛屿 868710337515/北一江山岛

形态特征 多年生草本，茎高0.4～0.8 m；植株具乳黄色乳汁。肉质根粗壮，不分枝，常被短硬毛或长柔毛。基生叶心形，大而具长柄；茎生叶无柄或仅下部叶有极短而带翅的柄，椭圆形或狭卵形，两面疏生短毛或长硬毛。假总状花序或圆锥花序；花梗极短；花萼常被短柔毛或粒状毛；花冠宽钟状，蓝色或紫色，裂片长为全长的1/3，三角状卵形。蒴果黄褐色，椭圆状球形，极少为椭圆状。种子棕黄色，稍扁，具1棱。花果期8～10月。种子千粒重0.1728 g。

分布 日本，朝鲜半岛。安徽、重庆、福建、甘肃、广西、贵州、河南、湖北、湖南、江苏、江西、陕西、四川、云南、浙江。

生境 生于林缘、石质山坡草丛中。

用途 食用：根煮去苦味后可食用；3～4月采集嫩茎叶可做野菜。药用：根供药用，能滋补、祛寒热、清肺止咳，也有治疗头痛、心脾痛、妇女白带之效。

种子储藏特性及萌发条件 正常型（GBOWS）；20℃，1%琼脂培养基，12 h光照/12 h黑暗条件下萌发（GBOWS）。

桔梗科 Campanulaceae

蓝花参 *Wahlenbergia marginata* (Thunberg) A. Candolle

库编号/岛屿 868710336840/秀山牛轭岛；868710348489/舟山岛；868710405663/大竹屿岛

形态特征 多年生草本，高0.1～0.5 m，有白色乳汁。根细长，细胡萝卜状。茎自基部多分枝。叶互生，常在茎下部密集，下部的叶匙形、倒披针形或椭圆形，上部的叶条状披针形或椭圆形。花梗极长；花萼无毛，筒部倒卵状圆锥形，裂片三角状钻形；花冠钟状，蓝色，分裂达2/3。蒴果倒圆锥状或倒卵状圆锥形，3室，成熟后3瓣裂。种子多数，长椭圆形，光滑，黄棕色。花果期2～11月。种子千粒重0.0112～0.0139 g。

分布 广布亚洲热带、亚热带地区。产长江以南各省区。

生境 生于山坡草地中。

用途 根或全草药用，具有益气健脾、祛痰止咳的功效，临床上常用于治疗气管炎、百日咳等疾病。

种子储藏特性、休眠类型及萌发条件 正常型（GBOWS）；具有生理休眠（GBOWS）；20℃，含200 mg/L赤霉素的1%琼脂培养基，12 h光照/12 h黑暗条件下萌发（GBOWS）。

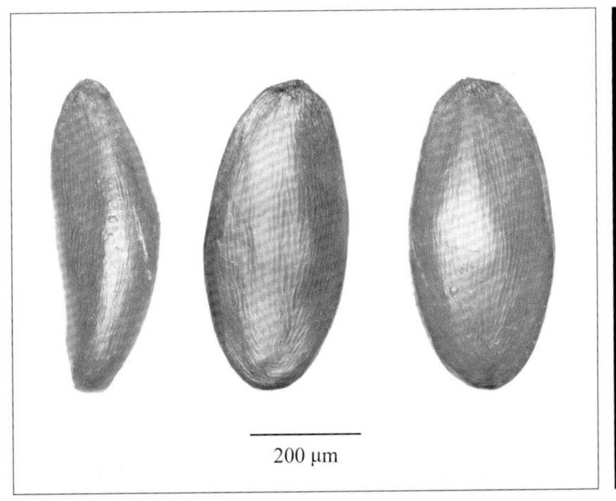

菊科 Asteraceae

下田菊 *Adenostemma lavenia* (Linnaeus) Kuntze var. *lavenia*

库编号/岛屿 868710349146/小鹿山岛

形态特征 一年生草本，高0.3～0.5 m。茎直立，单生，通常自上部叉状分枝。中部茎生叶较大，长椭圆状披针形，叶柄有狭翼；上部和下部的叶渐小，有短叶柄。头状花序小，少数稀，多数在假轴分枝顶端排列成松散伞房状或伞房圆锥状花序；总苞半球形，总苞片2层，近等长，狭长椭圆形，绿色，外层苞片大部分合生；全部管状花白色，下部被黏质腺毛。瘦果倒披针形，顶端钝，基部收窄，被腺点，熟时褐色至深褐色；冠毛4，棒状，基部结合成环状，顶端有棕黄色的黏质腺体分泌物。花果期8～11月。种子千粒重0.8612 g。

分布 印度、日本、缅甸、尼泊尔、菲律宾、泰国、澳大利亚，朝鲜半岛。安徽、福建、甘肃、广东、广西、贵州、海南、湖南、江苏、江西、陕西、四川、台湾、西藏、云南、浙江，南海诸岛。

生境 生于林下。

用途 全草入药，具清热利湿、解毒消肿之功效，可用于感冒高热、支气管炎、咽喉炎、扁桃体炎、黄疸型肝炎的治疗，外治痈疖疮疡、蛇咬伤等。

种子储藏特性、休眠类型及萌发条件 正常型（GBOWS）；具有生理休眠或无休眠（Baskin C C and Baskin J M，2014）；20℃或25/15℃，1%琼脂培养基，12 h光照/12 h黑暗条件下萌发（GBOWS）。

菊科 Asteraceae

普陀狗娃花 *Aster arenarius* (Kitamura) Nemoto

库编号/岛屿 868710336972/小蚂蚁岛；868710337677/冬瓜屿；868710348828/南麂岛；868710349170/双峰山岛；868710349224/积谷山岛；868710349254/西中峙岛

形态特征 多年生草本，高0.5～1 m。主根粗壮，木质化。茎平卧或斜升，自基部分枝。下部茎生叶在花期枯萎，中部及上部叶匙形或匙状矩圆形，质厚。头状花序单生枝端，有苞片状小叶；总苞半球形，总苞片约2层，狭披针形，顶端渐尖，有缘毛，绿色；舌状花1层，雌性，舌片条状矩圆形，淡蓝色或淡白色；管状花两性，黄色；舌状花的冠毛短鳞片状，污白色；管状花冠毛刚毛状，多数，淡褐色。瘦果倒卵形，浅黄褐色，扁，被绢状柔毛。种子千粒重0.7016～1.0192 g。

分布 日本。浙江。

生境 生于岩石缝隙中或沙地中。

用途 可作为优秀的乡土物种应用于园林园艺中。

种子储藏特性及萌发条件 正常型（GBOWS）；20℃或25/15℃，1%琼脂培养基，12 h光照/12 h黑暗条件下萌发（GBOWS）。

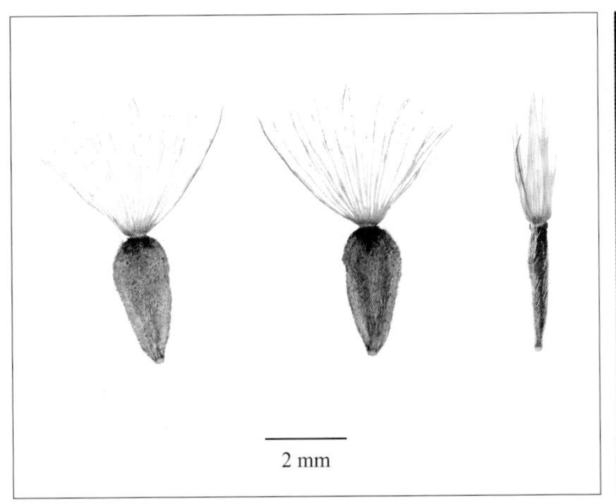

菊科 Asteraceae

琴叶紫菀 *Aster panduratus* Nees ex Walpers

库编号/岛屿 868710337539/北一江山岛

形态特征 多年生草本，高0.6～0.7 m。根状茎粗壮。茎直立，单生或丛生，上部有分枝，有较密生的叶。下部叶在花期枯萎或生存，匙状长圆形；中部叶长圆状匙形，基部扩大成心形或有圆耳，半抱茎；上部叶渐小，卵状长圆形，基部心形抱茎，常全缘；全部叶稍厚质。头状花序在枝端单生或疏散伞房状排列；具线状披针形或卵形苞叶，总苞半球形，总苞片3层，长圆披针形；舌状花浅紫色，管状花黄色；冠毛白色约与管状花花冠等长。瘦果卵状长圆形，基部狭，被毛，浅褐色至深褐色。花期2～9月；果期6～10月。种子千粒重0.4380 g。

分布 福建、广东、广西、贵州、湖北、湖南、江苏、江西、四川、浙江。

生境 生于山坡草丛中。

用途 以带根全草入药，具温中散寒、止咳、止痛的功效，用于治肺寒喘咳，慢性胃痛。

种子储藏特性及萌发条件 正常型（GBOWS）；20℃或25/15℃，1%琼脂培养基，12 h光照/12 h黑暗条件下萌发（GBOWS）。

菊科 Asteraceae

全叶马兰 *Aster pekinensis* (Hance) F. H. Chen

库编号/岛屿 868710337356/东矶岛；868710337482/北一江山岛

形态特征 多年生草本，高0.4～1 m。茎直立，单生或数个丛生，中部以上有近直立的帚状分枝。下部叶在花期枯萎；中部叶多而密，条状披针形、倒披针形或矩圆形；上部叶较小，条形。头状花序单生枝端且排成疏伞房状；总苞半球形，总苞片3层，覆瓦状排列；舌状花1层，白色或浅紫色；管状花黄色。瘦果倒卵形，浅褐色，扁，有浅色边肋，或一面有肋而果呈三棱形，上部有短毛及腺；冠毛褐色，不等长，易脱落。花期6～10月；果期7～11月。种子千粒重0.5204～0.5392 g。

分布 俄罗斯，朝鲜半岛。安徽、甘肃、河北、黑龙江、河南、湖北、湖南、江苏、江西、吉林、辽宁、内蒙古、陕西、山东、山西、四川、云南、浙江。

生境 生于山坡灌草丛中。

用途 全草入药，有镇咳和抑制中枢及抗炎镇痛的作用。

种子储藏特性及萌发条件 正常型（GBOWS）；20℃或25/15℃，1%琼脂培养基，12 h光照/12 h黑暗条件下萌发（GBOWS）。

菊科 Asteraceae

石胡荽 *Centipeda minima* (Linnaeus) A. Braun & Ascherson

库编号/岛屿 868710348474/舟山岛

形态特征 一年生草本，高0.02～0.1 m。茎多分枝，匍匐状。叶互生，楔状倒披针形，边缘有少数锯齿。头状花序小，扁球形，单生于叶腋，无花序梗或极短；总苞半球形，总苞片2层，椭圆状披针形，绿色，边缘透明膜质，外层较大；边缘花雌性，多层，花冠细管状，淡绿黄色；盘花两性，花冠管状，淡紫红色。瘦果椭圆形，具4棱，棱上有长毛，无冠状冠毛。花果期6～10月。种子千粒重0.0150 g。

分布 印度、印度尼西亚、巴布亚新几内亚、菲律宾、俄罗斯、泰国、澳大利亚，太平洋群岛。安徽、重庆、福建、广东、广西、贵州、海南、河南、湖北、江苏、陕西、山东、四川、台湾、云南、浙江。

生境 生于阴湿的草丛中。

用途 全草入药，具有通窍明目、祛风利湿、祛痰止咳、活血散淤、解毒消肿等功效，在临床上主要用于治疗感冒鼻塞和急慢性鼻炎等病症。

种子储藏特性及萌发条件 正常型（GBOWS）；20℃或25/15℃，1%琼脂培养基，12 h光照/12 h黑暗条件下萌发（GBOWS）。

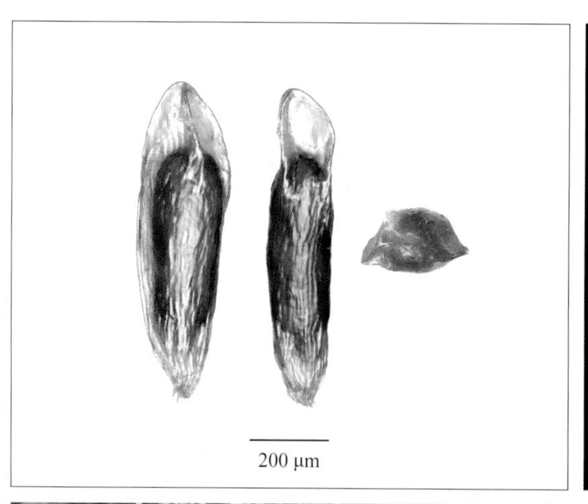

菊科 Asteraceae

蓟 *Cirsium japonicum* Candolle

库编号/岛屿 868710405399/上大陈岛

形态特征 多年生草本，高0.6～0.8 m。块根纺锤状，茎直立。基生叶较大，羽状深裂或几全裂，侧裂片6～12对，中部侧裂片较大，边缘有稀疏大小不等小锯齿，或锯齿较大而使整个叶成较为明显的二回状分裂状态，顶裂片披针形或长三角形；茎生叶与基生叶同形并等样分裂，基部扩大半抱茎；全部茎叶两面绿色。头状花序直立；总苞钟状，总苞片约6层，覆瓦状排列，向内层渐长，外层与中层卵状三角形至长三角形，顶端长渐尖，有长1～2 mm的针刺，内层披针形或线状披针形，顶端渐尖呈软针刺状；小花紫红色。瘦果稍压扁，偏斜楔状倒披针形，顶端斜截形，中央具花柱残基，褐色；冠毛长羽毛状，浅褐色，多层，基部联合成环，整体脱落。花果期4～11月。种子千粒重2.0824 g。

分布 日本、俄罗斯、越南，朝鲜半岛。重庆、福建、广东、广西、贵州、河北、湖北、湖南、江苏、江西、内蒙古、青海、陕西、山东、四川、台湾、云南、浙江。

生境 生于灌草丛中。

用途 根入药，主要有凉血止血、散瘀解毒消痈之功效。

种子储藏特性、休眠类型及萌发条件 正常型（GBOWS）；具有生理休眠（Washitani and Masuda，1990）；20℃或25/15℃，1%琼脂培养基，12 h光照/12 h黑暗条件下萌发（GBOWS）。

菊科 Asteraceae

假还阳参 *Crepidiastrum lanceolatum* (Houttuyn) Nakai

库编号/岛屿 868710336915/南圆山岛；868710337587/大明甫岛；868710348222/舟山岛

形态特征 多年生草本，高0.1～0.8 m。基生叶莲座状，卵形至匙形，基部渐狭成翅柄，全缘，两面无毛；茎生叶疏离，下部叶匙状长圆形至线状披针形，中部叶长圆形至披针形，上部叶卵形至卵状长圆形，基部抱茎。头状花序在枝端排列呈伞房状；总苞片1层，等长，线状披针形，外有卵形小苞片；花全部为舌状，黄色。瘦果长圆柱形，略扁，顶端平截，无喙，具10～15肋；冠毛多数，1层，白色，糙毛状，易脱落。花果期7～11月。种子千粒重0.4500 g。

分布 日本，朝鲜半岛。江苏、福建、台湾、浙江。

生境 生于石质山坡上。

用途 食用：在日本地上部分做绿色蔬菜，还可作为食用添加剂。药用：在日本民间地上部分是一种传统的药用植物，用于治疗感冒发热、动脉硬化、高血压、胃肠道疾病。

种子储藏特性及萌发条件 正常型（GBOWS）；20℃或25/15℃，1%琼脂培养基，12 h光照/12 h黑暗条件下萌发（GBOWS）。

菊科 Asteraceae

地胆草 *Elephantopus scaber* Linnaeus

库编号/岛屿 868710348927/北关岛

形态特征 多年生草本，高0.2～0.4 m。茎直立，常多少二歧分枝。基部叶花期宿存，莲座状，匙形或倒披针状匙形，基部渐狭成宽短柄，边缘具圆齿状锯齿；茎叶少数而小，倒披针形或长圆状披针形，向上渐小。头状花序多数，在茎或枝端组成团球状的复头状花序，基部被3个叶状苞片所包围；总苞狭，总苞片绿色或上端紫红色，长圆状披针形；花4，全部管状，淡紫色或粉红色。瘦果长圆状线形，顶端截形，基部缩小，具棱8～10，表面被短柔毛；冠毛污白色，具6条硬刚毛，基部宽扁。花果期7～11月。种子千粒重1.0828 g。

分布 广泛分布于非洲、美洲和亚洲热带地区。福建、广东、广西、贵州、海南、湖南、江西、台湾、云南、浙江。

生境 生于灌丛中。

用途 全草入药，主治感冒、百日咳、扁桃体炎、眼结膜炎、黄疸、肾炎水肿、湿疹等。

种子储藏特性及萌发条件 正常型（GBOWS）；20℃或25/15℃，1%琼脂培养基，12 h光照/12 h黑暗条件下萌发（GBOWS）。

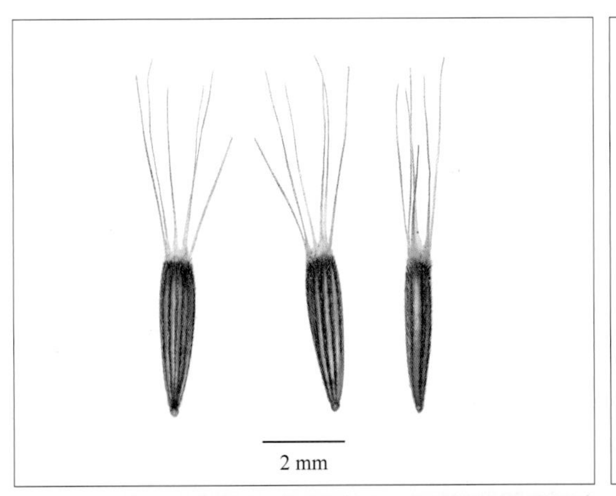

菊科 Asteraceae

白头婆 *Eupatorium japonicum* Thunberg

库编号/岛屿 868710337101/大尖苍岛；868710337443/东矶岛；868710337536/北一江山岛

形态特征 多年生草本，高0.3～1 m。叶对生；中部茎叶椭圆形或长椭圆形或卵状长椭圆形或披针形；自中部向上及向下部的叶渐小，与茎中部叶同形。头状花序在茎顶排成紧密的伞房花序；总苞钟状，总苞片覆瓦状排列，3层，外层极短，披针形，中层及内层苞片渐长，长椭圆形或长椭圆状披针形，全部苞片绿色或带紫红色；全部小花管状，白色或带红紫色或粉红色。瘦果浅黑褐色，长椭圆形，5棱，被多数黄色腺点，无毛；冠毛白色。花果期6～11月。种子千粒重0.3588～0.4948 g。

分布 日本，朝鲜半岛。安徽、福建、广东、贵州、海南、黑龙江、河南、湖北、江苏、江西、吉林、辽宁、陕西、山东、山西、四川、云南、浙江。

生境 生于山坡灌草丛中。

用途 饮料：在朝鲜半岛，花做茶饮。药用：全草入药，具有止痛、活血散瘀、消肿之功效。

种子储藏特性、休眠类型及萌发条件 正常型（GBOWS）；具有生理休眠（Baskin C C and Baskin J M，2014）；20℃或25/15℃，含200 mg/L赤霉素的1%琼脂培养基，12 h光照/12 h黑暗条件下萌发（GBOWS）。

菊科 Asteraceae

台湾翅果菊 *Lactuca formosana* Maximowicz

库编号/岛屿 868710405714/衢山岛

形态特征 一年生草本，高0.2～0.5 m。根分枝常成萝卜状。茎直立，单生，上部伞房花序状分枝。下部及中部茎叶全形椭圆形、长椭圆形、披针形或倒披针形，羽状深裂或几全裂，有翼柄，柄基稍扩大抱茎，顶裂片长披针形或线状披针形或三角形，侧裂片2～5对，对生、偏斜或互生，椭圆形或宽镰刀状，上方侧裂片较大，下方侧裂片较小，全部裂片边缘有锯齿；上部茎叶与中部茎叶同形并等样分裂或不裂而为披针形，边缘全缘，基部圆耳状扩大半抱茎；全部叶两面粗糙，下面沿脉有小刺毛。头状花序多数，在茎枝顶端排成伞房状花序；总苞果期卵球形，总苞片4～5层，最外层宽卵形，顶端长渐尖，外层椭圆形，顶端渐尖，中内层披针形或长椭圆形，顶端渐尖；舌状小花约21，黄色。瘦果椭圆形，压扁，棕黑色，边缘有宽翅，顶端急尖成细丝状喙，每面有1条隆起的细脉纹；冠毛白色，单毛状。花果期4～11月。种子千粒重1.0464 g。

分布 安徽、福建、广东、广西、贵州、海南、河南、湖北、江苏、江西、宁夏、陕西、四川、台湾、云南、浙江。

生境 生于林下。

用途 该属植物为我国重要的民族传统药用植物，民间常用地上部分治疗风寒咳嗽和肺结核等疾病。

种子储藏特性及萌发条件 正常型（GBOWS）；20℃或25/15℃，1%琼脂培养基，12 h光照/12 h黑暗条件下萌发（GBOWS）。

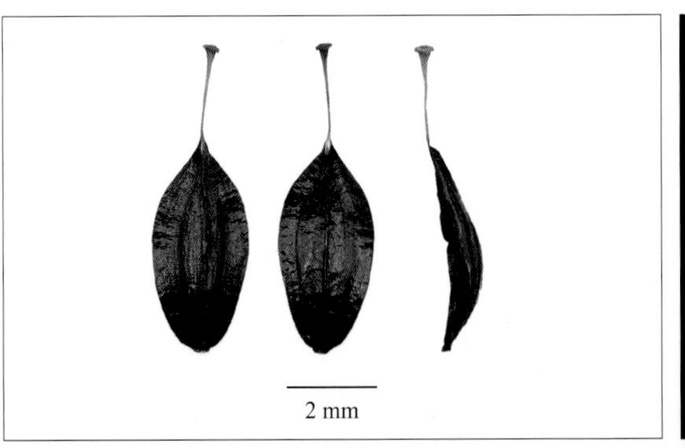

菊科 Asteraceae

毛梗豨莶 *Sigesbeckia glabrescens* (Makino) Makino

库编号/岛屿 868710337467/东矶岛

形态特征 一年生草本，高0.4～0.8 m。茎直立，通常上部分枝，被平伏短柔毛。基部叶花期枯萎；中部叶卵圆形、三角状卵圆形或卵状披针形，边缘有齿；上部叶渐小，卵状披针形；全部叶两面被柔毛，基出三脉。多数头状花序在枝端排列成疏散的圆锥花序；总苞钟状，总苞片2层，叶质，背面密被紫褐色头状有柄的腺毛，外层苞片5，线状匙形，内层苞片倒卵状长圆形；托片倒卵状长圆形，背面疏被头状具柄腺毛；雌花舌状，黄色；两性花管状，黄色。瘦果倒卵形，4棱，顶端有灰褐色环状突起。花果期4～11月。种子千粒重1.1236 g。

分布 日本，朝鲜半岛。安徽、福建、广东、广西、贵州、海南、河南、湖北、湖南、江苏、江西、辽宁、四川、台湾、云南、浙江。

生境 生于山坡灌丛中。

用途 地上部分入药，具有抗肿瘤、抗菌和抗过敏等作用。

种子储藏特性及萌发条件 正常型（GBOWS）；20℃或25/15℃，1%琼脂培养基，12 h光照/12 h黑暗条件下萌发（GBOWS）。

菊科 Asteraceae

钻叶紫菀 *Symphyotrichum subulatum* (Michaux) G. L. Nesom

库编号/岛屿 868710337350/东矶岛

形态特征 一年生草本，高0.25～0.8 m。茎单一，直立，自基部或中部或上部多分枝，茎和分枝具粗棱，光滑无毛。基部叶倒披针形，花后枯萎；中部叶线状披针形，全缘；上部叶渐窄至线形。头状花序多数，在茎和枝先端排列成疏圆锥状花序；花序梗纤细光滑，具钻形苞叶4～8；总苞钟形，总苞片3～4层，外层较短，内层较长，线状钻形，全部总苞片背部绿色，或先端略带红色；雌花花冠舌状，小，淡红色、红色、紫红色或紫色；两性花花冠管状，黄色，多数，短于冠毛。瘦果线状长圆形，稍扁，具边肋，疏被白色微毛；冠毛1层，细而软。花果期9～11月。种子千粒重0.0381 g。

分布 原产北美洲，归化于世界各地。安徽、澳门、北京、重庆、甘肃、广东、广西、贵州、河北、河南、湖北、湖南、江苏、江西、辽宁、陕西、山东、上海、四川、台湾、天津、香港、云南、浙江有逸生。

生境 生于路边。

用途 地上部分乙酸乙酯提取物对烟草花叶病毒有显著的抗病毒活性。

种子储藏特性及萌发条件 正常型（GBOWS）；20℃或25/15℃，1%琼脂培养基，12 h光照/12 h黑暗条件下萌发（GBOWS）。

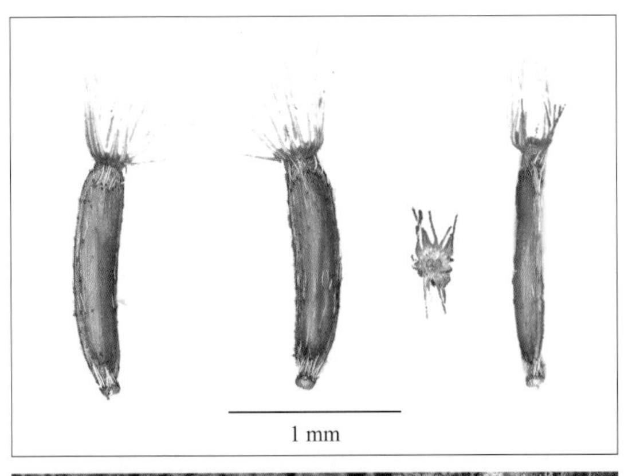

菊科 Asteraceae

夜香牛 *Vernonia cinerea* (Linnaeus) Lessing

库编号/岛屿 868710349140/小鹿山岛

形态特征 多年生草本，高0.2～0.4 m。茎直立，通常上部分枝。下部和中部叶具柄，菱状卵形、菱状长圆形或卵形，侧脉3～4对；上部叶渐尖，狭长圆状披针形或线形。头状花序多数，在茎枝端排列成伞房状圆锥花序，花序梗细长；总苞钟状，总苞片4层，绿色或有时变紫色；花托平，全部小花管状，淡红紫色或紫色。瘦果长圆柱形，顶端截形，基部缩小，密生短柔毛和腺点，浅褐色；冠毛白色，2层，外层多数而短，内层近等长，糙毛状。花果期全年。种子千粒重0.2268 g。

分布 印度、印度尼西亚、日本、马来西亚、缅甸、巴布亚新几内亚、菲律宾、斯里兰卡、泰国、越南、澳大利亚，非洲、阿拉伯半岛、太平洋群岛；在美国归化。福建、广东、广西、湖北、湖南、江西、四川、台湾、云南、浙江。

生境 生于林下。

用途 全草入药，具有疏风清热、除湿、解毒的功效，主治外感发热、咳嗽、急性黄疸型肝炎、湿热腹泻、白带、疔疮肿毒、乳腺炎、鼻炎和毒蛇咬伤。

种子储藏特性及萌发条件 正常型（GBOWS）；20℃或25/15℃，1%琼脂培养基，12 h光照/12 h黑暗条件下萌发（GBOWS）。

菊科 Asteraceae

北美苍耳 *Xanthium chinense* Miller

库编号/岛屿 868710337200/南韭山岛

形态特征 一年生草本，高 0.2～0.5 m。茎直立，坚硬，被短糙伏毛。叶互生，具长柄；叶片宽卵状三角形或近圆形，3～5浅裂，先端钝或急尖，基部心形，与叶柄连接处成相等的楔形，边缘有不规则的齿或粗锯齿，具三基出脉，叶两面密被糙伏毛。圆锥花序腋生或假顶生，雌花序生于雄花序之下，通常数量较多。刺果（具瘦果的总苞）纺锤形，幼时黄绿色或绿色，后常变为黄褐色或红褐色，顶端具两个锥状的喙，连喙长12～20 mm，果体宽8～10 mm；总苞具刺，刺直立，针状，基部增粗，顶端具倒钩。瘦果2，倒卵形，灰白色。花期7～8月；果期8～9月。种子千粒重45.3510 g。

分布 原产墨西哥、美国和加拿大。安徽、北京、重庆、福建、广东、广西、贵州、河北、河南、黑龙江、湖北、湖南、吉林、江西、江苏、辽宁、内蒙古、山东、陕西、四川、新疆、天津、台湾、云南。

生境 生于路边。

用途 暂无，为外来入侵植物。

种子储藏特性及萌发条件 正常型（GBOWS）；剥去果皮，20℃或25/15℃，1%琼脂培养基，12 h光照/12 h黑暗条件下萌发（GBOWS）。

忍冬科 Caprifoliaceae

忍冬 *Lonicera japonica* Thunberg var. *japonica*

库编号/岛屿 868710337167/柱住山岛

形态特征 草质藤本。幼枝红褐色，老枝棕褐色，均被毛。叶纸质，卵形至矩圆状卵形，有糙缘毛。花冠初开时白色，有时基部向阳面微红，后变黄色，唇形，筒稍长于唇瓣，外被糙毛和长腺毛，上唇裂片顶端钝形，下唇带状而反曲。浆果球形，幼时深绿色，熟时蓝黑色，有光泽，具少数至多数种子。种子褐色，卵圆形或椭圆形，扁，中部有1凸起的脊，两侧有浅的横沟纹。花期4～6月（秋季亦常开花）；果期9～11月。种子千粒重49.4500 g。

分布 日本，朝鲜半岛、东南亚、北美洲等。除宁夏、青海、新疆、海南、西藏、黑龙江、内蒙古无自然生长外，全国广布。

生境 生于山坡灌丛、疏林中。

用途 油脂：花含芳香油，可配制化妆品香精。观赏：枝叶茂密，花期较长，花色变化且有香味，是美化院墙、篱栏的优质物种。生态：适应性很强，对土壤和气候的选择并不严格，山坡、梯田、地堰、堤坝、瘠薄的丘陵都可栽培。药用：花蕾为常用中药，清热解毒、消炎退肿，并被制成多种药剂。茶饮：暑季用以代茶，能治温热痧痘、血痢等。

种子储藏特性、休眠类型及萌发条件 正常型（GBOWS）；具有形态生理休眠（Hidayati et al.，2000）；15℃或20℃，含200 mg/L赤霉素的1%琼脂培养基，12 h光照/12 h黑暗条件下萌发（GBOWS）。

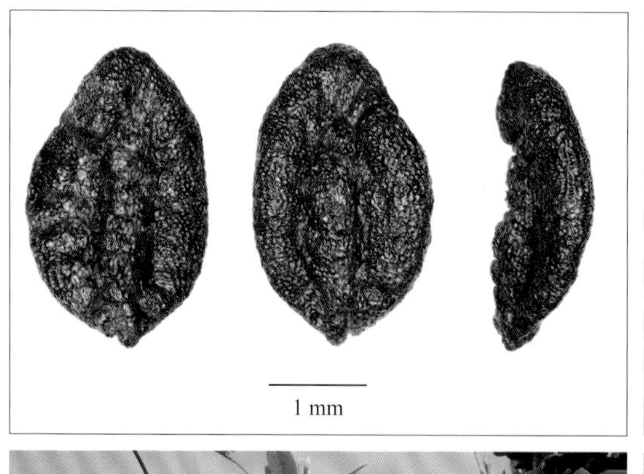

海桐花科 Pittosporaceae

海桐 *Pittosporum tobira* (Thunberg) W. T. Aiton var. *tobira*

库编号/岛屿 868710336876/秀山大牛轭岛；868710337038/小蚊虫岛；868710337158/北鼎星岛；868710337254/南韭山岛；868710337455/东矶岛；868710348870/南麂岛；868710348990/顶草峙岛；868710349011/洞头岛；868710349158/上浪铛岛；868710349260/西中峙岛

形态特征 灌木或小乔木，高0.6～7 m。叶聚生于枝顶，革质，上面深绿色，先端圆形或钝，常微凹入或为微心形，侧脉6～8对，在靠近边缘处相结合。伞形花序顶生或近顶生；花白色，有芳香味，后变黄色；萼片卵形，被柔毛；花瓣倒披针形，离生；雄蕊2型，退化雄蕊的花药近于不育，正常雄蕊黄色；子房长卵形，密被柔毛。蒴果圆球形，有棱或呈三角形，幼时绿色，熟时变黄，3片裂开，果皮木质。种子多数，暗红色，为不规则多面体，外被透明黏性油质物，表面褶皱。种子千粒重12.2764～32.1400 g。

分布 日本，朝鲜半岛。我国广泛栽培，现已归化，产福建、广东、广西、贵州、海南、湖北、江苏、四川、台湾、云南、浙江。

生境 生于岩石缝、灌草丛或林中。

用途 药用：海桐皮可入药，与威灵仙、透骨草等可做海桐皮汤，具有舒筋活络，祛湿止痛的作用。绿化：叶可吸收二氧化硫，可做绿化树种。

种子储藏特性、休眠类型及萌发条件 正常型（GBOWS）；具有形态生理休眠（Baskin C C and Baskin J M，2014）；20℃，1%琼脂培养基，12 h光照/12 h黑暗条件下萌发（GBOWS）。

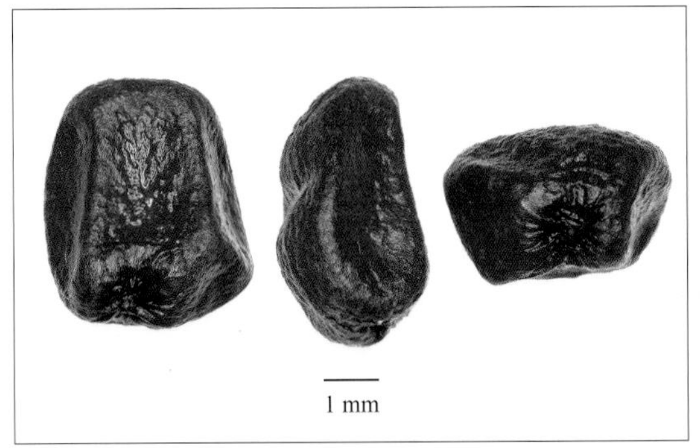

五加科 Araliaceae

楤木 *Aralia elata* (Miquel) Seemann var. *elata*

库编号/岛屿　868710336906/南圆山岛；868710348444/舟山岛

形态特征　落叶灌木，高2～5 m。树皮和嫩枝具稀疏刺。二回或三回羽状复叶，羽轴无刺或具细刺；托叶和叶柄基部合生，先端离生部分线形；小叶7～11，基部有小叶1对，小叶薄纸质或膜质，阔卵形、卵形至椭圆状卵形，边缘疏生锯齿。圆锥花序顶生，伞房状，有花多数；花萼无毛，边缘具卵状三角形小齿5；花瓣5，卵状三角形，黄白色，开花时反曲；花柱5。浆果球形，幼时绿色，熟时黑色，有5棱，果核5；果核半圆形，顶端钝圆，基部有小突尖，浅黄色，内含种子1。花期7～9月；果期9～12月。种子千粒重1.3212 g。

分布　日本、俄罗斯东部，朝鲜半岛。安徽、福建、甘肃、广东、广西、贵州、河北、黑龙江、河南、湖北、湖南、江苏、江西、吉林、辽宁、陕西、山东、山西、四川、云南、浙江。

生境　生于林中。

用途　油脂：种子含油，供制肥皂。药用：根皮入药，有活血散瘀、健胃、利尿的功效。食用：春天萌发之嫩茎尖可做野菜炒食或焯水后凉拌等。

种子储藏特性及萌发条件　正常型（GBOWS）；具有形态生理休眠（Baskin C C and Baskin J M，2014）。

伞形科 Apiaceae

野胡萝卜 *Daucus carota* Linnaeus var. *carota*

库编号/岛屿 868710337128/北鼎星岛

形态特征 二年生草本，高0.5～1 m。茎单生，全体被白色粗硬毛。基生叶长圆形，二回至三回羽状全裂；茎生叶简化，最终裂片较细长。复伞形花序具长总花梗，有糙硬毛，伞辐多数；总苞片多数，向下反折，呈叶状，羽状分裂，裂片线形；小总苞片线形，边缘膜质，具纤毛；花通常白色，有时黄色或带淡红色。双悬果半椭圆形，黄褐色，背面圆拱，具4肋状刺棱，刺棱为浅黄色刚毛状；果合面近平直，果实顶端有残存的尖头状花柱基。花期5～7月；果期7～9月。种子千粒重0.7944 g。

分布 原产欧洲，现分布于欧洲及东南亚。安徽、澳门、北京、重庆、福建、甘肃、广东、广西、贵州、海南、河北、河南、黑龙江、湖北、湖南、吉林、江苏、江西、辽宁、内蒙古、宁夏、青海、陕西、山东、山西、上海、四川、天津、西藏、香港、新疆、云南、浙江。

生境 生于采石场沙地。

用途 油脂：可提取芳香油。药用：果实入药，用以治虫积腹痛、胃痛等。

种子储藏特性、休眠类型及萌发条件 正常型（GBOWS）；具有形态休眠（Baskin C C and Baskin J M，1988）；15℃、20℃或25/15℃，含200 mg/L赤霉素的1%琼脂培养基，12 h光照/12 h黑暗条件下萌发（GBOWS）。

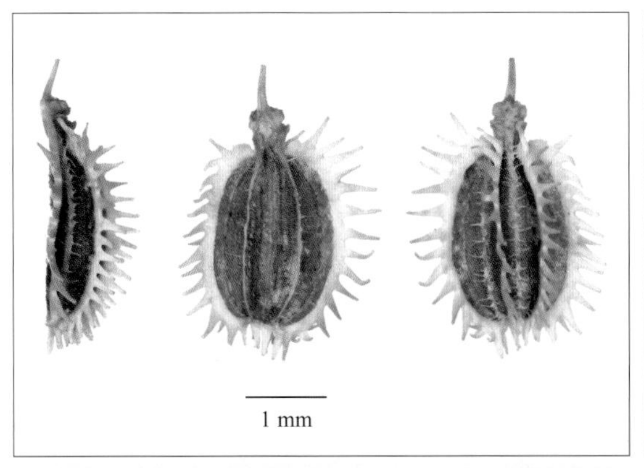

伞形科 Apiaceae

滨海前胡 *Peucedanum japonicum* Thunberg

库编号/岛屿　868710336888/南圆山岛；868710336978/小蚂蚁岛；868710405522/南渔山岛；868710405570/东霍山岛

形态特征　多年生草本，高0.3～0.8 m，植株具浓郁的香味。茎圆柱形，多分枝，有粗条纹，光滑无毛。基生叶具长柄，具宽阔叶鞘抱茎，阔卵状三角形，一回至二回三出式分裂；茎生叶向上渐简化，叶柄全部成鞘。伞形花序分枝，梗粗壮；总苞片2～3，伞辐15～30；小伞形花序有花大于20，小总苞片8～10；花瓣白色，卵形至倒卵形。双悬果，分生果熟时黄褐色，长圆状卵形至椭圆形，背部扁压，有短硬毛，背棱线形稍突起，侧棱翅状较厚。花期5～7月；果期6～9月。种子千粒重2.8212～4.1020 g。

分布　日本、菲律宾，朝鲜半岛。福建、香港、江苏、山东、台湾、浙江等。

生境　生于石质山坡上。

用途　根入药，有发汗退热、降气祛痰等功效。

种子储藏特性及萌发条件　正常型（GBOWS）；25/15℃，含200 mg/L赤霉素的1%琼脂培养基，12 h光照/12 h黑暗条件下萌发（GBOWS）。

伞形科 Apiaceae

前胡 *Peucedanum praeruptorum* Dunn

库编号/岛屿　868710405495/花岙岛

形态特征　多年生草本，高0.6～1 m。根圆锥形，末端细瘦分叉。茎圆柱形，具纵棱，基部存留褐色枯鞘纤维。基生叶与茎下部叶柄较长，叶宽卵形或三角状卵形，三出式二回至三回分裂；茎上部叶无柄，三出分裂。复伞形花序顶生或侧生；总苞片线形；伞辐6～15，不等长；小总苞片8～12，卵状披针形；小伞形花序有花15～20；花瓣卵形，小舌片内曲，白色。双悬果卵圆形，背部扁压，棕色，具稀疏短毛，背棱线形稍突起，侧棱呈翅状，比果体窄。花果期6～11月。种子千粒重2.6912 g。

分布　安徽、福建、甘肃、广西、贵州、河南、湖北、湖南、江苏、江西、四川、浙江。

生境　生于岩壁上。

用途　根含多种香豆精类（白花前胡素甲、乙、丙、丁等），为常用中药“前胡”，能解热、祛痰，治感冒咳嗽、支气管炎及疖肿。

种子储藏特性、休眠类型及萌发条件　正常型（GBOWS）；具有形态生理休眠（Liu et al., 2011）；15℃或20℃，含200 mg/L赤霉素的1%琼脂培养基，12 h光照/12 h黑暗条件下萌发（GBOWS）。

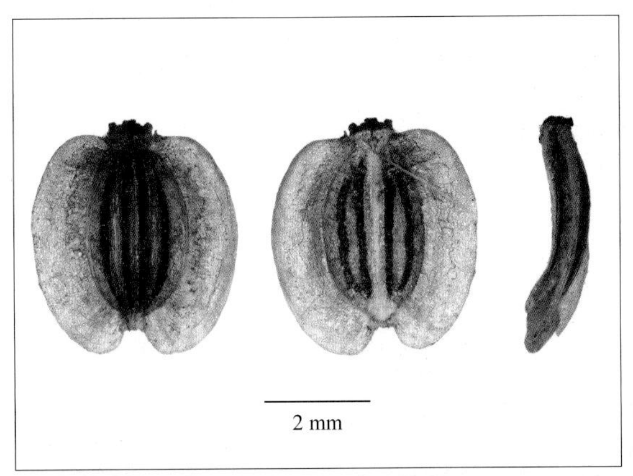

伞形科 Apiaceae

小窃衣 *Torilis japonica* (Houttuyn) Candolle

库编号/岛屿 868710405669/岱山岛

形态特征 一年生草本，高0.2～0.4 m。茎有纵条纹及刺毛。叶长卵形，一回至二回羽状分裂，两面疏生紧贴的粗毛。复伞形花序顶生或腋生，有倒生的刺毛；总苞片3～6，通常线形；伞辐4～12开展；小总苞片5～8，线形或钻形；小伞形花序有花4～12；花瓣白色、紫红或蓝紫色，倒圆卵形，顶端内折。果实圆卵形，常有内弯或呈钩状的皮刺，皮刺基部阔展，粗糙。花果期4～10月。种子千粒重2.6492 g。

分布 欧洲、亚洲温带地区。除黑龙江、内蒙古及新疆，全国均产。

生境 生于林缘草丛中。

用途 果和根供药用；果含精油，能驱蛔虫，外用消炎。

种子储藏特性、休眠类型及萌发条件 正常型（GBOWS）；具有形态生理休眠（Vandelook et al., 2008）；20/10℃，25/10℃或25/15℃，1%琼脂培养基，12 h光照/12 h黑暗条件下萌发（GBOWS）。

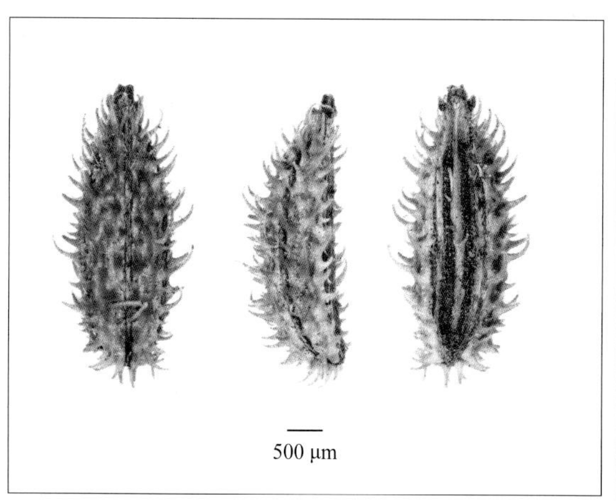

参 考 文 献

敖妍, 鲁韧强, 潘青华. 2006. 扶芳藤快速扩繁试验[J]. 林业科技开发, 20(1): 36-39.

白珮珮, 史晶萍, 张赛, 等. 2018. 兀屿植物资源及园林应用[J]. 绿色科技, (19): 12-13, 24.

卜海燕. 2007. 青藏高原东部高寒草甸植物种子的萌发与休眠研究[D]. 兰州: 兰州大学博士学位论文.

蔡英. 2017. 深情的益母草[J]. 林业与生态, (11): 44-45.

柴莉莎, 刘国盛, 朱裕勋, 等. 2021. 小酸浆的化学成分研究[J]. 中国中药杂志. 46(15): 3865-3872.

陈东生, 华小黎. 2006. 菝葜的研究现状[J]. 中药材. 29(1): 90-93.

陈火君, 江晓燕. 2007. 桃金娘开发应用研究进展[J]. 广东农业科学, (3): 109-111.

陈清霖. 2021. 东北林区山野菜资源采收利用与恢复措施[J]. 辽宁林业科技, (1): 70-72.

陈秋夏, 王金旺. 2017. 温州海岛植物(上)[M]. 北京: 中国林业出版社.

陈仁芳, 刘玲, 柯皓天, 等. 2017. 鸡桑的地理分布[J]. 四川蚕业, 45(4): 44-45.

陈荣, 胡迪科, 郑炳松, 等. 2009. 滨柃扦插繁殖技术试验[J]. 浙江林业科技, 29(5): 62-64.

陈勇, 阮少江. 2009. 福建省种子植物分布新纪录[J]. 亚热带植物科学, 38(2): 57-59.

陈章和, 彭姣凤, 张德明, 等. 2002. 南亚热带森林木本植物种子萌发和储存[J]. 植物学报, 44(12): 1469-1476.

陈征海, 唐正良, 裘宝林. 1995. 浙江海岛植物区系的研究[J]. 云南植物研究, 17(4): 405-412.

陈征海, 谢文远, 李修鹏, 等. 2017. 宁波滨海植物[M]. 北京: 科学出版社.

陈郑镔. 2005. 白檀叶总黄酮和果肉红色素的初步研究[D]. 福州: 福建师范大学硕士学位论文.

程家寿. 2006. 黄山马鞭草科植物种质资源调查及园林用途研究[J]. 江苏林业科技, 33 (3): 20-22.

程友斌, 杨成俊, 胡玉涛, 等. 2012. 海州常山的化学成分与药理作用研究[J]. 中国实验方剂学杂志, 18(20): 325-328.

崔传文. 2012. 乌蔹莓的化学成分及其活性研究[D]. 厦门: 厦门大学硕士学位论文.

崔凯峰, 徐铭. 2007. 长白山的野生花卉——小巧如意球序韭[J]. 中国花卉盆景, (7): 6-7.

丁林芬, 王海垠, 王德升, 等. 2019. 毛梗豨莶化学成分的研究[J]. 中成药, 41(4): 840-843.

董存柱, 郭锦全, 周学明, 等. 2018. 山蒟中脂肪链酰胺类化合物的分离及杀虫活性[J]. 农药学学报, 20(5): 679-683.

杜燕, 杨湘云. 2014. 青藏高原特色植物种子[M]. 昆明: 云南科技出版社.

方志伟, 宋天英. 1997. 单叶蔓荆生态效应的初步研究[J]. 森林与环境学报, 17(2): 180-183.

房伟伟, 陈钧, 韩邦兴, 等. 2011. 垂序商陆叶灭螺活性及其毒性的初步研究[J]. 中国血吸虫病防治杂志, 23(4): 449-452.

高浩杰, 陈征海, 叶喜阳. 2015. 发现于舟山群岛的 3 种新记录植物[J]. 浙江农林大学学报, 32(2): 324-326.

葛斌杰. 2016. 中国东海北部近陆岛屿植物资源科学考察[J]. 自然杂志, 38(2): 125-131.

葛斌杰. 2020. 中国东海近陆岛屿被子植物科属图志[M]. 郑州: 河南科学技术出版社.

葛滢, 常杰, 陆大根, 等. 1999. 杭州石荠苎生态学特性的研究[J]. 植物生态学报, 23(1): 14-22.

葛滢, 常杰, 岳春雷, 等. 1998. 杭州石荠苎种子萌发的生理生态学研究[J]. 植物生态学报, 22(2): 171-177.

顾文华. 1981. 鼠尾草属植物的化学分析[J]. 中草药, 12(2): 41-48.

广州部队后勤部卫生部编. 1969. 常用中草药手册[M]. 北京: 人民卫生出版社.

郭曼萍, 赵俊男, 施伟丽, 等. 2019. 枸杞延缓衰老的研究进展[J]. 中医药导报, 25(12): 124-128.

郭巧生, 王庆亚, 刘丽. 2009. 中国药用植物种子原色图鉴[M]. 北京: 中国农业出版社.

国家药典委员会. 2020. 中华人民共和国药典(一部)[M]. 北京: 中国医药科技出版社.

国家中医药管理局《中华本草》编委会. 1998. 中华本草: 精选本(下册)[M]. 上海: 上海科学技术出版社.

国家中医药管理局《中华本草》编委会. 1999. 中华本草(全10册)[M]. 上海: 上海科学技术出版社.

黄灿, 杨天鸣, 贺建云, 等. 2009. 畲药算盘子闪式提取物的色谱-质谱联用分析[J]. 中草药, 40(6): 872-874.

黄璐琦. 2019. 中国中药材种子原色图典[M]. 福州: 福建科学技术出版社.

黄明发, 郭莉, 郑炯, 等. 2007. 紫苏的研究进展[J]. 中国食品添加剂, (4): 85-89.

黄明钦. 2017. 构棘快速繁殖育苗技术试验[J]. 绿色科技, (5): 63-64.

季梦成, 单晓宾, 张银丽. 2008. 浙江铁线莲属植物资源调查研究[J]. 北京林业大学学报, 30(5): 66-72.

贾金蓉, 马诚义, 马红. 2017. 野黍种子休眠特性及破除方法[J]. 江苏农业科学, 45(14): 88- 91.

贾敏如, 李星炜. 2005. 中国民族药志要[M]. 北京: 中国医药科技出版社.

江纪武. 2005. 药用植物辞典[M]. 天津: 天津科学技术出版社.

江苏新医学院. 1977. 中药大辞典[M]. 上海: 上海科学技术出版社.

姜建福, 魏伟, 孙海生, 等. 2010. 野生葡萄资源在我国自然保护区中的分布现状[J]. 经济林研究, 28(4): 89-94.

蒋凯, 宋凤鸣, 何新杰, 等. 2018. 兰州地区观赏草适应性和应用价值评价[J]. 天津农业科学, 24(6): 77-85.

李德铢, 陈之端, 王红, 等. 2020. 中国维管植物科属志(上中下卷)[M]. 北京: 科学出版社.

李根有, 陈征海, 桂祖云. 2013. 浙江野果200种精选图谱[M]. 北京: 科学出版社.

李根有, 陈征海, 胡军飞, 等. 2010. 发现于浙江普陀山岛的2个植物新变种[J]. 浙江林学院学报, 27(6): 908-909.

李红念, 梅全喜, 张志群, 等. 2011. 龙葵的化学成分与药理作用研究进展[J]. 今日药学, 21(11): 713-715.

李洁茹. 2011. 海州常山的应用价值及繁殖技术[J]. 中国园艺文摘, (9): 153-154.

李经纬, 余瀛鳌, 欧永欣, 等. 1995. 中医大辞典[M]. 北京: 人民卫生出版社.

李明杰, 尹军力, 程家球. 2014. 龙葵素中毒及防治综述[J]. 中国畜牧兽医文摘, 30(3): 74-75.

李娆娆. 2003. 披针形假还羊参中的新倍半萜苷[J]. 国外医学(中医中药分册), 25(6): 358.

李维娜, 黄菊芬, 李学喜, 等. 2006. 中药算盘子中毒致双眼急性球后视神经炎1例[J]. 中国中医眼科杂志, 16(4): 234.

李晓江, 刘建林, 余前媛, 等. 2001. 南烛资源的开发利用(摘要)[J]. 中国野生植物资源, 20(5): 53.

李振宇. 2020. 苍耳属[M]// 金效华, 林秦文, 赵宏. 中国外来入侵植物志 第四卷. 上海: 上海交通大学出版社.

林彬彬. 2009. 疏毛白绒草提取物的药效研究[D]. 福州: 福建农林大学硕士学位论文.

林微微, 林泽音, 李志亨, 等. 母草及泥花草的生药学研究[J]. 广东药学院学报, 26(1): 37-40.

刘国道, 罗丽娟, 白昌军, 等. 2006. 海南省禾本科饲用植物资源及其营养评价[J]. 草地学报, 14(4): 349-355.

刘建强. 2010. 厚藤等种野生藤本植物的繁育与抗逆性研究[D]. 临安: 浙江农林大学硕士学位论文.

刘珂. 1997. 杭州石荠苎生理生态的研究[D]. 杭州: 浙江大学硕士学位论文.

刘克旺. 1988. 通道侗族自治县珍贵树种[M]. 长沙: 湖南科学技术出版社.

刘青云, 陆敏, 彭代银. 1985. 荫风轮、风轮菜提取物对血管作用的研究[J]. 安徽中医学院学报, (4): 143-144.

刘维新, 李春响, 王培忠, 等. 1983. 白棠子树叶的药理研究[J]. 中药通报, 8(6): 33-35.

刘玮, 谢冰, 邓光华. 2009. 盆景特色树种——赤楠研究进展[J]. 安徽农业科学, 37(30): 14678-14679.

刘小平, 周勇辉, 罗素梅, 等. 2019. 乡土花卉桃金娘种质资源开发应用前景[J]. 现代园艺, (1): 61-62.

刘一鹤, 陈仁寿. 2011. 紫珠的古今效用杂谈[J]. 吉林中医药, 31 (2): 167-168.

刘长江, 林祁, 贺建秀. 2004. 中国植物种子形态学研究方法和术语[J]. 西北植物学报, 24(1): 178-188.

刘志高. 2011. 三种石蒜属植物种子萌发特性研究[J]. 北方园艺, (17): 90-93.

刘志民, 李雪华, 李荣平, 等. 2003. 科尔沁沙地15种禾本科植物种子萌发特性比较[J]. 应用生态学报, 14(9): 1416-1420.

刘志民, 李雪华, 李荣平, 等. 2004. 科尔沁沙地31种1年生植物种子萌发特性比较研究[J]. 生态学报, 24(3): 648-653.

龙健, 冉海燕. 2019. 喀斯特山地煤矿废弃地几种优势植物的重金属耐性特征[J]. 生态科学, 38(2): 212-218.

龙滕周. 2018. 国内柘树种质资源及其开发利用研究进展[J]. 林业科技通讯, (9): 34-38.

陆江海, 赵玉英, 乔梁, 等. 2001. 醉鱼草化学成分研究[J]. 中国中药杂志, 26(1): 41-43.

罗春亮, 邬异沅. 1978. 白棠子树的复方制剂——抗宫炎片——制造工艺及治疗慢性宫颈炎的临床介绍[J]. 中成药研究, (4): 20, 22-23.

马雪, 吴莹莹, 贺亚都, 等. 2019. 苗药酢浆草药材的质量标准研究[J]. 中国药房, 30(15): 2091-2095.

马永全, 于新, 黄雪莲, 等. 2010. 南药五味子提取物的抗菌及抗氧化作用[J]. 食品与发酵工艺, 36(6): 45-48.

买买提江・吐尔逊, 亚力坤・努尔. 2011. 合欢的园林观赏与综合应用价值研究概述[J]. 中国林副特产, (5): 112-115.

蒙医学编辑委员会. 1992. 中国医学百科全书(蒙医学)[M]. 上海: 上海科学技术出版社.

莫训强, 孟伟庆, 李洪远. 2017. 天津3种外来植物新记录——长芒苋、瘤梗甘薯和钻叶紫菀[J]. 天津师范大学学报(自然科学版), 37(2): 36-38.

南京中医药大学. 2006. 中药大辞典(下册)[M]. 上海: 上海科学技术出版社.

潘健, 汤庚国. 2008. 华东地区柃属植物资源[J]. 资源开发与市场, 24(5): 462-464.

庞宇云, 曹剑锋, 任朝辉, 等. 2016. 矮冷水花多糖提取工艺及其抗氧化活性研究[J]. 现代农业科技, (15): 255-257.

彭华, 杨湘云, 蔡燕红, 等. 2019a. 浙江海岛广布优势植被类型的植物区系学研究[J]. 西部林业科学, 48(2): 19-23.

彭华, 杨湘云, 李晓明, 等. 2019b. 浙江海岛常绿阔叶林特征及其主要植物区系分析[J]. 植物科学学报, 37(5): 576-582.

齐淑艳, 刘全儒. 2020. 伞形科[M]//刘全儒, 张勇, 齐淑艳. 中国外来入侵植物志 第三卷. 上海: 上海交通大学出版社.
乔勇进, 张敦论, 郗金标, 等. 2001. 沿海沙质海岸单叶蔓荆群落特点及土壤改良的分析[J]. 防护林科技, (4): 6-8.
秦爱文, 樊国栋, 占志勇, 等. 2016. 薜荔的开发前景及研究现状[J]. 南方林业科学, 44(6): 54-57, 73.
秦海英, 李英. 2007. 一种值得推荐的园林绿化树种——棱角山矾[J]. 南方农业(园林花卉版), (3): 72-73.
邱德文, 杜江. 2005. 中华本草 苗药卷[M]. 贵阳: 贵州科技出版社.
裘宝林, 钟国荣. 1987. 浙江柃木属 *Eurya* Thunb. 植物的研究[J]. 浙江林学院学报, 4(1): 17-23.
全国中草药汇编编写组. 1996. 全国中草药汇编 上册[M]. 2版. 北京: 人民卫生出版社.
尚伟庆, 陈月梅, 高小力, 等. 2014. 紫堇属藏药的化学与药理学研究进展[J]. 中国中药杂志, 39(7): 1190-1198.
申洁梅, 刘占朝, 张万钦, 等. 2008. 臭椿研究综述[J]. 河南林业科技, 28(4): 27-29.
石焱. 2018. 三种适合上海地区的新优植物[J]. 农业与技术, 38(4): 65.
宋良红, 陈俊通, 李小康, 等. 2015. 河南白蜡树属植物的研究[J]. 中国农学通报, 31(22): 32-38.
宋松泉, 龙春林, 殷寿华, 等. 2003. 种子的脱水行为及其分子机制[J]. 云南植物研究, 25 (4): 465-479.
宋婷, 李翔, 张颖, 等. 2015. 特色野生蔬菜海州常山的开发利用[J]. 长江蔬菜, (14): 72-74.
孙昌禹, 王秀萍, 刘雅辉, 等. 2009. 马齿苋开发利用现状及发展前景[J]. 河北农业科学, 13(3): 76-77, 88.
孙守家, 孟平, 张劲松, 等. 2014. 太行山南麓山区栓皮栎-扁担杆生态系统水分利用策略[J]. 生态学报, 34(21): 6317-6325.
唐正良, 陈征海, 胡明辉, 等. 1996. 浙江海岛野生观赏植物资源[J]. 浙江林业科技, 16(4): 59-66.
陶正明, 林霞, 邓孝理. 2004. 笔管榕榕果发育的初步研究[J]. 浙江林业科技, 24(2): 36-38.
田宏, 邵麟惠, 熊军波, 等. 2016. 扁穗雀麦种子休眠期和发芽特性的初步研究[J]. 种子, 35(10): 83-86.
田兰, 刘玲玲, 郭洪伟, 等. 2017. 白头婆的化学成分及药理作用研究进展[J]. 中国民族医药杂志, 23(11): 41-44.
田旗, 葛斌杰, 王正伟. 2014. 华东植物区系维管束植物多样性编目[M]. 北京: 科学出版社.
万泉. 2019. 无患子种质皂苷性状分析评价及优良种质选择[J]. 广西林业科学, 48(1): 62-66.
汪立祥, 王书珍. 2009. 黄山地区马鞭草科植物资源及开发利用[J]. 中国林副特产, (5): 80-82.
王建荣, 邓必玉, 李海燕, 等. 2010. 海南省禾本科药用植物资源概况[J]. 热带农业科学, 30(2): 13-18.
王清隆, 羊青, 王茂媛, 等. 2017. 海南被子植物分布新资料(II) [J]. 热带作物学报, 38(4): 587-590.
王瑞江, 刘演, 陈世龙. 2017. 中国生物物种名录 第一卷 植物 种子植物 VIII 被子植物 茶茱萸科—胡麻科[M]. 北京: 科学出版社.
王新雨, 郑姗姗, 李子行, 等. 2019. 岭南民间草药水田白生药学研究[J]. 亚太传统医药, 15(7): 71-74.
王学礼, 常青山, 侯晓龙, 等. 2010. 三明铅锌矿区植物对重金属的富集特征[J]. 生态环境学报, 19(1): 108-112.
王俞岑. 2019. 野鸦椿研究进展[J]. 现代园艺, (3): 35-36.
吴其濬. 1848. 植物名实图考[M]. 北京: 中华书局.
吴新星, 黄日明, 徐志防, 等. 2014. 广东蛇葡萄的化学成分研究[J]. 天然产物研究与开发, 26(11): 1171-1173.
吴有恒, 宋柱秋, 罗世孝, 等. 2018. 黄算珠树(叶下珠科)的名实订正[J]. 热带亚热带植物学报, 26(5): 549-552.
吴征镒. 1980. 中国植被[M]. 北京: 科学出版社.

项遵重. 2008. 粟米草资源及药理作用研究进展[J]. 亚太传统医药, 4(5): 53-54.

肖志成, 高捍东. 2008. 三角槭种子休眠与萌发特性研究[J]. 西南林学院学报, 28(5): 35-38.

谢道涛. 2014. 中国千金藤属植物分类学研究[D]. 上海: 复旦大学硕士学位论文.

谢瑶, 周妮, 孙志伟, 等. 2018. 珍珠莲中主要成分高圣草酚的药代动力学研究[J]. 沈阳医学院学报, 20(4): 332-335.

徐庆荣, 张保功, 刘娟, 等. 2002. 全叶马兰的抗炎镇痛作用研究[J]. 中国现代应用药学, 19(3): 199-201.

徐松芝. 2020. 钻叶紫菀[M] // 金效华, 林秦文, 赵宏. 中国外来入侵植物志 第四卷. 北京: 上海交通大学出版社.

徐孝方, 梁训义, 许叶君, 等. 2010. 柃木的组织培养与快速繁殖技术[J]. 浙江农业学报, 22(2): 202-206.

徐晔春. 2009. 观花植物1000种经典图鉴[M]. 长春: 吉林科学技术出版社.

许婷婷, 刘钰涵, 杨少成, 等. 2019. 龙葵的开发利用研究进展[J]. 农村实用技术, (6): 21-22.

薛薇, 零伟德, 毛菊华. 2017. 壮药葫芦茶研究进展[J]. 广西中医药. 40(5): 65-67.

闫晓慧, 唐贵华, 李亚婷, 等. 2013. 18 种入侵植物的抗烟草花叶病毒活性研究[J]. 现代农业科技, (9): 122-123.

杨东. 2014. 奇妙的指示植物[J]. 国土绿化, (7): 52.

杨红, 杨小波, 郭小鸿. 2017. 山地散养鸡场种植白背黄花稔的生态作用[J]. 江西畜牧兽医杂志, (6): 32-33.

杨期和, 张映菲, 麦嘉杰. 2017. 粤东铅锌尾矿区四种莎草的重金属富集特性研究[J]. 生态科学, 36(1): 185-192.

杨小波, 郭小鸿, 杨红. 2013. 白背黄花稔改善山地散养鸡场环境的作用[J]. 江西畜牧兽医杂志, (6): 66.

杨永利, 郭守军, 马瑞君, 等. 2007. 下田菊挥发油化学成分的研究[J]. 热带亚热带植物学报, 15(4): 355-358.

姚纲, 张连婕, 薛彬娥, 等. 2017. 中国算盘子属(叶下珠科)果实形态特征及其分类学意义[J]. 植物科学学报, 35(2): 139-151.

姚学慧, 刘翠英, 田虹, 等. 2012. 不同处理方法对南蛇藤种子萌发的影响[J]. 陕西农业科学, (1): 79-82.

姚元枝, 李胜华. 2015. 犁头草的化学成分研究[J]. 中国药学杂志, 50(9): 750-754.

叶兴国. 2008. 新模式植物短柄草模式特性研究进展[J]. 作物学报, (6): 919-925.

尹航. 2013. 杭子梢的繁育、抗性研究及其在园林中的应用[D]. 临安: 浙江农林大学硕士学位论文.

尹翔, 杨艳, 刘强, 等. 2012. 油料植物白檀不同居群的物候期与形态多样性[J]. 经济林研究, 30(3): 55-60.

虞道耿. 2012. 海南莎草科植物资源调查及饲用价值研究[D]. 海口: 海南大学硕士学位论文.

虞道耿, 刘国道, 白昌军, 等. 2018. 海南飘拂草属植物资源调查及饲用价值评价[J]. 热带作物学报, 39(10): 2093-2100.

张宝, 彭潇, 何燕玲, 等. 2018. 酢浆草的化学成分研究[J]. 中药材, 41(8): 1883-1886.

张博. 2013. 北方滨海盐土高效改良技术研究[D]. 北京: 北京林业大学博士学位论文.

张国秀, 张岩, 张立刚. 2000. 车前的用途[J]. 中国林副特产, (4): 40.

张莉梅, 张子晗, 喻方圆. 2016. 低温层积过程中野鸦椿种子生理生化变化的研究[J]. 中南林业科技大学学报, 36(11): 36-40.

张美玉, 侯双双, 庄园, 等. 2016. 张仲景木防己汤临床及实验研究概述[J]. 辽宁中医药大学学报, 18(1): 116-119.

张萌, 王俊丽. 2012. 酢浆草研究进展[J]. 黑龙江农业科学, (8): 150-155.

张庆文, 余奕明, 曾力生, 等. 2008. 口服了歌王中毒致死1例[J]. 中国法医学杂志, (5): 353.

张秋萍, 陈雪梅, 李少华, 等. 2016. 天仙果预防关节炎活性部位筛选[J]. 武夷学院学报, 35(3): 15-17.

张肖娟, 孙振元. 2011. 地锦属野生种及栽培品种的ISSR分析鉴定[J]. 北京林业大学学报, 33(6): 177-180.

张晓彬, 姜文鑫, 张琳, 等. 2015. 紫苏的研究进展[J]. 食品研究与开发, 36(7): 140-143.

张秀华, 邓元德. 2008. 桃金娘的种子特性和发芽率的测定[J]. 闽西职业技术学院学报, 10(4): 104-106.

章绍尧, 丁炳扬. 1993. 浙江植物志 总论[M]. 杭州: 浙江科学技术出版社.

赵师成, 阎腾飞, 范阳阳. 2012. 海州常山的应用价值及栽培技术[J]. 林业实用技术, 4: 17-18.

赵秀贞. 2008. 常用青草药彩色图集[M]. 福州: 福建科学技术出版社.

浙江省海岛资源综合调查领导小组,《浙江海岛资源综合调查与研究》编委会. 1995. 浙江海岛资源综合调查与研究[M]. 杭州: 浙江科学技术出版社.

浙江省卫生厅. 1965. 浙江天目山药用植物志(上集)[M]. 杭州: 浙江人民出版社.

浙江植物志编辑委员会. 1989-1993. 浙江植物志(1-7卷)[M]. 杭州: 浙江科学技术出版社.

《浙江植物志(新编)》编辑委员会. 2020. 浙江植物志(新编)第七卷[M]. 杭州: 浙江科学技术出版社.

《浙江植物志(新编)》编辑委员会. 2021a. 浙江植物志(新编)第一卷[M]. 杭州: 浙江科学技术出版社.

《浙江植物志(新编)》编辑委员会. 2021b. 浙江植物志(新编)第四卷[M]. 杭州: 浙江科学技术出版社.

郑连福. 2014. 中国海岛志 浙江卷 第一册 舟山群岛北部[M]. 北京: 海洋出版社.

中国科学院中国植物志编辑委员会. 1963-2002. 中国植物志(7-73卷). 北京: 科学出版社.

钟世理, 李先源. 1999. 优良水土保持植物——显子草[J]. 植物杂志, (4): 17-18.

周杰. 2017. 海桐皮汤熏洗治疗老年膝骨性关节炎的疗效及安全性[J]. 中医临床研究, 9(27): 85-87.

周兆祥. 1991. 苦楝的新用途[J]. 林业科技开发, (2): 23-24.

朱华旭, 唐于平, 闵知大, 等. 2009. 夜香牛全草的生物活性化学成分研究(II)[J]. 现代农业科技, 34(21): 2765-2767.

APG III. 2009. An update of The Angiosperm Phylogeny Group classification for the orders and families of flowering plants: APG III[J]. Bot J Linn Soc, 161(2): 105-121.

APG IV. 2016. An update of The Angiosperm Phylogeny Group classification for the orders and families of flowering plants: APG IV[J]. Bot J Linn Soc, 181(1): 1-20.

Assche J V, Nerum D V, Darius P. 2002. The comparative germination ecology of nine *Rumex* species[J]. Plant Ecol, 159(2): 131-142.

Baskin C C, Baskin J M. 1988. Germination ecophysiology of herbaceous plant species in a temperate region[J]. Amer J Bot, 75(2): 286-305.

Baskin C C, Baskin J M. 2014. Seeds Ecology, Biogeography, and Evolution of Dormancy and Germination[M]. Oxford: Elsevier.

Chauhan B S, Johnson D E. 2008. Germination ecology of goosegrass (*Eleusine indica*): an important grass weed of rainfed rice[J]. Weed Sci, 56(5): 699-706.

Chauhan B S, Johnson D E. 2009. Seed germination ecology of Junglerice (*Echinochloa colona*): a major weed of rice[J]. Weed Sci, 57(3): 235-240.

Cheng W C. 1933. Two new ligneous plants from Chekiang[J]. Contr Biol Lab Sc Soc China, 8(1): 72-76.

Ellis R H, Hong T D, Roberts E H, 1990. An intermediate category of seed storage behaviour? I. Coffee[J]. J Exp Bot, 41: 1167-1174.

Goggin D E, Emery R J N, Kurepin L V, et al. 2015. A potential role for endogenous microflora in dormancy release, cytokinin metabolism and the response to fluridone in *Lolium rigidum* seeds[J]. Ann Bot, 115: 293-301.

Gouki M, Kensaku T, Koji W, et al. 2006. Evaluation of antioxidant activity of vegetables from okinawa prefecture and determination of some antioxidative compounds[J]. Food Sci Technol Res, 12(1): 8-14.

Guerrant E O Jr, Raven A. 1998. Seed germination and storability studies of 69 plant taxa native to the Willamette Valley wet prairie. http://www.rngr.net/publications/symposium-proceedings-native plants-propagating-and-planting[2022-09-29].

Hidayati S N, Baskin J M, Baskin C C. 2000. Dormancy-breaking and germination requirements of seeds of four *Lonicera* species (Caprifoliaceae) with underdeveloped spatulate embryos[J]. Seed Sci Res, 10(4): 459-469.

Lee J. 2009. It's Okay to Become Familiar Slowly: 421 of Wild Edible Greens[M]. Seoul: Hwan creative company.

Liu H, Koptur S. 2003. Breeding system and pollination of a narrowly endemic herb of the lower Florida Keys: impacts of the urban-wildland interface[J]. Amer J Bot, 90: 1180-1187.

Liu K, Baskin J M, Baskin C C, et al. 2011. Effect of storage conditions on germination of seeds of 489 species from high elevation grasslands of the eastern Tibet Plateau and some implications for climate change[J]. Amer J Bot, 98: 12-19.

Masumoto N, Ito M. 2010. Gemination rates of perilla (*Perilla frutescens* (L.) Britton) mericarps stored at 4℃ for 1-20 years[J]. J Nat Med, 64: 378-382.

Molin W T, Khan R A, Barinbaum R B, et al. 1997. Green kyllinga (*Kyllinga brevifolia*): germination and herbicidal control [J]. Weed Sci, 45(4): 546-550.

Neupane S, Dessein S, Wikström N, et al. 2015. The *Hedyotis-Oldenlandia* complex (Rubiaceae: Spermacoceae) in Asia and the Pacific: phylogeny revisited with new generic delimitations[J]. Taxon, 64(2): 299-322.

Nishihiro J, Araki S, Fujiwara N, et al. 2004. Germination characteristics of lakeshore plants under an artificially stabilized water regime [J]. Aquat Bot, 79(4): 333-343.

Parmar G, Dang V C, Rabarijaona R N, et al. 2021. Phylogeny, character evolution and taxonomic revision of *Causonis* Raf., a segregate genus from *Cayratia* Juss. (Vitaceae) [J]. Taxon, 70(6): 1188-1218.

Read T R, Bellaris S. 1999. Smoke affects the germination of native grasses of New South Wales[J]. Aust J Bot, 47(4): 563-576.

Roberts E H. 1973. Predicting the storage life of seeds[J]. Seed Sci & Technol, 1: 499-514.

Royal Botanic Gardens Kew. 2020. Seed Information Database (SID), Version 7.1. http://data. kew. org/sid/ [2020-02-10].

Smith M T, Berjak P. 1995. Deteriorative changes associated with the loss of viability of stored desiccation-tolerance and desiccation-sensitive seeds[A]// Kigel J, Galili G. Seed Development and Germination. New York: Marcel

Dekker Inc: 701-746.

Sathyakumar S, Viswanath S. 2003. Observations on food habits of Asiatic black bear in Kedarnath Wildlife Sanctuary, India: preliminary evidence on their role in seed germination and dispersal[J]. Ursus, 14(1): 99-103.

Tsang A C W, Corlett R T. 2005. Reproductive biology of the *Ilex* species (Aquifoliaceae) in Hong Kong, China[J]. Can J Bot, 83(12): 1645-1654.

Vandelook F, Bolle N, Assche J A V. 2008. Seasonal dormancy cycles in the biennial *Torilis japonica* (Apiaceae), a species with morphophysiological dormancy[J]. Seed Sci Res, 18: 161-171.

Wang B, Chen J. 2009. Seed size, more than nutrient or tannin content, affects seed caching behavior of a common genus of Old World rodents[J]. Ecology, 90: 3023-3032.

Washitani I, Masuda M. 1990. A comparative study of the germination characteristics of seeds from a moist tall grassland community[J]. Funct Ecol, 4: 543-557.

Wen J, Boggan J, Nie Z L. 2014. Synopsis of *Nekemias* Raf., a segregate genus from *Ampelopsis* Michx. (Vitaceae) disjunct between eastern/southeastern Asia and eastern North America, with ten new combinations[J]. PhytoKeys, 42: 11-19.

Wilson S B, Mecca L K, Gersony J A, et al. 2004. Evaluation of 14 butterfly bush taxa grown in western and southern Florida: II. seed production and germination[J]. Horttechnology, 14(4): 612-618.

Wu Z Y, Peter H R. 1994-2013. Flora of China (Vol. 7-14) [M]. Beijing: Science Press.

Zhang S Y, Wang H T, Hu Y F, et al. 2022. *Lycoris insularis* (Amaryllidaceae), a new species from eastern China revealed by morphological and molecular evidence[J]. PhytoKeys, 206: 153-165.

中文名索引

拉丁名索引

D

E

F

G

H

I

J

K

L

M

S

T

U

V

图 版

图版Ⅰ 浙江部分海岛景观

西绿华岛

泗礁山岛

衢山岛

大竹屿岛

岱山岛

小岐山岛

南圆山岛

秀山大牛轭岛

桃花岛

小踏道岛

北渔山岛

上大陈岛

积谷山岛

小鹿山岛

上浪铛岛

冬瓜屿

北麂岛

南麂岛

柴峙岛

北关岛

图版II　野外调查工作照

图版Ⅲ　室内工作照

标本鉴定

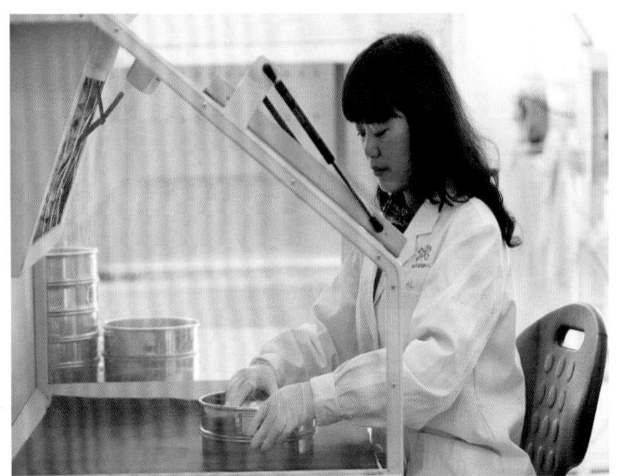

种子清理

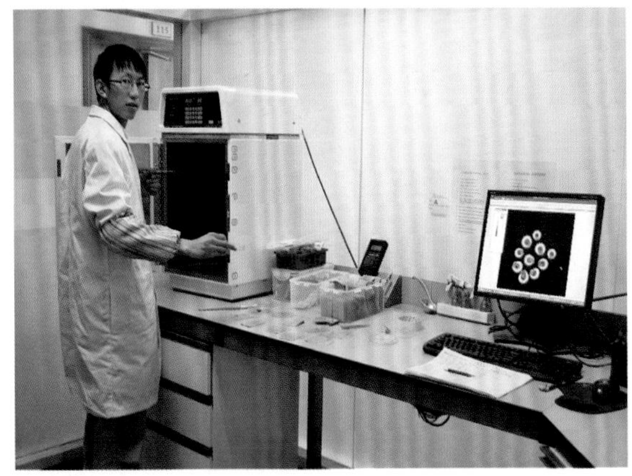

X光检测

种子计数

种子入库（−20℃）

种子萌发检测

图版Ⅳ　浙江海岛代表性植被景观

桃花岛 针阔混交林景观

桃花岛 青冈、石栎常绿阔叶林（Form. *Quercus glauca*, *Lithocarpus glaber*）

浙江海岛代表性植被的分类原则、单位及系统主要参照吴征镒先生主编的《中国植被》。

洞头岛 枫香落叶阔叶林（Form. *Liquidambar formosana*）

佛渡岛 朴树落叶阔叶林（Form. *Celtis sinensis*）

上大陈岛 合欢、朴树 落叶阔叶林（Form. *Albizia julibrissin*, *Celtis sinensis*）

桃花岛 椿叶花椒落叶阔叶林（Form. *Zanthoxylum ailanthoides*）

舟山岛 毛竹林（Form. *Phyllostachys edulis*）

蚊虫山岛 海桐常绿阔叶灌丛（Form. *Pittosporum tobira*）

冬瓜屿 滨柃常绿阔叶灌丛（Form. *Eurya emarginata*）

蚊虫山岛 扶芳藤常绿阔叶灌丛（Form. *Euonymus fortunei*）

秀山大牛轭岛 南烛、滨柃常绿阔叶灌丛（Form. *Vaccinium bracteatum*, *Eurya emarginata*）

蚊虫山岛 海桐、扶芳藤、野梧桐常绿、落叶阔叶灌丛（Form. *Pittosporum tobira*, *Euonymus fortunei*, *Mallotus japonicus*）

桃花岛 檵木、南烛、化香树、杜鹃常绿、落叶灌丛（Form. *Loropetalum chinense*, *Vaccinium bracteatum*, *Platycarya strobilacea*, *Rhododendron simsii*）

冬瓜屿 滨柃、黑松、山菅灌草丛（Form. *Eurya emarginata*, *Pinus thunbergii*, *Dianella ensifolia*）

西中峙岛 滨柃、芒、大叶胡颓子灌草丛（Form. *Eurya emarginata, Miscanthus sinensis, Elaeagnus macrophylla*）

北渔山岛 五节芒、滨柃灌草丛（Form. *Miscanthus floridulus, Eurya emarginata*）

柴峙岛 白檀、芒灌草丛（Form. *Symplocos paniculata, Miscanthus sinensis*）

桃花岛 里白、柃木、野鸦椿蕨类灌草丛（Form. *Diplopterygium glaucum, Eurya japonica, Euscaphis japonica*）

舟山岛 芒萁、南烛蕨类灌草丛（Form. *Dicranopteris pedata*, *Vaccinium bracteatum*）

大竹屿岛 五节芒草丛（Form. *Miscanthus floridulus*）

南渔山岛 白茅草丛（Form. *Imperata cylindrica*）

桃花岛 海滨石蒜群落（Form. *Lycoris insularis*）

柴埼岛 艳山姜、狗尾草群落（Form. *Alpinia zerumbet*, *Setaria viridis*）

冬瓜屿 普陀狗娃花 假还阳参群落（Form. *Aster arenarius*, *Crepidiastrum lanceolatum*）

佛渡岛 入侵植物 互花米草草丛（Form. *Spartina alterniflora*）

花岙岛 菱群落（Form. *Trapa* sp.）